园林绿化工程管理

主　编　王宜森　刘殿华　刘雁丽
参　编　（以拼音为序）
　　　　胡　娟　金宇西　凌志海
　　　　芮　剑　伍卓琼　杨晓波
　　　　庄　凯

U0317266

东南大学出版社
·南京·

内容提要

　　本书是园林绿化项目管理指导用书,主要介绍了园林绿化项目从市场拓展、项目招投标、项目施工前期准备、项目实施过程到竣工及养护移交全过程的管理和控制要点。

　　本书可作为园林绿化项目管理人员职业技能培训教材,也适合于农林工作者以及大中专院校相关专业的师生阅读参考。

图书在版编目(CIP)数据

园林绿化工程管理 /王宜森,刘殿华,刘雁丽主编.
南京:东南大学出版社,2019.8
　ISBN 978-7-5641-8517-6

　Ⅰ.①园…　Ⅱ.①王…　②刘…　③刘…　Ⅲ.①园林－
绿化－工程管理　Ⅳ.①TU986.3

　中国版本图书馆 CIP 数据核字(2019)第 179435 号

园林绿化工程管理
Yuanlin Lühua Gongcheng Guanli

主　　编:王宜森　刘殿华　刘雁丽
出版发行:东南大学出版社
社　　址:南京市四牌楼 2 号　邮编:210096
出 版 人:江建中
责任编辑:戴坚敏
网　　址:http://www.seupress.com
电子邮箱:press@seupress.com
经　　销:全国各地新华书店
印　　刷:南京工大印务有限公司
开　　本:787mm×1092mm　1/16
印　　张:19
字　　数:487 千字
版　　次:2019 年 8 月第 1 版
印　　次:2019 年 8 月第 1 次印刷
书　　号:ISBN 978-7-5641-8517-6
定　　价:68.00 元

前　言

　　园林绿化行业是对人类居住环境进行建设和优化的行业,它融合了设计、规划、建设和管理艺术,通过合理地安排自然和人工因素,借助科学知识和文化素养,本着对自然资源保护和管理的原则,创造对人有益、使人身心愉快的美好环境。随着人们对生活质量要求的不断升高以及国家政策的不断推动,园林绿化行业迎来了发展的新高潮,同时对园林绿化管理工作也提出了更高的要求,园林绿化行业的人才队伍建设遇到了前所未有的机遇和挑战。

　　为了提高行业人才队伍的整体水平,尤其是提高经营管理人才的素质和能力,我们编写了这本对园林绿化项目管理工作指导性很强的图书。本书内容全面,技术实用,语言简洁通俗,希望能够满足广大园林绿化行业经营管理者的需求。

　　全书的章节依据园林绿化项目实施的流程进行设置,共分为四章。第一章主要介绍了项目拓展与招投标管理;第二章介绍了项目施工前期的准备工作;第三章是项目实施过程中的管理和控制要点;第四章为项目竣工及养护移交。整本书详细解析了项目管理全过程中各个环节的控制要点以及各相关部门的职责与权限。

　　本书由王宜森、刘殿华、刘雁丽主编,胡娟、金宇西、凌志海、芮剑、伍卓琼、杨晓波、庄凯参加了编写。在此感谢为本书的编写和出版提供支持和帮助的各位同行和朋友!

　　由于本书所涉及的项目管理知识较多,其中难免有不妥之处,敬请读者批评指正。

编者

2019 年 7 月

目　录

第一章　项目拓展与招投标

第一节　项目拓展

项目拓展,顾名思义就是将服务和产品的市场扩大化,拓展是市场的核心任务。项目拓展需要通过市场调查分析确定,根据自身优势及市场需求进行产品定位和市场定位。项目市场分析包括宏观环境状况、项目市场状况及同业市场状况等方面。宏观环境状况主要包括宏观经济形势、宏观经济政策、金融货币政策、资本市场走势、资金市场情况等;项目市场状况主要包括现有产品或服务的市场销售情况和市场需求情况、客户对新产品或服务的潜在需求、市场占有份额、市场容量、市场拓展空间等;同业市场状况主要包括同业的机构、同业的目标市场、同业的竞争手段、同业的营销方式、同业进入市场的可能与程度等。

各种不同的市场拓展所需的市场分析资料是不完全相同的,要根据业务拓展需要去搜集,并在市场拓展计划中简要说明。在项目拓展过程中会基于某种特定的问题进行分析,例如市场拓展所面临的问题和所要解决的问题,这些问题的生成原因是什么;解决这些问题的基本思路如何确定,出发点是什么;通过何种途径、采取什么方式解决等。

基于金埔园林股份有限公司市场中心未来发展需求,规范中心人员的操作流程,结合园林绿化设计、施工项目型销售的行业和专业特点,特编制项目拓展一节,以便于公司管理人员和业务人员明确相关责任,提高管控效率,达成业务指标。

一、信息收集与鉴别

(一)信息收集

鉴于目前我国的发展以及基础设施建设的需要,园林绿化前景广阔,市场中信息资源众多,但是适合公司业务发展方向的项目经过漏斗效应,最终能够成功实施的数量较少。因此,需要广泛收集项目信息,更大范围地覆盖项目类型,才可以在后期的筛选中更多地开展具体的项目,才能考虑到可以在后期合理地运用公司资源,使公司资源可以聚焦于最具吸引力和最有把握的项目上,搁置进展迟缓或者处于前期准备的项目,全力以赴运作即将启动或者已经启动的项目,提高业务团队开发效率。由此,要求业务人员在工作中通过以下信息渠道提供足够的项目线索:

(1)网络信息类。信息来源包括行业网站新闻、专业项目网站信息、政府网站新闻、环保局环境评价信息。

（2）设计院项目延伸。主要是设计项目后续施工业务延伸。

（3）投标代理延伸。项目进场交易都需要招标代理进行咨询服务，可以全程参与项目运作，是项目前期信息的主要来源。

（4）自有老客户跟进及介绍。已落地项目甲方关系的维护，后续业主潜在项目的跟进，以及业主提供的信息和渠道相关项目的跟进。

（5）公司自有资源。公司已有合作供应商及其延伸资源；公司合作单位及其延伸资源。

（6）公司管理团队信息延伸。公司管理团队成员提供的信息和渠道。

（7）中间人项目介绍。具有一定人脉资源的关系人，可以引荐项目的决策、影响者。

（二）项目甄别

项目甄别是指针对不同来源的市场信息进行前端收集、甄别、判断、筛选出适合公司的项目信息，并建立项目跟进的计划和策略，进行下一步跟进和获取。

1. 项目初步甄别

（1）甲方实力分析及项目前景预估。了解项目实施机构的基本信息及优势力量，甲方的背景实力特征，项目开工时间及采取的操作方式。另外，对项目在未来的发展前景及将来的社会价值等方面的分析。

（2）项目规模分析。包括项目利润估算（预估项目毛利率）、项目最终结算、项目风险控制（项目付款条件）。

（3）环境分析。包括项目竞争环境、竞争对手信息、投标方式等内容。

2. 项目甄别总则

（1）采纳符合公司最大利益的立项建议，通过项目承接管理使该建议成为正式项目。

（2）杜绝不符合公司最大利益的立项建议被采纳，避免浪费公司的人力资源、资金、时间等。

（3）明确项目责任，提高施工项目的管理效率，确保所承接项目的成本、质量、进度和安全等管理控制目标。

3. 业务风险

（1）工程项目不符合国家法律、法规和公司内部规章制度的要求，可能导致外部处罚，造成经济损失和信誉损失。

（2）工程项目不符合公司实际情况，可能造成公司人力资源、资金、时间占用，降低公司整体效益。

4. 相关工作流程

建立《拓展信息收集登记台账》（表1-1）、《公告查看登记台账》（表1-2），项目投标报名审批流程，拓展信息对接、筛选流程。

二、信息跟踪与分析

市场人员根据公司内部经营策略，通过各种途径获取各类项目信息资源，并对项目的可操作性进行科学合理的评价，根据对项目掌握的程度大致分为：确认阶段（10%）、方案阶段（40%）、承诺阶段（60%）、签约阶段（80%）、实施阶段（100%）。

表1-1　拓展信息收集登记台账

市场中心业务拓展登记表

序号	项目名称	建设单位	项目概述	项目造价	甲方联系人	我方对接人	首次对接时间	最新进展
1								
2								
3								
…								

表1-2　公告查看登记台账

××年金埔园林股份有限公司
招标公告信息收集记录表

填表说明:南京本地项目500万元以上(养护项目100万元以上);江苏省内项目1 000万元以上(养护项目300万元以上);江苏省外项目3 000万元以上及拓展关注的个别区域或项目有另行规定的执行另行规定,需填写本表并下载招标公告。

序号	状态	时间	项目名称	工程规模(万元)	工程地点	负责人	情况说明(是否符合报名条件,不符合的理由或特殊需注意的条件)	报名截止日期	备注
1									
2									
3									
…									

（1）确认阶段10％（确认机会与胜率）

① 阶段目标:确认潜在机会,判断公司是否能够参与竞争。

② 关键节点:初访业主方并确认机会,了解客户阶段目标,找到客户的燃眉之急。

③ 细节问题:弄清业主方的目标动机和燃眉之急;根据业主财务信誉信息判断项目预算能否落实,了解预算审批流程;初步判断本项目是否符合公司标准,弄清该项目阶段目标决策流程和标准。

（2）方案阶段40％（了解需求,制定方案,发展业主关系）

① 阶段目标:发展业主关系,了解业主方需求并确定应对方案。

② 关键节点:理顺业主关系,获得业主方高层支持;确定业主要求并制定解决方案满足业主方要求。

③ 细节问题:弄清业主方对公司的态度;公司制定的方案是否能解决业主方需求以及业主如何看待公司的设计方案;竞争对手与业主的关系如何,以及业主如何看待竞争对手的设计方案;了解项目期间产生的销售费用。

（3）承诺阶段 60％（得到业主的口头承诺）

① 阶段目标：提前确认项目结果。

② 关键节点：业主需求得到满足并口头做出承诺。

③ 细节问题：明确业主方什么领导在什么时间做出的口头承诺，承诺的内容是什么，何时签约。

（4）签约阶段 80％

① 阶段目标：最终签订合同、细化合同条款，规避风险、了解业主方的实施计划。

② 关键节点：判断付款条件是否符合公司要求；项目利润能否达到公司要求；是否有后续项目。

（5）实施阶段 100％

① 阶段目标：开启新机会，控制实施成本。

② 关键节点：按计划实施。

③ 细节问题：项目实施阶段是否有额外需求，业主方的额外需求公司能否满足；实施进度是否符合合同要求；业主方是否能按合同付款规定付款。

三、确定目标项目

（一）项目情况掌控

市场拓展人员对通过各种途径所获取的各类项目，填制《项目拓展跟踪表》（表 1-3）并提交市场中心。市场中心接收到公司经营范围内与项目相关的基础信息，包括但不限于业主、投标代理、关系人电话号码等。业务拓展人员开始联系拓展工作内容，包括但不限于：介绍展示公司实力、业绩、资质、核心竞争力、项目运作模式和关系维护等。

市场中心在开展工作过程中，通过第一阶段的拓展工作，迅速判断项目的可实施性以及获取项目的关键人物关系，树立良好的企业形象，不断开展招待公关以及众多关系的梳理和维护工作。对于项目内容的确定，在确认项目真实可靠的前提基础上，明确甄别包括但不限于：项目规模、运作模式（BT，BOT，PPP，EPC 等）、合同主要商务条款、付款条件等内容。

表 1-3　项目拓展跟踪表

序号	项目名称	建设单位	项目概述	项目造价	甲方联系人	我方对接人	首次对接时间	最新进展	2019.1	2019.7	2020.1	…
1												
2												
3												
…												

合作模式的商洽包含两方面，除了政府运作该项目需要通过 PPP、招商引资建设、政府融资建设、第三方融资代建的模式外，还需要与相关单位和人员确定合作机制，明确责权利关系，以便于后期项目顺利推进。项目获取方式有公开投标、邀请投标、总包分包、直接委

托等形式。项目获取方式需要在合作模式商洽的同时敲定,以便后期程序的推进。其中,总包分包和直接委托的方式,可以直接进入合同签订的商务条款商洽环节,不论公开还是邀请投标,都需要进入下一步投标程序的启动。投标文件的条件设置和评分办法的掌控程度直接影响或者决定项目获得的可能性。自主投标项目在此环节往往是被动地寻找符合条件的项目进行投标响应。

(二)项目评估立项

项目立项申请由市场中心总监审批通过后,拓展人员填制《项目备案登记表——招标文件评审报告》(表 1-4)和《项目备案登记表——招标文件评分分析表》(表 1-5),公司内部成本核算中心、工程管理中心初步测算工程利润,经市场中心总监审批通过后,拓展人员填制《项目拓展立项审批表》(表 1-6)上报市场中心经理、市场总监和主管领导审批,最终按照规定审批权限进行审批。

表 1-4　项目备案登记表——招标文件评审报告

工程名称		工程地点	
建设单位		招标代理单位	
资金来源		信息来源	
工程造价		工程内容	
计划工期		投标保证金金额及形式	
合同履约担保金额及形式		开标时间	
企业资质要求		企业业绩要求	
项目经理资质要求		项目经理业绩要求	
选用项目经理			
项目类型	公司运作项目(　)/自主项目(　)		
付款方式			
评标办法及得分分析			
其他特殊情况说明			
投标负责人评审意见			
市场中心评审意见			
成本核算中心负责人评审意见	预计毛利率:		
设计院评审意见(如有)			
证券法务部评审意见(如有)			
财务中心评审意见(如有)			

注:1. 一般施工项目由市场中心、成本核算中心评审;EPC 项目须设计院评审;PPP 项目须证券法务部、财务中心评审;公司重点项目根据招标文件要求确定评审部门。
　　2. 重点项目:造价超过 5 000 万元自主项目及造价超过 1 000 万元的公司运作项目。

表 1-5　项目备案登记表——招标文件评分分析表

评审因素	评审标准	得分情况及评审分析	解决措施
一、资格审查评审			
		满足/不满足	如何满足资格条件,提供解决思路
二、评分细则评审			
		得满分/得×分,失×分	如何满足得分,提供解决思路
		现场评委评分	分析现场评委评分思路,提供应对策略

三、评标流程

简述评标流程,例如先评资审审查,再评设计方案,设计方案入围后再评报价及施组等,最终总分前三为中标候选人,由评标委员会直接确定第一名为中标人,或者采用评定分离方式,由甲方确定中标人。

表 1-6　项目拓展立项审批表

建设单位		联系人及电话	
工程名称		工程规模	
工程地点		工程内容	
付款方式		资金来源	
客户需求		毛利润预测	
设计单位		代理单位	
信息来源		项目附加值	
投标方式		项目类型	

拓展信息评估:1. 当地财政情况:

　　　　　　　2. 当地竞争环境:

居间关系评估:1. 居间关系判断:

　　　　　　　2. 居间费用:

续表 1-6

申报理由： 申报人： 日期：
市场运营中心意见(1 天)： 市场运营中心经理： 日期：
总经理意见(1 天)： 签名： 日期：
董事长意见(1 天)： 签名： 日期：

审批流程如下：

(1) 项目金额为 1 000 万元至金额占最近一期经审计的营业收入的 30% 的,项目拓展立项由总经理或总经理授权的主管领导组织高管会议进行项目决策。高管分别从工程管理、技术难度、法律风险、财务指标等方面进行考量,实行"超过高管2/3决策制",即需要2/3以上高管同意,公司就能对该项目进行投标或签订合同。相应项目决策会议应形成会议记录,参会高管意见以书面形式留底备查。

(2) 项目金额特别重大的(指项目金额超过最近一期经审计的营业收入的 30% 的),项目拓展立项提交公司董事会审议,董事会审议前拓展人员应提交相应的前期项目调研报告、工程概算等基础项目资料作为董事会决策依据。

上述审批通过后,工程项目拓展正式立项。

(三) 项目追踪

工程项目立项后,拓展人员对项目进行进一步的跟踪,深入了解客户需求,充分进行项目方案及盈利能力可行性评价,并进行会议评审(市场中心、成本核算中心等部门组织)。会议评审通过的待投标项目,由投标员填制《项目投标确认审批表》(表 1-7),连同相关资料上报市场中心经理、市场总监、主管领导、总经理、董事长逐级审批。审批通过后,由市场中心进行工程项目投标。

议标的工程项目立项后,由拓展人员洽谈业务,起草合同。

拓展人员在与业主方进行项目对接期间,涉及的项目谈判中的核心条款主要包括以下内容：

(1) 项目承接方式。对于项目对接初期,涉及该项目所采用的模式,一般在谈判过程中包括如下模式：

① 公开招投标。本模式采用社会资本方直接和业主单位签订合同方式,通过公开招投标模式承接项目。

② 邀请投标。本模式采用社会资本方直接和业主单位签订合同,通过邀请投标的模式承接项目。

③ 总承包分包。本模式采用社会资本方直接和总承包单位(央企、国企)签订合同,通

过商务谈判、内部投标的方式承接项目。

④ 委托发包。本模式采用直接和业主单位签订合同,通过直接委托发包的方式承接项目。

表 1-7　项目投标确认审批表

工程名称			
工程造价		项目类型 公司运作项目(　　)	自主项目(　　)
付款方式			
其他注意事项			
部门意见:一般立项(　　)　重点项目立项(　　)　重点项目讨论立项(　　)			
申报人:　　　　　　部门负责人:　　　　　　　　　　　　　　　日期:			
重点项目会签栏(1天)			
分管领导:　　　　　　　　　　工程副总(或其他相关高管):			
总经理:　　　　　　　　　　董事长:			

注:1. 详见后附招标文件评审报告。
　　2. 重点项目:造价超过 5 000 万元自主项目及造价超过 1 000 万元的公司运作项目。

(2) 项目报价。项目对接期间涉及工程造价等内容,需要业主单位提供项目工程量清单、图纸等基础资料,之后由成本核算中心进行价格核定。清单图纸包括绿化部分、道路市政景观部分。

(3) 付款条件。项目所包含的付款条件有:延期支付(适用于 BT 工程)、进度款支付(按项目进度付款)、PPP 付款、其他付款条件。

(4) 居间费用。项目拓展过程中涉及中间人所需要的居间费问题,一般在 3%～5%,特殊情况根据具体项目的利润情况而定。

(5) 人物条线。谈判过程中需要掌握业主单位的直接决策人、关系介绍人、代理机构及其他人物之间的条线关系。

第二节　项目投标

一、投标流程

对于投标工作,企业投标小组或人员可能仅仅了解投标流程中的一个环节。但是对于整个投标过程来说,这样的工作是不到位的。作为项目投标负责人,需要了解完整的投标流程和步骤,明确时间节点,明确业主要求,才能针对业主的需求定制投标方案。需要熟悉投标流程,知己知彼,多方面、多角度制定投标策略。

投标流程如图 1-1 所示。

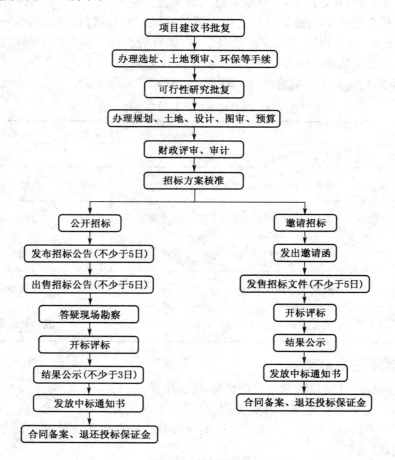

图 1-1　投标流程

其中项目报名流程分类说明如下:

(1)电子投标。电子投标一般是网上报名,通过投标公告所在网站注册投标企业账户,并通过该账户完成项目报名。网上报名的方法及流程,根据该网站电子投标用户手册结合投标公告即可完成。

(2)非电子投标。非电子投标一般是项目授权委托人现场报名,通过投标公告要求的报名条件,在规定的报名时间内,准备报名费用(一般为现金)、报名资料前往指定地点进行报名。

(3) 投标备案。各地省、市及地区投标政策可能都不相同。在项目投标时,要提前掌握准确的时间节点,根据不同地区的具体要求完成投标所需的审核备案。备案前,通过电话方式与当地审核部门沟通确认,整理好所需资料,有效降低时间成本。

(一) 项目投标团队组建

项目投标是一个系统而复杂的工作,需要多部门配合,应当针对项目成立一个特定的团队来完成,有人负责资料收集,有人负责市场拓展与调研,有人负责档案管理,有人负责编制投标报价,有人负责制作投标文件,有人负责制定投标战略,等等。需要所有团队成员分工明确,各尽其职,齐心协力,才能统一有效地完成投标工作。

解释:市场中心内部一般是投标高级主管带着投标专员进行投标,因为每个项目情况不同,侧重点也不同,所以职能安排比较灵活,比如有时投标专员负责资料收集,有时又是高级主管,有时也是拓展人员等。

投标团队的组成及工作内容和"组织协调标书筹备"大致相同。

表 1-8 项目投标团队组成及工作内容

团队职位	工作内容	所属部门
市场中心总经理	负责最终报价、定价审核	—
市场中心副总经理	负责市场分析、报价策略研究及定价	市场中心
投标高级主管	负责投标资料检查、相关部门协调沟通	市场中心
投标专员	负责投标资料收集、汇总	市场中心
市场拓展人员	前期项目情况对接	市场中心
其他相关部门人员	负责招标文件要求相应资料准备	其他相关部门

(二) 招投标注意事项

公司内控制度中"增值税发票管理暂行办法"中规定:

(1) 市场中心在开展建筑工程业务招投标时,要预先会同财务中心、成本核算中心,明确是否设定为"甲供材"项目,对确定为"甲供材"的业务,在投标文件和合同中要加入含有"甲供材"内容的条款。

(2) 除 PPP 项目和甲方有特殊要求的项目外,新拓展建筑工程业务应优先考虑确定为"甲供材"项目。

(3) 对含有"甲供材"条款的建筑工程项目,财务中心应按照简易计税方法(3%税率)计算增值税并开具发票,对其他建筑类项目,财务中心应按照一般计税方法(9%税率)计算增值税并开具发票。

二、一般项目投标

(一)投标前期工作

(1)市场中心部门负责人下达投标任务,根据投标公告、投标文件的要求明确投标任务及完成投标的时间节点。

(2)市场中心项目拓展人员将当天接受的投标任务当天登记到投标记录表中。

(二)投标决策制定

(1)分析投标可行性:自接受投标任务2日内,根据投标文件中付款方式、评标办法等分析参与投标的可行性,并将分析结果汇报给市场中心部门负责人,并及时跟进投标决策。

(2)分析投标重点注意事项:自确定投标2日内完成投标文件的重点注意事项的总结和分析,并填写《投标文件检查表》(表1-9)。

(3)与投标代理机构沟通投标文件中有异议的事项,并确定最终解决方法。

表1-9 投标文件检查表

工程名称			投标负责人		
获取招标文件时间			开标时间		
自 检 项			审 核 项		检查时间节点
自检项检查要点		自检确认(是√,否×)	审核项检查要点	审核确认(是√,否×)	
投标前期工作(如招标公告、资审文件、报名项目经理等)是否沟通确认			投标前期工作(如招标公告、资审文件、报名项目经理等)是否沟通确认		
招标文件要求前期备案(如年度备案、单项备案等)是否完备			招标文件要求前期备案(如年度备案、单项备案等)是否完备		获取招标文件后3天内:
需相关行政主管部门出具的证明资料等(如无拖欠证明、无行贿等)是否联系确认			需相关行政主管部门出具的证明资料等(如无拖欠证明、无行贿等)是否联系确认		年 月 日 自检人签字: 互检人签字:
需公司相关部门配合提供的资料、材料等(如完税证明、财务报表等)是否联系确认			需公司相关部门配合提供的资料、材料等(如完税证明、财务报表等)是否联系确认		
评标办法中形式评审、资格评审、响应评审条件是否符合			评标办法中形式评审、资格评审、响应评审条件是否符合		

续表 1-9

自 检 项		审 核 项		检查时间节点
自检项检查要点	自检确认（是√，否×）	审核项检查要点	审核确认（是√，否×）	
招标文件中前后不一致之处或疑问之处是否与代理沟通确认		招标文件中前后不一致之处或疑问之处是否与代理沟通确认		答疑截止时间前：　年　月　日自检人签字：互检人签字：
招标文件中含义不明或有引申意义的要求是否与代理沟通确认		招标文件中含义不明或有引申意义的要求是否与代理沟通确认		
招标疑问及招标答疑的时间、内容是否确认回复		招标疑问及招标答疑的时间、内容是否确认回复		
评分办法中满足的得分项是否完备		评分办法中满足的得分项是否完备		
招标文件明确的无效标及废标条款是否规避		招标文件明确的无效标及废标条款是否规避		
材料样品准备是否完备(如有)		材料样品准备是否完备(如有)		开标前5天：　年　月　日自检人签字：互检人签字：
投标保证金是否按时间、金额缴纳		投标保证金是否按时间、金额缴纳		
项目经理出场是否提前安排				
投标文件中文字编辑错误是否规避				开标前1天：　年　月　日自检人签字：互检人签字：
开标原件是否完备,原件与复印件是否一致		开标原件是否完备,原件与复印件是否一致		
技术标是否按招标文件要求提供				
报价是否按招标文件要求提供				
签字、盖章、装订、密封等要求(含报价部分造价工程师章等)是否符合要求				
终审项检查要点			终审确认（是√，否×）	检查时间节点
评分办法核心得分项是否审核确定				开标前3天：　年　月　日终检人签字：
合同付款方式条款是否审核确定				
合同履约担保方式条款是否审核确定				
……				

（三）组织协调标书筹备

自接受投标任务之日起2日内（至少给相关部门留有2个工作日协调准备）发出所有协调工作联系单，并及时跟进结果，确保所有协调办理工作在开标截止时间前完成。

（1）市场中心：与部门内部报名、备案、资审负责人员沟通前期报名人员、资料。根据招标文件要求确定本工程前期是否需要备案等工作及时与部门内部备案人员交接；收集各协调部门就招标文件提出的疑问，以招标文件要求的形式在答疑截止时间前告知招标代理，并及时跟进答疑反馈；在投标文件准备过程中实时跟进最新答疑发布情况，根据最新答疑要求对投标文件做相应调整，涉及相关协调部门的及时告知。

（2）财务中心：财务中心负责投标保证金办理及其他招标文件要求的企业财务证明材料，如融资证明、银行现金存款证明等的准备工作。

（3）成本核算中心：成本核算中心负责报价的编制工作。

（4）人力资源部：人力资源部负责联系项目经理出场及原件借出事宜。

（5）资源采购中心：资源采购中心负责材料样品的准备工作。根据成本核算中心提供的材料清单，安排对应的材料主管进行询价。将询价结果提供给成本核算中心供其报价参考。

（6）证券法务部：证券法务部负责PPP投标项目的法律方案编制工作。

（7）工程管理中心：工程管理中心负责安排项目经理进行现场踏勘，根据工程现场情况分析工程的重点和难点，协助编制技术标文件。

（8）设计院：设计院负责EPC项目设计方案编制工作。

（9）其他协调事项（见图1-2）。

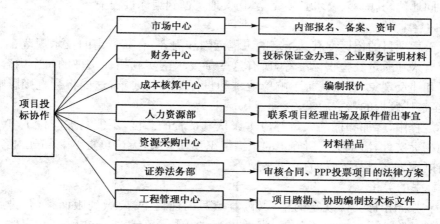

图1-2　金埔投标协作部门一览表

（四）投标文件编制、整合

按照招标文件的要求，到相关部门如行政主管部门或其他管理部门开具证明材料，于开标2日前完成，并整合进投标文件。按照招标文件的要求，需要其他部门协助办理的事项，于开标2日前完成，并整合进投标文件。开标2日前完成投标文件的编制和其他所需资料的整合。

1. 技术标编制

（1）详细阅读招标文件

招标文件主要包括投标邀请书、招标须知[含资料表和修改表及附件（工程说明与主要工程数量）]、合同通用条款和专用条款（本项目适用）、技术规范、图纸、投标书要求和格式、参考资料等。

招标文件是编标的依据，每个参加编标的工作人员均须详细阅读招标文件及有关招标资料，充分了解招标文件的内容和要求，了解该工程的位置、规模、结构形式与特点，施工环境条件以及施工的重点和难点，仔细领会业主的精神和设计者的设计意图，以便编标过程中完全地、不折不扣地响应招标文件与业主、设计者的要求。

对投标文件应全面、详细地阅读，并记录好存在的疑问、重点与难点以及需要进一步落实和明确的问题。

（2）现场踏勘与疑问

考察现场，充分掌握工程所在位置及周围环境条件情况是编好标书的重要环节。通过考察现场须了解、掌握的情况包括：施工位置的地形、地貌特征，河流及水文、气候条件，用水、用电，进场道路、交通运输条件，卫生医疗服务、通信，地材及其他施工材料，当地的民风、民情、社会经济条件与环境等。

把在阅读招标文件与考察现场过程中存在的疑问、需要业主或设计单位澄清与明确的问题等归纳、汇总，按照规定的时间以书面形式提交给业主，寻求业主的澄清与答复，以便更好地编制标书。

补遗书、答疑书和其他正式有效函件，均是招标文件的组成部分，与招标文件的其他内容具有等同地位，其内容、要求必须完全、切实地贯彻到编标过程中。

（3）内容编制

每个工程项目的招标都有其指定的工程范围和内容，有其特定的技术规范、工艺要求、材料供应方式和质量及验收标准等，所有这些都要求落实到招标文件的每个内容中去，不得有背离和违反现象，否则就是不响应业主和投标文件的要求，这样将会直接影响到标书质量，甚至造成废标的严重后果。

编标过程中，参加编标的人员都应本着认真负责的态度，不能马虎应付了事。每个人都应熟悉招标文件，清楚了解所确定的施工组织设计方案，无论负责哪一部分内容，都要紧紧围绕着既定方案、招标文件的要求来做。

（4）标书的美化

标书在按照招标文件规定的格式、内容填写的前提下，要做到版面整洁、排版统一合理、整齐美观，除业主另有要求外，标书的排版应有统一的要求，包括标题、字体、间距、页边、页脚、页眉与图纸的线条、字形、边框等，都应有具体统一的标准，保证整体标书工整、悦目。

2. 商务标编制

商务标是投标文件的重要组成部分，工程报价是投标的关键性工作，也是整个投标工作的核心。它不仅是能否中标的关键，而且对中标后的盈利多少，在很大程度上起着决定性作用。

投标报价是投标人响应招标文件要求所报出的价格，它是依据招标工程量清单所提供的工程数量,计算综合单价与合价后所形成的。为使得投标报价更加合理并具有竞争性,通常投标报价的编制应遵循一定的程序,如图 1-3 所示。

(1) 研究招标文件

投标人取得招标文件后,为保证工程量清单报价的合理性,应对投标人须知、合同条款、技术规范、图纸和工程量清单等重点内容进行分析,深刻而正确地理解招标文件和招标人的意图。

① 投标人须知

投标人须知反映了招标人对投标的要求,特别要注意项目的资金来源、投标书的编制和递交、投标保证金、更改或备选方案、评标方法等,重点在于防止投标被否决。

② 合同分析

● 合同背景分析。投标人有必要了解与自己承包的工程内容有关的合同背景,了解监理方式,了解合同的法律依据,为报价和合同实施及索赔提供依据。

● 合同形式分析。主要分析承包方式(如分项承包、施工承包、设计与施工总承包和管理承包等)、计价方式(如单价方式、总价方式、成本加酬金方式等)。

● 合同条款分析。主要包括:

A. 承包商的任务、工作范围和责任。

B. 工程变更及相应的合同价款调整。

C. 付款方式、时间。应注意合同条款中关于工程预付款、材料预付款的规定。根据这些规定和预计的施工进度计划,计算出占用资金的数额和时间,从而计算出需要支付的利息数额并计入投标报价。

D. 施工工期。合同条款中关于合同工期、竣工日期、部分工程分期交付工期等规定,这是投标人制定施工进度计划的依据,也是报价的重要依据。要注意合同条款中有无工期奖罚的规定,尽可能做到在工期符合要求的前提下报价提高竞争力,或在报价合理的前提下工期提高竞争力。

E. 业主责任。投标人所制定的施工进度计划和做出的报价,都是以业主履行责任为前提的,所以应注意合同条款中关于业主责任措辞的严密性,以及关于索赔的有关规定。

③ 技术标准和要求分析

工程技术标准是按工程类型来描述工程技术和工艺内容特点,对设备、材料、施工和安装方法等所规定的技术要求,有的是对工程质量进行检验、试验和验收所规定的方法和要求,它们与工程量清单中各子项工作密不可分,报价人员应在准确理解招标人要求的基础上对有关工程内容进行报价。任何忽视技术标准的报价都是不完整、不可靠的,有时可能导致工程承包出现重大失误和亏损。

④ 图纸分析

图纸是确定工程范围、内容和技术要求的重要文件,也是投标者确定施工方法等施工计划的主要依据。图纸的详细程度取决于招标人提供的施工图设计所达到的深度和所采用的合同形式。

详细的设计图纸可使投标人比较准确地估价,而不够详细的图纸则需要核算人员采用综合估价方法,其结果一般不很精确。

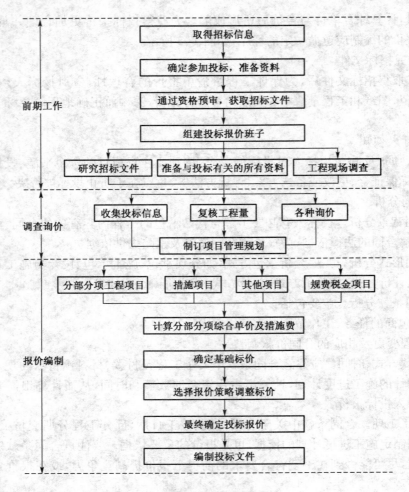

图 1-3　投标报价编制流程图

（2）调查工程现场

招标人在招标文件中一般会明确进行工程现场踏勘的时间和地点。投标人对一般区域调查重点注意以下几个方面：

① 自然条件调查

自然条件调查主要包括对气象资料，水文资料，地震、洪水及其他自然灾害情况，地质情况等的调查。

② 施工条件调查

施工条件调查的内容主要包括：

● 工程现场的用地范围、地形、地貌、地物、高程，地上或地下障碍物，现场的三通一平情况；

● 工程现场周围的道路、进出场条件、有无特殊交通限制；

● 工程现场施工临时设施、大型施工机具、材料堆放场地安排的可能性，是否需要二次搬运；

● 工程现场邻近建筑物与招标工程的间距、结构形式、基础埋深、新旧程度、高度；

● 市政给水及污水、雨水排放管线位置、高程、管径、压力、废水、污水处理方式,市政、消防供水管道管径、压力、位置等;

● 当地供电方式、方位、距离、电压等;

● 当地煤气供应能力,管线位置、高程等;

● 工程现场通信线路的连接和铺设;

● 当地政府有关部门对施工现场管理的一般要求、特殊要求及规定,是否允许节假日和夜间施工等。

③ 其他条件调查

其他条件调查主要包括各种构件、半成品及商品混凝土的供应能力和价格,以及现场附近的生活设施、治安等情况的调查。

（3）询价

询价是投标报价的一个非常重要的环节。工程投标活动中,施工单位不仅要考虑投标报价能否中标,还应考虑中标后所承担的风险。因此,在报价前必须通过各种渠道,采用各种方式对所需人工、材料、施工机具等要素进行系统调查,掌握各要素的价格、质量、供应时间、供应数量等数据,这个过程称为询价。

询价除需要了解生产要素价格外,还应了解影响价格的各种因素,这样才能够为报价提供可靠的依据。询价时要特别注意两个问题:

● 产品质量必须可靠,并满足招标文件的有关规定;

● 供货方式、时间、地点,有无附加条件和费用。

① 询价的渠道

● 直接与生产厂商联系;

● 了解生产厂商的代理人或从事该项业务的经纪人;

● 了解经营该项产品的销售商;

● 向咨询公司进行询价,通过咨询公司所得到的询价资料比较可靠,但需要支付一定的咨询费用,也可向同行了解;

● 通过互联网查询;

● 自行进行市场调查或信函询价;

● 各地区造价协会机构发布的信息指导价格。

② 生产要素询价

● 材料询价。材料询价的内容包括调查对比材料价格、供应数量、运输方式、保险和有效期、不同买卖条件下的支付方式等。询价人员在施工方案初步确定后,立即发出材料询价单,并催促材料供应商及时报价。收到询价单后,询价人员应将从各种渠道所询得的材料报价及其他有关资料汇总整理。对同种材料从不同经销部门所得到的所有资料进行比较分析,选择合适、可靠的材料供应商的报价,提供给工程报价人员使用。

● 施工机具询价。在外地施工需用的施工机具,有时在当地租赁或采购可能更为有利,因此,事前有必要进行施工机具的询价。必须采购的施工机具,可向供应厂商询价。对于租赁的施工机具,可向专门从事租赁业务的机构询价,并应详细了解其计价方法。例如,各种施工机具每台班的租赁费、最低计费起点、施工机具停滞时租赁费及进出厂费的计算,燃料费及机上人员工资是否在台班租赁费之内,如需另行计算,这些费用项目的具体数额为多少等。

● 劳务询价。如果承包商准备在工程所在地招募工人，则劳务询价是必不可少的。劳务询价主要有两种情况：一是成建制的劳务公司，相当于劳务分包，一般费用较高，但素质较可靠，工效较高，承包商的管理工作较轻；另一种是劳务市场招募零散劳动力，根据需要进行选择，这种方式虽然劳务价格低廉，但有时素质达不到要求或工效较低，且承包商的管理工作较繁重。投标人应在对劳务市场充分了解的基础上决定采用哪种方式，并以此为依据进行投标报价。

③ 分包询价

总承包商在确定了分包工作内容后，就将拟分包的专业工程施工图纸和技术说明送交预先选定的分包单位，请他们在约定的时间内报价，以便进行比较选择，最终选择合适的分包人。对分包人询价应注意以下几点：分包标函是否完整，分包工程单价所包含的内容，分包人的工程质量、信誉及可信赖程度，质量保证措施，分包报价。

（4）复核工程量

工程量清单作为招标文件的组成部分，由招标人提供。工程量的大小是投标报价最直接的依据。复核工程量的准确程度，将影响承包商的经营行为：一是根据复核后的工程量与招标文件提供的工程量之间的差距，从而考虑相应的投标策略，决定报价尺度；二是根据工程量的大小采取合适的施工方法，选择适用、经济的施工机具设备、投入使用相应的劳动力数量等。

复核工程量，要与招标文件中所给的工程量进行对比，注意以下几方面：

① 投标人应认真根据招标说明、图纸、地质资料等招标文件资料，计算主要清单工程量，复核工程量清单。其中要特别注意按一定顺序进行，避免漏算或重算；正确划分分部分项工程项目，与清单计价规范保持一致。

② 复核工程量的目的不是修改工程量清单，即使有误，投标人也不能修改工程量清单中的工程量，因为修改了清单将导致在评标时认为投标文件未响应招标文件而被否决。对工程量清单中存在的错误，可以向招标人提出，由招标人统一修改并把修改情况通知所有投标人。

③ 针对工程量清单中工程量的遗漏或错误，是否向招标人提出修改意见取决于投标策略。投标人可以运用一些报价技巧提高报价质量，争取在中标后能获得更大收益。

④ 通过工程量计算复核还能准确地确定订货及采购物资的数量，防止由于超量或少购等带来的浪费、积压或停工待料。

在核算完全部工程量清单中的细目后，投标人应按大项分类汇总主要工程总量，以便获得对整个工程施工规模的整体概念，并据此研究采用合适的施工方法，选择适用的施工设备等。

（5）投标报价的编制

根据《建设工程工程量清单计价规范》（GB 50500—2013）进行投标报价，依据招标人在招标文件中提供的工程量清单计算投标报价。

工程量清单计价的投标报价应由包括按招标文件规定完成工程量清单所列项目的全部费用，包括分部分项工程费、措施项目费、其他项目费、规费和税金。

工程报价 ＝ 分部分项工程费＋措施项目费＋其他项目费＋规费＋税金

工程量清单应采用综合单价计价。综合单价指完成一个规定计量单位的工程所需的人工费、材料费、机械使用费、管理费和利润,并考虑风险因素。

● 分部分项工程费是指完成"分部分项工程量清单"项目所需的工程费用。投标人根据企业自身的技术水平、管理水平和市场情况填报分部分项工程量清单计价表中每个分项的综合单价,每个分项的工程数量与综合单价的乘积即为合价,再将合价汇总就是分部分项工程费。

● 措施项目费用是指为完成工程项目施工,发生于该工程施工前和施工过程中技术、生活、安全等方面的非工程实体项目所需的费用。

● 其他项目费是指分部分项工程费和措施项目费以外的在工程项目施工过程中可能发生的其他费用。其他项目清单包括招标人部分和投标人部分。

招标人部分:预留金、材料购置费等。这是招标人按照估算金额确定的。预留金指招标人为可能发生的工程量变更而预留的金额。

投标人部分:总承包服务费、零星工作项目费等。

总承包服务费是指为配合协调招标人进行的工程分包和材料采购所需的费用。其应根据招标人提出的要求所发生的费用确定。

零星工作项目费是指完成招标人提出的,不能以实物量计量的零星工作项目所需的费用。其金额应根据"零星工作项目计价表"确定。

(6) 定额计价方式下投标报价的编制

一般是采用预算定额来编制,即按照定额规定的分部分项工程子目逐项计算工程量,套用预算定额基价或当时当地的市场价格确定直接费,然后再套用费用定额计取各项费用,最后汇总形成初步报价。

(7) 投标报价审核

① 成本核算中心投标岗测算项目成本,参考公司实际材料采购成本、人工内部定额等指标编制《项目投标定标审批表》,用于投标报价参考。

② 成本核算中心投标岗在预算编制完成后先自行检查,检查无误后,将成本测算表及报价明细提交投标主管审核,审核无误后递交成本核算中心经理审核。

③ 成本核算中心经理根据项目重要程度,需将报价及成本文件发送相关项目经理,由项目经理根据施工经验与实地情况做投标不平衡报价。特殊重要项目由市场中心组织、成本核算中心投标岗、资源采购中心、项目经理参加项目投标定标会议,预测其他公司报价情况,根据评标办法、企业自身情况及预计的利润率对投标报价进行论证,最终确定投标价格。

④ 根据项目定标及投标定标会议结果,对报价预算进行修改。

⑤ 成本核算中心投标岗填制《项目投标定标审批表》连同修改后的《各单位工程投标报价表》提交成本核算中心经理审核。

上述审核通过后,成本核算中心投标岗将上述资料报送市场中心拓展人员。

(五) 投标文件检查、封标

(1) 开标 1 日前完成对整合完整的投标文件的自检、互检工作并完成《投标文件检查表》。

(2) 由负责编制投标文件的人员将《投标文件检查表》交由部门总经理审批签字,完成对检查合格的投标文件的打印、盖章、装订、封装等封标工作。

(六) 递交投标文件及参加开标会

(1) 合理安排开标行程,开标 1 日前与出场人员及其他相关人员确定开标行程,准备好投标所需全部资料和工具如纸质标书、电子标书、原件、CA 锁等。

(2) 按时参加开标会议,在投标文件递交截止前完成投标文件递交。

(3) 根据参加开标会议的情况,详细做好开标记录如投标报价、现场抽取系数、中标结果等。

(七) 开标总结及其他标后工作

(1) 根据开标记录对开标结果进行总结分析,填写相关开标总结表、横向对比表。

(2) 开标结束后,如未当场宣布中标结果,则及时跟进网上中标公示或与代理沟通确认中标结果。

(3) 自中标公示结束之日起 15 日内,投标保证金未退回的,需对投标保证金催退,直至保证金退回为止。

(4) 中标项目进入合同管理流程。

(5) 各投标项目开标后,市场中心将开标情况、评标结果、中标单位告知成本核算中心投标报价岗,针对各家投标单位报价等资料进行统计分析,为项目开标总结会及今后投标报价提供参考依据。

(八) 投标资料归档

(1) 每周五下班前统一完善本周的投标资料归档。

(2) 将所有投标资料归档到部门共享文档指定位置,并填写相关投标表格。

表 1-10 综合评分项编制内容参考

项目	分类	准备内容
资质	资格证书	设计资质,施工资质
	荣誉证书	曾经获得的企业及工程获奖证书
经验	信誉水平	已竣工项目业主评价或本地区信用分
	项目经验	已竣工项目业绩
能力	专业特长	设计专长、特殊施工技能、专用工装设备等
	履约表现	服务时间、服务承诺、更有利于投标人的条件等
人员	执业资质	各种证书与资质证明
	人员业绩	项目团队每一位成员的学历、工作年限、业绩等
	人员安排	项目团队需要定义在该工程各个阶段拟用人员的工作性质和服务功能
资源	设备	现有设备及新增设备承诺
	采购(如有)	优质供应商相关资料
施工组织设计	—	—
设计方案	—	—
报价	—	—

三、EPC 项目投标

EPC（Engineering Procurement Construction）项目是指公司受业主委托，按照合同约定对工程建设项目的设计、采购、施工、试运行等实行全过程或若干阶段的承包，并对其所承包工程的质量、安全、费用和进度负责。EPC 项目投标过程具体而言，就是分别从技术、管理和商务三个角度来考虑"怎样准备一份具有竞争力的投标书"。

EPC 工程总承包项目下，承包商需要整体考虑项目的设计、采购和施工，而且往往是总价包干的，工作的复杂程度大大增加，所承担的风险也因总包商承担着工程设计、进度控制、安全保证、质量控制和成本等责任而变得更为巨大，因此在是否投标与怎样报价方面，承包商需要慎重考虑，提高决策的准确度。

（一）项目投标策略

招标文件是项目负责人进行投标时最主要的研究对象，项目负责人依据招标文件中的各项要求来安排部署投标的各项工作。招标文件与工程采购模式相对应，在 EPC 工程总承包模式下，招标文件一般包括招标邀请函、招标公告、投标人须知、投标书格式与投标书附录、资料表、合同条件、技术规范、工程量清单、标书图纸、业主的要求、现场水文和地表以下情况等资料。

仔细研读招标文件，重点根据投标人须知、合同条件、业主要求、总体实施方案和项目报价等方面制定投标策略。

（1）投标人须知

对于"投标人须知"，除了常规分析之外，要重点阅读和分析的内容有："总述"部分中有关投标范围、资金来源以及投标者资格的内容，"标书准备"部分中有关投标书的文件组成、投标报价与报价分解、可替代方案的内容，"开标与评标"部分中有关标书初评、标书的比较和评价以及相关优惠政策的内容。上述内容虽然在传统模式的招标文件中也有所对应，但是在 EPC 总承包模式下这些内容会发生较大的变化，投标小组应予以特别关注。

（2）合同条件

在通读合同通用和专用条件之后，要重点分析有关合同各方责任与义务、设计要求、检查与检验、缺陷责任、变更与索赔、支付以及风险条款的具体规定，归纳出总承包商容易忽略的问题清单。

（3）业主要求

对于"业主要求"，它是总承包投标准备过程中最重要的文件，因此投标小组要反复研究，将业主要求系统归类和解释，并制定出相应的解决方案，融会到下一阶段标书中的各个文件中去。完成招标文件的研读之后，需要制定决定投标的总体实施方案，选定分包商，确定主要采购计划，参加现场勘察与标前会议。

（4）总体实施方案

确定总体实施方案需要大量有经验的项目管理人员参与进来。

对于总承包项目，总体实施方案包括以设计为导向的方案比选以及相关资源分配和预算估计。按照业主的设计要求和已提供的设计参数，投标小组要尽快决定设计方案，制定指导下一步编写标书技术方案、管理方案和商务方案的总体计划。

制定周密的管理方案，主要为业主提供各种管理计划和协调方案，特别对 EPC 总承包模式而言，优秀的设计管理和设计、采购与施工的紧密衔接是获取业主信任的重要砝码。

在投标阶段不必在方案的具体措施上过细深入，一是投标期限不允许，二是不应将涉及商业秘密的详细内容呈现给业主，只需点到为止，突出结构化语言。以下将对上述内容进行系统描述，包括：

① 总承包经验策略。

② 总承包项目管理计划。

③ 总承包项目协调与控制。

④ 分包策略。

总承包项目管理方案的解决思路，投标小组在进行内容讨论和问题决策时可以按照以设计、采购、施工为主体进行管理基本要素的分析，也可以按照管理要素分类统一权衡总承包项目的计划、组织、协调和控制等。

（5）标书的排版编制包装

投标报价最终确定以后，标书的排版编制、包装和各种签名盖章等要完全严格按照招标文件的要求编制，不能颠倒页码次序，不能缺项漏页，更不允许随意带有任何附加条件。任何一点差错，都可能引起成为不合格的标书而导致废标。严格按章办事，才是投标企业提高中标率的最基本途径。另外，投标人还要重视印刷装帧质量，使招标人或招标采购代理机构能从投标书的外观和内容上感觉到投标人工作认真、作风严谨。

（二）报价策略

投标的重中之重是投标报价，它直接关系到中标的成功与否，同时也关系着中标企业的利润如何。投标报价是以投标方式获得工程或项目时，确定承包该工程或项目的总造价。报价是业主选择中标者的主要标准，也是业主和投标者签订合同的依据。报价是工程投标的核心，报价过高，会失去中标机会；报价过低，即使中标，也会给工程带来亏本的风险。因此，标价过高或过低都不可取，要从宏观角度对工程（或项目）报价进行控制，力求报价适当，以提高中标率和经济效益。投标报价的策略和技巧，其实质就是在保证工程（或项目）质量和工期的条件下寻求一个好的报价。设计施工一体化项目（EPC）投标报价决策流程如下：

（1）设计人员根据建设方案初步制定设计方案，编制初步投资估算。

（2）项目管理公司及成本核算中心、资源采购中心配合设计院根据施工优势及现场调查情况准确估计成本，进行成本分析和费率分析。工程总承包项目的成本费用由施工费用、设计费用组成，其中施工费用包括直接劳务费用，设备材料费用，机械费，分包费用，管理费用，养护费用等。

（3）确定项目的目标利润，并对项目风险进行评估，反馈设计院，进行 EPC 项目概算报价投标。在确定利润率及进行成本分析后及时将预算内需注意的情况及详细的成本及项目利润数据反馈设计院，指导项目设计方案图纸优化及详细施工图纸设计。

（4）根据详细初步施工图纸，进行项目预算初步编制，测算项目预算金额及利润情况，验证可行后出详图，如与预期目标差距较大，反馈设计院，对图纸及时进行调整。

四、PPP 项目投标

（一）PPP 项目概述

政府和社会资本合作模式（Public-Private-Partnership，简称 PPP），于 20 世纪 90 年代发源于英国，泛指在基础设施和公共服务领域，对符合条件的项目采取政府与社会资本合作经营的模式。这种模式是对传统意义上应由政府负责并主导的社会服务体系的补充或替代，如果项目投入、产出规划、设计合理，管理规范，运行良好，这种方式既能在一定程度上解决政府的财政困境，提高政府提供社会服务的效率及效益，也能为公众创造福祉。

为加大城市基础设施的投资建设，实现新型城镇化的政策目标，转变政府职能，十八届三中全会明确提出"允许社会资本通过特许经营等方式参与城市基础设施投资和运营"，随后国务院、财政部和国家发改委于 2014 年下半年至 2015 年期间密集发文，积极推动 PPP 项目的实施，PPP 模式在中国迎来新的发展浪潮已是大势所趋。

（二）PPP 项目投标风险控制

PPP 项目的投标流程与一般项目投标流程基本类似，但在投标文件的准备过程中需针对 PPP 项目与政府特殊的合作模式，作为承包方（投资方）需要有效地规避风险，争取合理的利润。

1. 把握政府控制概算的环节

从工程可行性研究—投资估算—初步设计概算（概算编制原则、方法及概算评审、审批）—施工图设计、预算（预算编制原则、方法及财政评审、审计）全程跟踪。

2. 参与概算编制办法、原则和评审

关注定额标准、临时工程、措施性方案、弃渣场与运距、材料基价、贷款比例及利率等方面的差距，结合后期设计优化，提前进行投资估算和概算的运作。

3. 争取条件

在施工图设计、降造、调差、变更设计、建设单位管理费、包干费、保险、财政评审和审计、验工计价、工程款支付、政府性调整、保证金等方面争取最好的条件。施工图设计是控制成本的关键，我们要主动出击，掌握施工图的设计权。

降造方面：因施工的利润需弥补资本金的资金成本，要争取少降造或不降造，争取利润的最大化。

材料调差方面：需明确工料机调整范围和触发条件，做到心中有数。

变更设计：需明确调整标准和相关条件，有的放矢。

建设单位管理费：可视为总承包管理费，双方可确定按概算值分配比例。

包干费：需明确包干内容和相关费率。

保险方面：确保己方作为受益方，便于后期理赔。

验工计价：尽快验工，有利于投资确认和资金成本。

工程款支付：提高比例，有利于施工利润尽早回流，提高资金使用效率。

政府性调整：需以投资人不能预见的风险调整总价为原则。

各类保证金：以保函代替，以完成投资冲抵保函为原则。

目前，PPP 项目的投标报价主要分为费率报价和工程量清单报价两种方式。费率报价,是指在建设工程招投标活动中,招标人在招标文件中明确要求投标人在报价过程中以费率(施工管理费和利润等间接费用占工程直接费用的百分比)的高低代替工程总造价的多少进行竞标,经评标委员会以各投标人所报的费率为主,结合所报工期和质量承诺、施工组织设计及企业施工业绩等其他相关指标进行综合评审,最终确定中标人。工程量清单报价,是指投标人完成由招标人提供的工程量清单所需的全部费用,包括分部分项工程费、措施项目费、其他项目费、规费和税金。

第三节　合同签订

一、研究招标文件

(一)招标文件分析的依据

(1)法律、行政法规。

(2)部门规章。

(3)当地行政主管部门文件。

(二)招标文件的组成及内容

通常公开招标,由业主委托咨询工程师起草招标文件。在整个工程的招标和施工过程中招标文件是一份最重要的文件,按工程性质、工程规模、投标方式、合同种类的不同,招标文件的内容会有很大差异。

建设项目施工公开招标文件通常包括以下内容:

(1)招标人须知前附表

将整个招标工作的各个关键阶段和重要内容通过表格形式简单明了地反映出来,用以指引招投标双方按照前附表的安排程序工作。

前附表一般包括以下内容:

- 工程综合说明
- 项目名称、编号
- 资金来源
- 投标人资质等级
- 工程计价方式
- 投标有限期
- 投标保证金
- 勘查现场和答疑会
- 投标文件份数
- 投标文件的提交
- 开标
- 评标方法及标准

(2)工程说明

主要说明工程项目概况、工程投标范围、承包方式等。

（3）招标工作安排

如业主联系人的情况、联系方式，投标书递送日期、地点，对投标人的规定，无效标书条件等。

（4）招标文件的组成

- 招标公告及预审要求
- 招标须知
- 招标书
- 合同条件
- 技术规范
- 图纸
- 补充资料及投标咨询记录等

（5）投标文件的组成

- 投标函
- 法定代表人身份证明或授权委托书
- 联合体协议书
- 投标保证金
- 已标价工程量清单
- 施工组织设计
- 项目管理机构
- 拟分包项目情况表
- 资格审查资料（适用于未进行资格审查的）、辅助资料（适用于已进行资格审查的）
- 投标人须知前附表规定的其他材料

（6）投标报价说明

如投标价格的组成、采用的方式、填报要求、计算依据和取费标准等。

（7）投标说明

如投标书的组成、投标书的要求、投标有效期、投标保证金、投标咨询等。

（8）评标规定

如评标定标办法、投标书有效性规定、投标书符合性评定、投标书的澄清、错误的修正等。

（9）授予合同

如合同授予标准、中标通知书的发放、合同协议书的签署、改授合同等。

（10）对中标单位的其他要求

如禁止转包、分包规定，项目经理的规定等。

（三）招标文件检查分析

（1）招标文件的完备性检查

承包商取（购）得招标文件后，通常首先进行总体检查，重点是招标文件的完备性。包括：

① 按照招标文件目录检查文件是否齐全，是否有缺页。

② 对照图纸目录检查图纸是否齐全。

（2）招标文件分析

分析的对象是投标人须知。通过分析不仅掌握投标过程、评标规则和各项要求，对投标报价工作做出具体安排，而且要了解投标风险，以确定投标策略。

（3）工程技术文件分析

即进行图纸会审、工程量复核、图纸和规范中的问题分析，从中了解承包商具体的工程范围、技术要求、质量标准，在此基础上进行施工组织，确定劳动力的安排，进行材料、设备的分析，作实施方案及报价。

二、合同条款内部分析

（一）合同的法律基础

即合同签订和实施的法律背景。通过分析，承包人了解适用于合同法的基本情况（范围、特点），用以指导整个合同实施和索赔工作。对合同中明示的法律条款应重点分析。

（二）承包人的主要任务

（1）明确承包人的总任务

承包人在设计、采购、制作、实验、运输、土建施工、安装、验收、试生产、缺陷责任期维修等方面的主要责任，施工现场的管理，给业主的管理人员提供生活和工作条件等责任。

（2）明确工作范围

明确合同中的工程量清单、图纸、工程说明、技术规范所定义的内容，工程范围的界限应很清楚，否则会影响工程变更和索赔，特别是固定总价合同。

在合同实施中，如果工程师指令的工程变更属于合同规定的工程范围，则承包人必须无条件执行；如果工程变更超过承包人应承担的风险范围，则可向业主提出工程变更的补偿要求。

（3）明确工程变更补偿范围

在合同实施过程中，变更程序非常重要，通常要作工程变更工作流程图，并交付相关的职能人员。

工程变更补偿范围，通常以合同金额的百分比表示。通常这个百分比越大，承包人的风险就越大。

（4）明确工程变更的索赔有效期

由合同具体规定，一般为 28 天，也有 14 天的。一般这个时间越短，对承包人管理水平的要求越高，对承包人越不利。

（三）发包人的责任

这里主要分析发包人的合作责任。通常有以下方面：

（1）发包人雇用工程师并委托其在授权范围内履行发包人的部分合同责任。

（2）发包人和工程师有责任对平行的各承包人和供应商之间的责任界限做出划分，对这方面的争执做出裁决，对他们的工作进行协调，并承担管理和协调失误造成的损失。

（3）及时做出承包人履行合同所必需的决策，如下达指令，履行各种批准手续，做出认可、答复请示，完成各种检查和验收手续等。提供施工条件，如及时提供设计资料、图纸、施工场地、道路等。

（4）按合同规定及时支付工程款，及时接收已完工程等。

（四）合同价格

对合同的价格应重点分析以下几个方面：

（1）合同所采用的计价方法及合同价格所包括的范围。

（2）工程计量程序，工程款结算（包括进度付款、竣工结算、最终结算）方法和程序。

（3）合同价格的调整，即费用索赔的条件、价格调整方法、计价依据、索赔有效期规定。

（4）拖欠工程款的合同责任。

（五）施工工期

在实际工程中，工期拖延极为常见和频繁，而且对合同实施和索赔的影响很大，要特别重视。

（六）违约责任

如果合同一方未遵守合同规定，造成双方损失，应受到相应的合同处罚。通常分析如下：

（1）承包人不能按合同规定工期完成工程，其违约金或承担业主损失的条款。

（2）由于管理上的疏忽造成对方人员和财产损失的赔偿条款。

（3）由于预谋或故意行为造成对方损失的处罚和赔偿条款等。

（4）由于承包人不能履行或不能正确地履行合同责任，或出现严重违约时的处理规定。

（5）由于业主不履行或不能正确履行合同责任，或出现严重违约时的处理规定，特别是对业主不及时支付工程款的处理规定。

（七）验收、移交及保修

项目完成后需要针对项目完成内容进行验收、移交，并按照合同约定在保修期内进行苗木的养护以及设备的保修等工作。

三、合同谈判

（1）中标人首先与建设单位就技术要求、技术规范、施工方案等问题进行进一步的讨论和确认。

（2）应特别注意合同中的价格调整条款以及支付条款，要与建设单位进行磋商和确认。

（3）在谈判过程中要把主动权争取过来，不要过于保守或激进，注意肢体语言和语音、语调，正确驾驭谈判议程，站在对方的角度讲问题，贯彻利他害他原则。

（4）对于工期、维修期、违约罚金和工期提前的相关奖励，场地移交及技术资料的提供等相关条款，也应通过谈判进行明确。

四、合同签订

招标人与中标人在中标通知书发出30个工作日之内签订合同，并交履约担保。

第二章　项目施工前期及准备

第一节　项目立项

公司确定项目后(含中标项目、业主直接安排的项目及原有项目后期延伸的项目),内部立项由市场中心发起并填写项目基本信息,基本信息包括:(1)项目名称;(2)工程总价;(3)项目类型;(4)工程内容;(5)工期;(6)质量;(7)付款方式;(8)养护期;(9)履约保证金;(10)主要罚则。项目基本信息填写完成后,还需确定项目是否分阶段施工、是否有指定分包;是否有甲供材及是否有暂定金等情况。

市场中心发起 OA 流程后由经办人(项目负责人)确定签字,经市场中心经理签字确定,分别由以下部门进行会签:工程管理中心总经理、资源采购中心总经理、成本预算中心总经理、财务中心总经理、人力资源部经理和法务部经理。以上所有部门会签通过后由公司主管领导会签,期限为 1 天。

第二节　项目安排

一、项目比选

项目中标后,由工程管理中心牵头组织,各项目管理公司、相关职能部门参与,通过多方面比选的方式选定实施的项目管理公司。

(一)比选工作程序

(1) 对已中标立项的项目,由工程管理中心收集其招标文件、投标文件及图纸,对项目进行分析,编制项目比选文件,会同成本核算中心确立项目目标利润值,作为项目公司比选的利润下限值。

(2) 工程管理中心通过 OA 系统发布内部比选信息及《比选邀请函》,各有意向进行施工的项目公司进行比选报名。

表 2-1　项目比选邀请函

比选项目名称	
项目性质	
项目规模	

续表 2-1

项目实施地点	
项目开工时间	
项目目标利润下限	
确认报名项目经理	

（3）各报名的项目管理公司总经理认真研读招标文件及图纸后，由工程管理中心组织进行现场踏勘，各项目管理公司根据踏勘结果编制好《内部比选申请文件》，在比选文件规定的时间前提交。

表 2-2 内部比选申请文件

（一）项目基本情况		
1	比选工程名称	
2	参选项目经理姓名	
3	工期目标	
4	质量目标	
5	预计工程成本	
6	目标利润率	
7	简述保证目标利润率的措施	
8	承接本工程的优势和劣势分析	
（二）项目实施方案		
9	拟投入的组织机构及专业班组	
10	拟进行分包的项目计划安排	
11	材料采购计划	
12	劳动力安排计划	
13	拟投入的施工机械设备情况	
14	工程资金投入及回款计划	

表 2-3 拟投入的组织机构及专业班组

类 别	职 位	数 量	姓 名
管理人员	项目经理		
	施工员		
	核算员		
	材料员		
	会计员		
	资料员		
	质检员		
	安全员		

续表 2-3

类　别	职　位	数　量	姓　名
专业班组	劳务班组		
	绿化班组		
	土建班组		
	……		

表 2-4　拟进行分包的项目计划安排

拟分包项目	分包项目工程量	拟分包单位		
		资　质	联 系 人	联系电话
…				

表 2-5　材料采购计划

项目施工材料、设备、劳务、分包月度需求计划表

X - S10 表

工程名称：							编号：			
序号	材料名称	规格型号(cm)					单位	数量	进场时间	质量要求
		胸径(D)	米径	地径(d)	高度(H)	蓬径(P)				
…										

工程名称：				编号：	
序号	材料名称	规格型号(cm)	单位	数量	进场时间	质量要求
…						

工程名称：				编号：	
序号	劳务队伍名称	队长	人员数量	进场时间	工作内容	备　注
…						

续表 2-5

工程名称：					编号：	
序号	设备名称	规格	单位	数量	时间要求	备 注
...						

工程名称：					编号：	
序号	项目编码	项目名称	项目特征描述	计量单位	工程量	备 注
...						

表 2-6 劳动力安排计划

工种	按工程施工阶段投入劳动力情况						
	___天	___天	___天	___天	___天	___天	___天
绿化工							
水电工							
瓦工							
木工							
...							
合计							

表 2-7 拟投入的施工机械设备情况

序号	设备名称	数 量	用于施工部位	自有或租赁	备 注
...					

表 2-8 工程进度计划与工期保证措施

序号	分项工程名称	施 工 进 度							
...									

表2-9 工程资金投入及回款计划

时间	建设期			合计（万元）	回款期			备注
	___月	___月	___月		__年_月	__年_月	__年_月	
金额（万元）								

（4）工程管理中心对项目管理公司提交的《内部比选申请文件》进行符合性审查，要求项目管理公司对于不符合要求的内容进行修改，修改内容在比选时间前提交。

（5）组织比选会议，确定项目实施的项目管理公司。

（二）评选会议流程

内部比选评委小组人员构成：公司高管、工程副总、工程总监、公司各职能部门经理。

会议主持人：工程管理中心总经理。

会议流程：

（1）会议签到后评委小组所有成员入场，项目公司总经理根据抽签次序轮流进场对各自的比选申请文件进行汇报。

表2-10 会议签到表

NO.

主 题	
时 间	
地 点	

参会人员			
	姓 名	所属公司（部门）	签 到
公司领导			
职能部门			
参与比选项目经理			

（2）各职能部门对项目公司总经理阐述的比选申请文件中有疑问之处进行提问，发表

各自的意见。

（3）工程总监及高管提出相关的意见及建议。

（4）评委小组人员对汇报内容中项目利润实现的保证措施、施工方案的可行性、施工进度计划的可靠性、施工质量的保证等进行打分，填写《比选评分表》（见表2-11）。

（5）所有人员汇报完成后，评委小组根据评分情况进行商讨，确定项目实施的项目管理公司于翌日由工程管理中心发布比选结果公告。

项目比选有利于提高各项目管理公司争取业务的积极性，通过项目比选，各项目公司会在项目实施前期即全方位地了解项目，了解项目施工重点难点部分，挖掘项目的利润点所在，明确二次经营的方向，充分发挥自身优势完成项目目标责任。

表2-11　比选评分表

序号	内　　容（100分）	得　　分
1	项目利润实现的保证措施（5分）	
2	拟投入的组织机构（10分）	
3	专业班组安排（10分）	
4	分包项目计划安排（10分）	
5	材料采购计划（8分）	
6	劳动力安排计划（8分）	
7	拟投入的施工机械设备情况（6分）	
8	工程进度计划与工期保证措施（6分）	
9	工程资金投入及回款计划（10分）	
10	对本工程重点难点的技术处理方法及季节性施工措施（夏季高温、台风、冬雨季的施工措施；农忙季节施工人员的安排）（8分）	
11	保证苗木成活率及工程后期的养护管理措施（8分）	
12	临时设施及施工现场安全文明标化方案（6分）	
13	施工现场平面图（5分）	
合　　计		＿＿分

二、直接派遣

项目立项后2天内，根据工程项目性质、特点、区域等情况，综合各方面优势条件，由工程管理中心发起《施工项目任务派遣意见审批表》（见表2-12），经分管领导审批后，直接派遣给符合项目实施要求的项目管理公司进行施工。如古建项目，优先考虑派遣给一直负责土建施工的项目管理八公司施工；云南区域的项目，优先考虑派遣给项目管理二公司施工；两广地区的项目，优先考虑派遣给项目管理六公司施工。

项目的直接派遣，有利于项目管理公司的人、材、机各项资源整合利用，大大缩短了项目前期比选确定项目管理公司的时间，为项目前期各项准备工作节省了很多时间。

表 2-12 施工项目任务派遣意见审批表

编号：　　　　　　　　　　　　　　　　　　　　　　　第　页 共　页

项目基本信息		
1	工程名称	
2	主要工程内容	
3	合同价	
4	工期要求	
5	质量要求	
6	付款方式	
7	拟派遣施工部门	
8	项目负责人	

工程管理中心派遣意见：

领导审批意见：

第三节　工程项目目标管理责任书的签订

一、"工程项目目标管理责任书"概述

（一）定义

项目管理目标责任书是工程管理中心与项目管理公司签订的明确项目管理公司应达到的成本、质量、进度、安全和环境等管理目标及其承担的责任并作为项目完成后审核评价依据的文件，是项目目标的具体体现，是组织考核项目管理公司成员业绩的标准和依据，是项目经理工作的目标，其核心是为了完成项目管理目标。

（二）签订的意义

（1）明确工程管理中心和各相关职能部门与项目管理公司之间的工作关系，包括指令、信息、责任以及指导和协助等方面的关系。通过目标责任书的明确，使得各方在处理工作关系时有据可依，同时也是制定各自工作责任的标准。

（2）明确项目管理公司的组织形式。在"项目管理目标责任书"中，应根据项目的性质、规模、管理特点等要求确定项目经理部的机构设置、人员构成以及管理模式。

（3）明确项目的各项目标，为项目管理公司提供工作标准。

（4）满足公司细部管理的需求，全面、具体地规定项目管理行为。

（5）为项目管理的效果评定以及奖罚兑现提供标准，进一步明确项目经理及项目经理部成员的责任、权力和利益。

（三）签订的原则

（1）满足管理目标要求和合同要求

公司与业主就工程项目签订合同，明确规定此工程将达到的各项目标和具体要求。项

目管理公司是公司在项目上的授权管理者、组织实施者,因此工程项目目标管理责任书首先应满足合同要求。

（2）考虑相关风险

项目在实施过程中存在各种不确定性因素,将导致冲突、矛盾和纠纷,并存在一定的风险性,因此公司在制定工程项目目标管理责任书目标时应考虑一定的风险性。

（3）全面、具体且操作性强

项目管理目标责任书规定了项目管理公司应达到的各项指标,又是考核的重要依据,因此需具备较强的可操作性,充分发挥项目管理目标责任书的作用。

（四）签订的依据

（1）项目合同文件。

（2）公司内控管理制度。

（3）公司经营方针和目标。

二、公司目标利润的测算

在工程项目进场施工前,资源采购中心依据成本核算中心提供的材料清单进行询价,将询价结果提供给成本核算中心,给予成本核算中心测算目标利润的依据,并依据材料清单分析可能降低规格或可以替换的材料品种,以降低采购成本,增加目标利润。

成本核算中心以当期市场价格及历史采购价格为基础,投标工程量清单报价为主线的合同金额（EPC项目按招标文件结合合同条款及施工图纸进行详细的清单预算编制）,结合公司自身生产技术和管理水平编制出项目的利润测算表。

公司目标利润的确认应结合成本核算中心的利润测算表、公司发展要求及行业平均主营业务利润综合考虑制定。

将合同金额与目标成本金额的差值作为本项目的目标利润,利润额与合同额的比值即为目标利润率。

项目管理公司在经营管理成本时,以该目标成本金额作为成本控制的主线,贯穿整体项目施工管理中。

三、项目公司利润的测算

中标后明确施工项目公司,项目公司需要对中标工程进行一次全面的清标工作和成本预测,估算项目利润。

项目部认真研究招标文件、施工图纸、投标报价清单、项目清标结果、现场实际情况及市场劳务、机械、材料价格。

项目利润测算会议由项目经理牵头组织,包括项目核算员、项目施工员、项目材料员、项目会计等人员参加,以成本核算员编制为主,其他相关人员参与,在工程施工前共同完成。

在优化施工方案和合理组织施工的前提下,分包、劳务机械选择根据市场竞争机制优胜劣汰。测算本项目施工完成所需要的成本金额,其中涉及人工费、机械费、材料费、分包询价定价等内容,由核算员、材料员,经项目经理确认后上报成本核算中心、资源采购中心审核确认为准。

四、目标责任书有关条款的讨论

（1）由工程管理中心发起《工程目标利润签订审批表》，成本核算中心、资源采购中心、财务中心共同会签，领导审批，确定项目的目标利润值。

（2）工程管理中心根据招投标文件、合同及确定的目标利润值，拟定工程项目目标管理责任书。

（3）将拟定的目标责任书传递给项目公司总经理，无异议后双方签字盖章。

（4）若项目管理公司自己测算的项目利润和公司确定的目标利润值差距较大，或者对目标责任其他条款内容有异议，则由项目公司提出书面意见报工程管理中心，分析说明差异原因。工程管理中心接到项目公司书面意见后进行分析，牵头组织相关的职能部门，对项目公司提出的异议进行处理，处理完毕，双方达成一致意见后签订目标责任书。

五、目标责任书签订

项目经理应对中标项目的招投标文件认真研读，并充分做好现场勘察、图纸会审及清标工作，认真考虑后期二次经营情况，从公司经营发展大局出发，完成项目目标责任的各项要求。

目标责任书（详见附录1）签订完成后，工程管理中心负责传递一份原件给项目管理公司，并进行扫描、归档，扫描件同时传递给成本核算中心和财务中心，以备项目核算之用。

第四节　项目部组建

一、项目部人员架构及职责

项目管理公司根据工程规模、技术难度等情况组建项目管理团队，确定团队人员名单、岗位及职责（项目经理、项目技术负责人、施工员、核算员、会计员、资料员、材料员、质检员、专职安全员、测量员等）。

项目部人员设置以能实现项目管理公司目标管理责任书所要求的工作任务为原则，尽量简化机构，做到精干高效。人员配置从严控制二三线人员，力求一专多能、一人多职。

公司实行垂直式管理模式，资料员、施工员、质检员、专职安全员等归口工程管理中心，核算员归口成本核算中心，会计员归口财务中心，材料员归口资源采购中心，行政专员归口行政中心。

若某岗位人员缺失，由项目管理公司及时向工程管理中心提出书面人员需求计划，再由工程管理中心向人力资源部统一提出需求申请，公司根据需要进行内部调配或招聘。项目部人员原则上由公司进行安排，项目公司根据施工管理需要也可自行进行外聘，但聘用流程及相关聘用人员薪资待遇等必须符合公司规定，外聘人员要提前到工程管理中心进行备案、登记。

（一）项目经理职责

1. 施工前的管理工作

（1）组织施工图会审和技术交底、完成施工组织设计的编制等

主持施工图的内部会审并提报会审意见书，根据项目的具体情况组织编制施工计划，

包括人员安排、成本预算、施工进度、技术质量安全、材料采购、分包（劳务）方案等。

（2）建立项目部的各项管理体系和组织架构设置

根据项目的具体情况，主持项目"项目部组织架构""质量保证体系""安全生产责任体系""文明施工组织机构""环境保证体系"的建立。

（3）推动项目部各项目管理体系和下属各岗位部门工作的运行

建立健全有关的监督管理和奖罚机制，切实推动各管理体系机构和岗位的高效运行。

（4）审核或审批项目中各分项工程施工计划方案

审核或审批各分项工程的施工计划方案，采取有效措施保证各项工作的顺利实施。

（5）主持召开清标工作会议

开工前 1 周主持项目部有关岗位召开清标工作会议，布置编制翔实的 B1 表；将 B1 表提报工程管理中心、成本核算中心和资源采购中心进行联合会审。

2. 资源采购管理

（1）主持劳务、专业项目的分包评估，审核确定劳务专业分包队伍。按照公司有关要求，对推荐的劳务和专业分包单位进行考察、评估和报价审核工作，以确定劳务分包和专业分包队伍。

（2）审核或审批各材料供应计划或合同。为保障工程按照工期要求顺利实施，必须强化对材料采购流程和计划的审核、审批工作，注重时效性。

（3）审核或审批各材料、劳务和机械结算资料。

3. 审计结算及资金管理

（1）根据《工程项目目标责任书》的要求编制严密的成本控制措施，组织产值及成本的及时提报。

（2）组织编制工程审计结算资料。

（3）工程款回笼及催收。根据合同有关条款约定，及时做好请款资料的整理和编制工作并及时上报；做好与业主、监理单位的沟通和对接，及时跟进和督办工程款的回笼和催收工作。

4. 日常管理

（1）负责团队管理，督促、检查、指导、协调项目部的各项工作。做好项目部的日常管理，加强团队建设，制定下属岗位员工的岗位职责、工程例会制度、绩效考核方案和培训方案等；监督、检查项目部各项工作的开展和执行情况。

（2）审核、签发各类上报资料。为了保证各项工作顺利推进，缩短流程签批时间，提高工作效率，必须加快各类上报资料的审核签批时间。

（3）协调处理各类外部关系。协调业主、监理、设计、审计间的业务关系及地方关系，以利于工作的顺利开展；协调处理各劳务班组、供应商以及专业分包单位的业务关系。

（二）项目技术负责人职责

1. 技术管理

（1）贯彻国家、公司的技术质量规范和要求，组织工程施工人员学习贯彻国家、公司有关工程技术质量规范标准文件。

（2）组织技术培训工作。年初制订全年度的培训计划，并按照计划组织实施；组织公司相关部门布置的培训工作。

（3）编制施工组织设计和方案。接到《工程项目管理责任书》后1周内,组织编制施工组织设计文件和施工组织设计方案。编制的施工组织设计必须符合项目的具体情况,操作性强。

（4）指导、督促施工技术管理工作。参与并编制图纸会审的记录工作;负责组织技术交底,处理施工技术方面的疑难问题。

（5）审查劳务、专业队伍施工方案。

2. 质量管理

（1）贯彻国家和公司质量方针、政策、法规,及时传达国家、公司各项质量管理规定,并进行教育培训。

（2）建立质保体系。

（3）负责贯标管理工作。配合公司贯标工作和内审、外审工作,检查、纠正不符合贯标文件要求的工作。

（4）施工质量监控。组织质量检查,调查处理质量事故,现场质量动态管理,贯彻执行工程管理中心品质管理部有关工程质量管理的管理办法和执行标准。

3. 竣工验收及资料管理

（1）主持竣工文件的编制工作。负责组织竣工验收资料的编制工作,督办和审查竣工文件编制质量。

（2）处理施工过程中的技术问题,负责施工技术资料的管理工作。处理施工过程中的技术问题,提出合理的解决方案或上报设计单位;负责组织施工技术资料的建档工作;检查、督促各类施工技术资料的归档。

4. 测量及其他工作

（1）组织建立测量设备台账,审核、监视测量数据及设备的保管、维修、校验。

（2）完成上级交办的其他事项。

（三）施工员职责

1. 施工前期准备

（1）施工图会审

各个项目开工前期,熟悉施工图纸,查找图纸与现场不符、图纸不足等问题,参与设计技术交底及施工图会审,编制施工图预算和材料设备供应计划。

（2）编制各项施工组织计划、技术交底和施工组织方案

编制施工现场的进度计划、进度报表、材料需求计划、劳动力需求计划、机械设备使用计划,并报项目经理核准后实施;负责做好对施工班组技术、质量、安全的交底工作,并经常督促检查;参与编写施工组织设计及分部分项工程施工方案;参与本项目测量、定位、放线、计量、技术复核工作,做好有关记录工作;参与清标,仔细核算工程量为B1表的编制提供依据;根据工程施工中的各项规章制度及相应的规范、标准,按照施工图和施工组织设计的要求编制施工组织设计,并全面考虑实际施工中会发生的各种状况,制定应急预案(在各个项目开工前编制完成,并由项目经理确认)。

2. 施工现场管理

（1）施工现场管理

协助项目经理、技术负责人对工程进行现场管理,处理施工中遇到的各类问题;配合质

检人员对分部、分项工程进行检查验收,把好质量关,并对施工现场出现的施工问题负主要责任;严格执行工程施工中的各项规章制度及相应的规范、标准,提前1天进行图纸、工艺、安全等方面的交底工作,严格按照施工图和施工组织设计的要求组织施工;负责对所需检验的工程材料现场取样,按国家标准进行送检;负责对施工现场存在的质量、安全、文明施工等方面的事故隐患和问题进行检查和整改;认真做好工程施工日志的记录,及时收集和整理工程的技术资料和竣工验收资料;负责签证、变更的原始资料收集,并在30日内与监理、甲方办理相关手续,2日内传递给核算员;每月25日前编制次月物资需求计划,并进行材料放样,提前7天通知材料员材料进场时间;配合进行材料验收,并指定材料堆放场地,避免二次搬运;执行公司质量、环境、职业健康安全体系文件中确定的其他质量职责,完成项目经理交办的其他工作。

（2）材料验收

严格遵守公司物资管理制度和物资验收标准与规范;根据工程项目需求对入场材料进行验收,把好质量关,保证物资完好无损,做到账、物相符,核对厂家资质、材料准用证、材料合格证、质量检验报告,少一样资料不准验收、杜绝进场;对不合格及数量不足的材料有权拒收;配合材料员与供应商沟通不合格材料的解决方案。

（3）材料管理

对现场材料加强管理,做到料具存放按标准、按现场平面图码放各种材料,保障现场道路畅通;贵重物品要及时入库,易燃物品妥善保管,各种材料必须挂好标识牌;对仓库各种材料要分类摆放,库内要进场检查,勤清扫,保持货物、货架及地面清洁;要经常盘点清查材料库存情况,保证做到材料"账、卡、物"三相符;提高防火、防盗意识,时刻预防库房失火、材料被盗事故的发生;加强责任心,做好材料整理工作,配合项目部做好文明现场管理;听从工地管理人员的指挥,遵守工地管理制度;积极配合门卫或班组做好雪雨天材料、机械防雨、遮盖工作。

（4）台账整理

建立材料、设备的入场信息库;负责建立健全材料入场记录和管理台账,对材料的耗用及时统计分析,填写材料月报表,为项目控制中间成本提供可靠依据。

（5）材料使用

负责现场材料的收、发、管理工作,对班组用料加强管理,进出各种料具一定要手续齐全,对使用材料要有监督、控制,严格把关材料外流,杜绝材料浪费和不合理耗料;负责监督现场材料使用情况,需要复试的材料待复试合格后方可发放,对浪费、损坏材料的责任人有权制止并处罚;严格执行公司收发料制度,对施工过程中材料搬运、储存实施有效控制。

3. 竣工验收及养护管理

（1）竣工验收管理

负责隐蔽工程验收、分部分项工程交工及中间交工验收,负责工程竣工结算工程量的编制;负责施工过程中月度工程量的统计和工程竣工验收后竣工图的绘制;配合剩余材料和机械清单调拨工作;工程完工后,参与项目部自检,查找问题并进行整改;完工1周内完成项目总结;参与项目验收。

（2）养护管理

根据当地的气候情况编制养护方案,确定管养费用,并于验收后7天内上报养护方案;

定期现场检查,做好景观及其他项目缺陷责任维护,发现问题及时解决;工程项目的移交和交接手续的办理;对养护工进行考勤,每月 20 日将考勤表、结算单移交至核算员。

(四)核算员职责

1. B1 表及调整表、月度施工产值、成本分析

(1)参与清标工作

参加由项目经理主持的清标会议,其主要工作为对施工前图纸及投标清单工程量进行核对,对价格进行合理性审核,初步预测项目利润,为编制 B1 表做准备。

(2)B1 表及项目预算成本实施调整表

项目开工前,参与由项目经理组织的项目 B1 表分工动员会,施工员、核算员、材料员、会计员按各人分工参与成本预算的编制工作;参与项目经理组织施工现场察看,结合图纸分析现场施工条件,预估可能出现的情况;参与项目经理组织编制会议,详细分工,会审图纸及合同文件、投标过程所有相关文件;收集市场价格信息,分析价格趋势,结合公司成本预算定额及价格信息;编制工程项目成本预算;过程调整:过程中需要根据工程项目的进展情况,根据实际发生或即将确认要发生的情况,及时(每季度)修改项目成本预算,确保工程项目成本预算的准确性和及时性;编制依据资料及编制文件的整理存档。

(3)B1 表及项目预算成本实施调整表

(4)项目月度施工产值编制

项目施工产值编制分为月度项目施工产值编制、变更项目施工产值编制和完工项目施工产值编制。月度项目施工产值编制是根据项目施工现场实际进度,由项目施工员配合核算员对已完成工程量进行计算并书写计算公式,根据计算出的工程量乘以投标单价计算已完成工程造价,即月度项目施工产值;变更项目施工产值编制是根据项目第三方(如监理、代建、业主)批复的变更依据,由项目施工员配合核算员计算变更工程量并书写计算公式,接着按合同条款套用或申报变更单价(或称暂定单价),再据此计算出变更造价;完工项目施工产值编制是在项目完成后,由项目施工员配合核算员对完工工程量进行计算并书写计算公式,再根据投标单价或批复的变更单价计算出完工造价(工程结算),一般分为投标和变更两个部分。编制依据资料及编制文件的整理存档。

(5)项目月度施工产值与成本分析

由核算员于每月 28 日前完成(统计工作为在建项目截至当月 20 日完成工作量)项目施工过程中实际发生的人工、材料、机械及各类分包依据完成工作量对应定额消耗、收料单汇总表及材料收发存明细表,做出成本合理性分析。每月 28 日前(统计工作为在建项目截至当月 20 日完成工作量),项目会计根据实际发生的材料、人工确认单据编制 B2 实际表;每月 28 日之前,项目部会计人员将根据工程项目累计完成施工产值编制《产值成本明细表》和 B2 预算表、B2 表月度成本财务分析,提交项目经理、项目管理公司总经理审核后,上报成本核算中心审核岗;编制依据资料及编制文件的整理存档。

2. 劳务、机械及分包价格确认和合同流程发起

(1)劳务、机械及分包价格确认发起流程

配合项目经理对所做工程梳理人工、机械、分包等工作内容,并参照公司内部定价制定符合当地工程情况的价格表;协助项目经理与施工班组进行定价;上传流程,并跟踪和促进

OA 流程进展,遇到问题及时了解、汇报、解决。

（2）劳务、机械及分包合同预算发起流程

配合项目经理,参照公司内部合同格式与施工班组就合同相关文字进行商谈,确定合同内容;上传合同签订流程,跟踪和促进 OA 流程进展,遇到问题及时了解、汇报、解决。

3. 月度结算

统计现场工程量;按照所签订的合同单价或定额价进行套价汇总;交项目经理签字认可;审核完毕的月度结算单存档。

4. 竣工结算编制、报送

（1）工程量统计

进入施工现场要清标。

（2）资料收集

在工程施工中配合项目经理完成技术核定单、设计变更单、签证单、核价单。

（3）结算编制

编制前研读施工合同、投标书、各种核算资料等相关文件;分清合同内项目和合同外项目,为编制做准备;将统计好的工程量代入,并做好记录,以防重复计算;汇总,检查;报项目经理、项目管理公司审核。

5. 跟踪审计报告

与审计对接工程量和材料定价;与我方上报的结算书比对分析,就差异与审计继续沟通,尽量减少差异。

（五）资料员职责

1. 施工前期阶段

（1）施工日志领用

项目进场后,负责将施工日志填写要求、范例等资料传递给每位施工员,并要求其按照要求进行填写;做好项目施工员领用施工日志的记录,便于后期回收。

（2）项目章刻制、领用

严禁私自刻章,项目章由资料员统一至工程管理中心处领取;刻章前必须按照要求填写《项目章刻制申请表》;领用项目章时,按照要求填写《印章使用管理承诺书》,以便确定本工程项目章负责人及保管人;若本人离职或调离项目,按照要求填写《印章使用管理承诺书》,以便确定项目印章接收人;负责项目公司所有项目印章保管工作,若印章不在本人处保管,则必须详细掌握关于项目印章保管人、印章使用台账等信息。

（3）档案管理

项目部必须配置资料档案柜、档案盒,档案柜钥匙统一由资料员、项目经理保管;项目部资料不允许零散乱堆乱放,重要资料资料员要及时入盒存档,避免丢失;作废资料应及时销毁,避免弄混;每个档案盒侧面均需粘贴同一尺寸的标签,便于今后查阅资料。

（4）工程前期资料的报验

熟悉项目所在地工程资料报验格式及要求,正确掌握本工程单位、分部、分项工程及检验批的划分,为今后资料报验划分出正确的报验框架;项目组织进场后,应及时做好前期资料报验工作,并在过程中跟进资料签字情况;工程概况:按照表格要求填写本工程主要概况,尤其是各参建单位全称、资质等级、法人代表、项目经理等信息;工程项目管理人员名单:除建设单位、监理单位有特殊要求外,必须按照投标文件中相关中标人员信息填写执业证号并加盖公章上报监理单位;施工组织设计、施工方案审批表:报验施工组织设计、施工方案时,审批表必须分开填写,待相关信息填写完毕后加盖公章报监理进行审批;开工报告:确定开工日期后,按照要求填写开工报告,加盖公章报送监理单位。

2. 施工阶段

(1) 来往文件管理

负责来往文件的登记、收发、传阅、保管、归档等工作,重点保存好涉及工程质量和经济方面等文件,确保资料真实完整。

(2) 施工日志检查与管理

每月按照填写要求检查施工日志记录情况,针对不符合要求的地方,提出让施工员进行整改,对收回的施工日志做好存档工作,并确保收回的施工日志均符合填写要求。

(3) 各项台账建立

做好各项资料台账,填写内容做到条理清晰、不遗漏;每周五将《周报表》发给工程管理中心;每月 28 日前将《工程台账》《资料台账》《项目部印章使用登记表》扫描件发给工程管理中心;按照要求完成其他资料台账记录工作。

(4) 质量管理资料、质量验收资料、工程安全和功能检测资料

熟悉并执行国家和上级颁发的规范、质量标准等相关技术文件,保证所有与工程相关的资料处于受控状态;各项资料编制必须做到及时、真实并与工程进度同步,不允许延后补报(材料进场报验前收集好材料相关的产品质量文件原件,针对需要送检的材料进行送检,取得相关的检测报告后上报监理单位)。

3. 竣工阶段

(1) 竣工验收前资料准备

按照当地城建档案要求做好竣工资料编制及装订等工作;召开工程验收会议之前,竣工验收证明、施工总结等相关资料必须齐全,以便验收。

(2) 竣工资料移交

保证移交工程管理中心的竣工资料、竣工验收证明与移交建设单位的资料一致;工程竣工验收并取得竣工验收证明后立即移交工程管理中心存档;移交竣工验收证明后 3 个月内,将竣工资料、施工日志、竣工图等工程资料按照公司要求移交工程管理中心;养护期满并取得工程移交单后立即移交工程管理中心存档。

(3) 项目印章移交

工程取得审计报告 7 日之内,将本工程所有项目印章移交工程管理中心存档。

(六) 材料员职责

1. 施工准备阶段

(1) 施工前的准备工作

参与项目部清标,了解项目所在地各类材料、劳动力、机械资源,掌握整个项目详细的材料品种以及材料进场的初步时间。

（2）初步确定供应商

根据由项目施工员上报、项目部经理签字确认的总物资需求计划,进行各材料的询价,并各自制作《询价对比表》;分别对询价对比表中的候选供应商进行初步洽谈,将了解、收集、洽谈的所有供应商信息以书面或口头的方式与项目负责人和公司资源采购中心进行充分沟通。洽谈的内容主要是:材质是否满足现场施工要求(建材需提供样品)、单价是否还能降低、供货周期及付款方式等;根据与项目负责人及资源采购中心沟通的结果初步确定意向性供应商,对各意向性供应商进行考察,考察范围主要是供货质量、生产能力、售后服务及综合实力等,对考察后合格的供应商报至资源采购中心进行入库备案(备案资料有营业执照、组织机构代码证、开户许可证及税务登记证等,分包工程供应商还需提供相应资质等文件)。

（3）材料采购合同的签订

对考察达到各项要求,经项目负责人和资源采购中心共同确认的供应商,通过 OA 系统发起价格确认及合同审批流程(量按照总物资需求计划的量),并全程负责跟踪审批,直至流程走完;合同流程审批结束后,先将审批后的合同版本发给各材料供应商予以签字盖章,然后由项目部负责人签字后寄回资源采购中心统一盖章;合同签订的及时性和合规性。

其他准备事项:

① 配合项目部做好现场材料堆放平面布置规划。

② 了解当地零星材料的采购途径及确定零星材料供应商(建议签 1~2 家零星材料供应商合同)。

③了解周边材料市场的分布情况及价格信息。

2. 项目施工阶段

（1）施工前的准备工作

根据由项目施工员上报、项目部经理签字确认的月度物资需求计划,与各材料供应商确认材料进场时间;材料运输途中,要全程跟踪材料的运输情况,及时与项目部沟通,确保材料保质保量的按时进场。

（2）进场材料的质量检查和日常工作

材料进场后,协助施工员对材料进行验收,如材料不合格,应第一时间联系供应商,将影像资料发给供应商并留存,要求供应商拿出解决方案,同时上报项目负责人;材料验收后,应当天填写《材料进场登记表》,不合格的材料在备注栏中注明不合格的原因,并在次日上报资源采购中心前一天的材料进场情况,做到不出错、不遗漏;协助施工员对现场(库存)材料进行管理,督促材料合理使用,防止材料浪费;按审批的计划组织实施,在执行中遇到问题应及时向项目负责人和公司资源采购中心汇报,直至解决;督促现场机械的合理使用、保养及修理,做好机械的登记及保养台账;做好材料进场登记、材料出库登记、库存材料盘点等工作;负责公司材料采购管理制度的执行和实施;执行公司的质量、环境、职业健康安全体系及文件中确定的职责;接受公司资源采购中心及相关部门的业务指导,完成项目负责人交办的其他工作。

3. 项目竣工验收阶段

（1）剩余材料的盘点及调拨

配合项目收料员做好项目完工后的现场剩余物资清点工作。对剩余材料,包括旧材料,应分析剩余原因并提出处理意见,报项目负责人及公司资源采购中心,并积极配合公司资源采购中心进行调剂和处理。项目部内部调配的应填写《材料调拨单》。

（2）督促办理供应商结算

根据各材料验收单、各月度结算单办理对应供应商的项目结算,经与供应商核对无误后签字确认,项目经理签字确认后,上报资源采购中心(项目结算将作为参照采购合同相关条款办理最终付款的依据);完善《供方质量保证能力评价与审批表》;对应项目施工期间供应商的实际合作情况(及时性、可靠性、履约能力)、施工完成后的售后服务情况、质保情况、其提供的人材机实际综合质量情况等如实反映到《供方质量保证能力评价与审批表》中,并通报资源采购中心留存。

（七）项目会计职责

（1）项目管理公司的财务管理工作

负责本项目管理公司有关财务的日常核算,向项目负责人提供必要的成本及经营数据,满足项目管理及成本分析管控的需求,同时要完成工程所在地子、分公司的财务核算以及纳税申报工作。

（2）施工项目成本的归集,对照项目目标利润检查成本,完成分析

负责项目成本费用的归集:材料、人工、机械、分包及项目管理费用的入账,按月编制月度成本 B2 表,更新完工项目成本 B3 表,配合核算人员完成项目成本分析报告;认真核对财务账套有关项目供应商的应付账款往来,做到账实相符,登记项目供应商合同台账,编制项目材料明细及汇总表。定期与往来供应商对账;每日根据现场备用金支付情况,检查出纳记录的备用金日记台账,按照财务中心要求上传总部。

（3）项目管理公司的年度预算及日常资金计划的编制

配合项目管理公司完成本年度经营预算编制工作,依据经营的实际情况及时修订本表;负责项目月度资金计划的编制及供应商支付申请和支付流程的跟踪;时间节点:预算表每半年末上传修订版,资金计划在每月 25 日完成上传工作。

（4）工程款的核对及回笼工作

负责工程款的回笼、催款及与甲方的核对,协助财务中心完成工程发票的异地预交及外经证(跨区域涉税事项报告表)的开具,做好工程开票有关分包及进项税抵扣台账工作。

（5）绩效考核数据的计算

年度末,计算项目管理公司中各个工程项目的年终利润绩效。

（6）财务信息化

配合公司财务信息化管理,完成券商及事务所要求的项目数据填报工作。

（八）质检员职责

（1）入场材料质量检验

对每次入场的材料、设备、半成品等进行质量检验,检验内容包括品种、型号、规格、性能(参数)、生产日期(保质期)、质保书、合格证等,确保各类材料、设备、半成品等符合工程质量要求。

（2）施工质量管理

认真贯彻执行国家、地方政府、行业和本公司颁发的与工程质量相关的各项方针、政

策、法律法规、强制性条文、规范、标准等,对工程质量承担重要责任;负责对施工中关键工序、薄弱环节以及对后续工程质量有影响的工序进行施工作业指导,确保工程质量受控;监督班组操作是否符合质量规范标准要求,必要时给予指导;负责项目部的计量标准及器具送检和维护保养;负责工程质量信息的记录、收集、整理、反馈工作,做好与公司质量管理部门的对接工作。

(九) 安全员职责

(1) 安全文明教育

认真做好安全三级教育和施工现场安全教育,规范安全技术交底,检查各施工班组安全教育记录。

(2) 现场安全监督管理

根据国家、地方的政策、法规规范标准及公司安全规章制度定期进行各种检查,并做好检查记录;查找事故隐患,发现问题即时下达整改通知,定人、定时、定整改措施,并及时进行复查;针对危险部位和危险源设置安全警示标识;针对项目危险源制定预防和应急措施;检查特种人员上岗证等相关证件是否真实有效;针对突发事故及时上报,协助项目经理组织事故调查处理。

(3) 现场文明监督管理

按公司相关规定做好现场标化工作,各种标识标牌齐全;根据计划做好施工过程中的各项文明管理,并对施工现场中存在问题的地方限期整改;做好项目安全报监、安全生产评估和安全文明示范工地创建工作;检查监督安全文明防护、劳动防护和各项安全生产责任制的落实;拟定安全文明技术措施和安全文明施工方案报项目经理;负责项目安全资料的建立及记录完善工作。

(十) 测量员职责

(1) 施工现场测量

负责编制测量放线实施方案;负责现场定桩的保护以及土方开挖的放线工作;记录各项测量闭合、标高、坐标、定位、放线、角度、引线的原始数据;负责指导分包单位的测量技术工作,解决疑难测点及转点的测量工作。

(2) 复核与记录数据

负责测量结果的整理,针对误差产生的原因采取措施,绘制测量图,对数据进行统计分析;严格按照编制的测量、检测工作的总方案和各个分部施工的专项方案来实施测量工作的内容,方案中有变更的部分向项目经理汇报,不得自行更改工作内容和方式;向技术负责人汇报测量放线情况和检查中的问题;资料汇总、整理、递交、保管工作。

(3) 测量仪器维护

各种测量仪器的申领、保管、使用、检校和维修,确保仪器工作状态良好。

二、搭设临时设施

为了满足施工阶段所有员工工作、生活的需要,在现场修建办公、生产、仓储及职工宿舍等临时性建筑,以保证施工阶段的材料、物力及劳动力的供运满足要求。施工用房包括现场办公用房、生活辅助用房(住宿、食堂、厕所及浴室)、仓库及各种加工设施用房。

（一）办公用房

活动板房原则上不得超过 2 层；每层建筑面积大于 200 m² 时应设置至少 2 部疏散楼梯，房间门至疏散楼梯的最大距离不应大于 25 m。活动板房之间的防火间距不小于 3.5 m，办公用房建筑构件和夹芯板的燃烧性能等级应为 A 级。一般包括办公室、会议室、员工休息室、其他用房等，项目会议室必须设置在一层。办公区内悬挂以下图表：工地管理机构人员名单及其岗位职责，安全文明施工和消防领导小组名单，质量、安全、文明施工、卫生、消防、治安等管理制度，施工总平面图，施工进度网络图等。图表的挂设、桌椅的布置做到整齐有序，保持室内卫生。

（二）生活辅助用房

（1）宿舍：宿舍内设置上下双层单人床，每间宿舍居住不超过 16 人，每人居住面积不少于 2 m²。宿舍室内照明、通风良好，无异味，卫生清洁，宿舍内严禁私拉电线、烧煮等。

（2）食堂：食堂设置在远离厕所、垃圾池及其他有毒害的场所并做到四周场地平整无污水，食堂内要设通风排气和污水排放设施，墙面、锅台贴白色釉面砖，地面批水泥浆，安装纱门纱窗。食具、食物有防蝇、防蚊盖，生熟用具分开使用，熟食使用钢盆、钢桶装盛，各种食品和饮水符合《食品卫生法》要求，厨房内保持清洁，生活垃圾随时处理。厨房、食堂卫生由专人负责，每日打扫清洗，一周进行一次大扫除。设置生活垃圾池，垃圾分类堆放，做好生活区防蝇、灭鼠等工作。

（3）厕所、浴室：设置水冲式厕所、浴室，墙面贴瓷砖，地面贴马赛克。设专人负责卫生，每日早晚冲刷一次，定期进行清理消毒，防止蚊蝇孳生。保持清洁卫生，厕所、浴室用水排入排水沟。

（三）生产用房

根据施工需要，在施工现场设立钢筋加工场、木材加工场、仓库及施工机械管理维修场用房等。

（四）材料场地堆放

（1）建筑材料的堆放应当根据用量大小、使用时间长短、供应与运输情况确定，用量大、使用时间长、供应运输方便的应当分期分批进场，以减少堆场和仓库面积。

（2）施工现场各种工具、构件等材料应统一堆放在仓库内。

（3）堆放位置应选择适当，便于运输和装卸，应减少二次搬运。

（4）场地应地势较高、坚实、平坦，回填土应分层夯实，要有排水措施，符合安全、防火要求。

（5）物资应当按照品种、规格堆放，并设明显标牌，标明名称、规格和产地等。

（6）钢筋应当堆放整齐，用方木垫起，不宜放在潮湿处和暴露在外受雨水冲淋的地方。

（7）砖应码成方垛，不准超高并距沟槽坑边不小于 0.5 m，防止坍塌。

（8）砂应堆成方，石子应当按不同粒径规格分别堆放成方。

（9）各种模板应当按规格分类堆放整齐，地面应平整坚实，叠放高度一般不宜超过 1.5 m，应当满足自稳角度并有可靠的防倾倒措施。

（10）各种材料、物品必须堆放整齐。

图 2-1　材料堆放

三、项目部印章刻制

（一）项目部印章刻制流程及注意事项

（1）项目部印章统一由工程管理中心负责办理刻制相关手续，严禁项目管理公司为图求便利私自刻章。

（2）项目立项并取得中标通知书或施工合同后，由项目管理公司填报《刻章申请表》（见表 2-13）交至工程管理中心，经工程管理中心审核相关信息无误后发送办公室办理项目部印章的刻制。

（3）项目部印章包含项目经理部、资料专用 2 枚章印，公司规定所有项目章印统一采用尺寸为 53 mm×30 mm 的方章。项目部若需刻圆章，必须填写圆章申请理由，并提供章印尺寸或者印模，否则不予刻制。

表 2-13 项目章刻制申请表

项目管理公司		刻章申请人		
刻章项目名称				
章印	☐项目经理部 ☐资料专用	章 模	☐方章 ☐圆章	
圆章申请理由				
项目经理意见	年 月 日	工程管理中心意见	年 月 日	

金埔园林股份有限公司 ×××工程 项目经理部	金埔园林股份有限公司 ×××工程 项目经理部 资料专用

图 2-2 项目部印章样式

(二)项目部印章领用

(1)项目章刻制完成后,由工程管理中心至办公室领取,在《项目章领用登记表》上登记项目部印章相关信息(领用时间、项目名称、章印模等),经分管领导审核无误后通知项目管理公司至工程管理中心办理项目部印章领取手续。

（2）拟启用的项目印章由项目负责人至工程管理中心领取，工程管理中心做好印章领取登记和印模备案手续，填写《项目部印章领用登记表》（见表 2-14）、《印章使用管理承诺书》。

表 2-14　项目部印章领用登记表

时间	项目名称	印　模	领用人	领导审批
			□ 项目经理部章	
			□ 资料专用	
			签字：	
			□ 项目经理部章	
			□ 资料专用	
			签字：	
			□ 项目经理部章	
			□ 资料专用	
			签字：	

（三）印章的保管

项目负责人是项目部印章日常使用与管理的第一责任人，印章由项目专职资料员负责保管并事先报工程管理中心备案。若专职资料员均因各种原因外出或请假，则项目部印章应交回项目负责人保管。项目部印章应入柜保管，每次用印完毕应随即锁好，防止被盗用。若因保管不善造成失误，相关人员须承担相应责任。

（四）印章的使用

（1）项目负责人对用印资料审核无误签字后，方可加盖项目部印章。印章使用应建立台账，填写《项目部印章使用登记表》（见表 2-15），对盖章留存资料进行归档保存。

表 2-15　项目部印章使用登记表

序号	文件名称	份数	主要内容简述	用印时间	经办人	审批人	备注
1							
2							
3							
4							
...							

（2）项目实施期间，项目负责人更换的，应由工程管理中心进行印章监督交接，并与离任者签订《印章移交承诺书》（详见附录 2），与继任者签订《印章使用管理承诺书》。

（3）项目部印章仅限下列文件使用：与本项目相关的技术、质量、安全资料、联系单（与监理/设计/施工单位）、会议纪要、备忘录、工程往来文件、各类签证资料、与公司本部之间的往来文件资料（如工程款申请报告、项目请示报告等）的印章盖用。

（4）项目部印章严禁在下述文件资料中盖用：

① 不得在各类分包合同、采购合同、租赁合同、担保合同、聘用合同等经济类合同文件及补充协议上加盖，也不得在此类合同类文件的见证方栏内加盖。

② 不得在结算报告、对账单等对外结算类文件上加盖。

③ 不得在非我方签订的合同证明类材料中加盖，如分包单位自行签订的采购合同，项目部不得在与此合同对应的送货小票、送货清单等文件资料上加盖项目印章。

④ 严禁用于开具任何内容欠据和任何形式的经济结算凭条；严禁用于为他人或单位提供任何责任的经济担保。

⑤ 不得用于工程开工、竣工验收证明，以及施工单位重大经济和工期等索赔文件。

（五）印章收回

工程竣工验收取得竣工验收证明后，项目负责人须于10日内将项目印章移交工程管理中心保管，工程管理中心与项目负责人签订《印章移交承诺书》，工程管理中心收回印章的3日内，应将印章移交档案室归档。归档后，如遇特殊情况须用印者，应在OA上进行印章使用申请流程。

第五节　开工准备

一、现场踏勘

现场踏勘是施工准备的重要内容，目的是了解工程项目的情况，通过现场踏勘，可以了解工程项目的全貌和技术特点，以便更好地清标、编制项目 B1 表、二次经营、了解材料信息价等，确定合理的施工部署和施工措施，为编制切实可行的施工组织设计、施工预算及变更设计提供依据。

1. 现场踏勘参加人员

确定实施的项目管理公司后 3 天内，由工程管理中心牵头组织项目管理公司、成本核算中心、资源采购中心、设计院，对项目现场进行踏勘。

2. 现场踏勘的依据

（1）招标文件、中标通知书及协议书等合同文件。

（2）设计文件。

（3）上级或业主单位下达的划分施工任务的文件。

3. 现场踏勘的准备工作

（1）阅读招标、投标文件与设计文件，初步了解项目的工程建设情况和有关问题。

（2）编制调查提纲，按各职能部门职责划分调查任务。

（3）拟定具体的调查计划，必要时邀请设计单位项目总体和各专业设计负责人共同进行现场调查。

4. 现场踏勘的内容

根据建设项目的规模、性质、特点、条件和调查目的，踏勘内容一般包括以下几个方面：

（1）设计概况：了解设计意图、主要技术条件和设计原则、主要设计方案比选及设计方面存在的主要问题。

（2）了解总的地形地貌：与既有公路、铁路交叉的地点；对施工造成影响的地上、地下管线及建筑物；对工程范围沿线环保、文明施工要求较高的学校、医院、文物古迹、风景旅游区、军事禁区、民宅等；工程范围所经过的河流、湖泊、大型水塘水池等。

（3）水文气象资料：气温、雨量、大风季节、积雪厚度、冻土深度等对施工的影响，河流洪水期最高水位，枯水期，易发生泥石流、地质滑坡、坍塌、落石等区域。

（4）地质情况：工程所在地的地质构造探测，岩层分布、风化程度、地震等级及地下水的水质、水量，不良地质现象和工程地质问题对施工的影响。

（5）信息价：了解工程所在地区最新材料信息价。

（6）当地可利用的电力、燃料、民房及水源等情况。

（7）交通通信：铁路、公路、便道及桥梁的等级标准；路面宽度、长度、交通量；允许通过的吨位等其他可以利用的交通工具种类、数量、运输及装卸能力、货运单价等；当地有线、无线通信条件及单价等。

（8）用地与拆迁情况：了解当地政府有关环境保护、征（租）地、拆迁的政策、要求和规定；详细了解当地人口、土地数量、重大的施工干扰、地下建筑、人防及古墓等情况；了解站场用地、拆迁农田、水利、交通的干扰及处理意见。

（9）水源和生活供应：当地生产生活用水的水源、水质、水量、环境污染情况，生活供应标准，主副食品品种、价格，邮电商业网点情况。

（10）当地的风俗习惯，特别是对重大节日或庆祝活动的了解，明确施工中应注意的事项，地方疫情、医疗卫生及社会治安情况，施工方案是否满足地方环保部门要求。

5. 施工调查报告

施工调查完成后，由项目管理公司根据现场踏勘情况，在5个工作日内写出书面施工调查报告，主要内容包括：

（1）工程概况：线路经由、自然特征与设计核对情况。

（2）施工组织意见：工程施工方案，技术组织措施，征地、拆迁规划及施工前期工作的安排意见。

（3）对改善设计的意见：本着有利于工程质量和运营安全、有利于施工、有利于增加效益的原则对主要方案和设计的改善意见等。

（4）对修正概算或编制施工预算的初步意见。

（5）其他有关事项。

二、图纸会审与技术交底

（一）图纸会审

工程各参建单位（建设单位、监理单位、施工单位）在收到设计院施工图设计文件后，对图纸进行全面细致地熟悉，审查出施工图中存在的问题及不合理情况并提交设计院进行处理。图纸会审由建设单位组织并记录。通过图纸会审，可以使各参建单位特别是施工单位熟悉设计图纸，领会设计意图，掌握工程特点及难点，找出需要解决的技术难题并拟定解决方案，从而将因设计缺陷而存在的问题消灭在施工之前。

在建设单位组织图纸会审前,由工程管理中心组织项目管理公司全体施工管理人员、成本核算中心、资源采购中心、设计院进行图纸会审及技术交底。

1. 图纸会审的目的与对象

施工图纸是项目管理公司开展工作最直接的依据。图纸会审的目的是减少图纸中的差错、遗漏、矛盾,将图纸中的质量隐患与问题消灭在施工之前,使设计施工图纸更符合施工现场的具体要求,避免返工浪费。设计交底与图纸会审是保证工程质量的重要环节,是保证工程质量的前提,也是保证工程顺利施工的主要步骤,项目管理公司和相关职能部门应当充分重视。

园林图纸会审工作首先应建立在对施工图熟悉掌握的情况下,因此事前应该对图纸会审做好充分的准备,园建、绿化、水电等各相应工种应对各自的图纸组成、施工范围、业主对完成效果及进度要求做到全面了解。图纸会审的对象包括园林总平面图、总标高图、总饰面图、各园林小品构筑物详图、绿化总平面图、水电设备图等,图纸会审前的审查准备工作应该做到查找图纸问题与施工备料相结合,施工组织、施工工艺与现场情况调研相结合,总场地内施工先后顺序应与业主要求的配合节奏相结合。

2. 图纸会审的顺序及注意事项

(1) 园林建筑部分。建(构)筑物平面布置在建筑总图上的位置有无不明确或依据不足之处,建(构)筑物平面布置与现场实际有无不符情况等。

(2) 园林小品部分。先小后大,首先看小样图再看大样图,核对在平、立、剖面图中标注的细部做法与大样图的做法是否相符,所采用的标准构配件图集编号、类型、型号与设计园林图纸有无矛盾,索引符号是否存在漏标,大样图是否齐全等。

(3) 园林图纸要求与实际情况结合。就是核对园林图纸有无不切合实际之处,如建筑物相对位置、场地标高、地质情况等是否与设计园林图纸相符,对一些特殊的施工工艺依据现场条件能否做到等。

(4) 应注意审查图纸与材料准备相结合。项目材料员与资源采购中心相关人员共同参加图纸会审,了解设计意图,并根据施工图纸中的材料清单找出材料采购的重点、难点以及可以替换的材料品种或材料规格以增加项目利润。同时,了解需要专业分包的项目,提前寻找符合要求的专业分包商,了解施工周期,以便及时核价。

3. 总平面图审查重点内容

(1) 建筑平面布置在总平面图上的位置有无不明确或与实际情况不符之处。

(2) 复核与园路相接的建筑底层入户大堂地面标高有无低于园路及入户平台的现象。

(3) 涉及整个场地标高的地下车库顶板的范围,对边界及标高等进行复核。

(4) 场地内是否有园林设计图中未标注的构筑物,如地下采光井、通风井等。

(5) 是否有园林构筑物如亭子或水景等构筑物的基础位于车库顶交界处,如有需要进行防不均衡沉降处理。

(6) 场地内是否有 3 m 以上大面积回填土区,如地下车库周边回填等(通常由其他施工单位回填,回填过程并未严格分层回填及碾压)。如有,应及时协调设计方进行基础处理及加固。

(7) 是否有已施工的管道及井口位于拟建园林水池内,或穿越水池的管道标高高过池底的情况,并对后续进行的管道施工进行介入监督,同时应在开工前对场地内所有井口位置进行测绘,避免绿化填土时掩埋。

(8)审查地下车库顶板的承载设计,是否能满足园林设计的填土厚度,地下车库的活荷载设计直接关系到施工车辆在上方的通行及后续施工的吊车摆放位置。

(9)审查总图场地内的标高情况,利用环路闭合法复核标高,且同时复核场地内地面排水情况,及地面排水与雨水井的配合。

(10)审查是否有园林构筑物或园路离住户窗台过近而影响住户隐私及采光。

(11)场地内大型乔木的分布是否有吊车盲区或永久性闭合场地,如有以上情况应组织专项施工措施或场地尚未闭合时优先施工。

(12)场地内永久性设备控制箱、永久性外接水源的位置确认,审查场地内灯具的分布,避免出现"暗区",审查场地内灌溉系统的喷头分布,避免出现"旱区",或接水时拉管过长,横穿车行道等情况。

4. 水景、泳池、溪流图纸审查重点内容

(1)水池等构筑物的基础是否能满足设计要求,当水池基础为大面积回填土且沉降不充分时应及时与设计方及业主协商处理。

(2)水池内钢筋的配置是否满足设计及规范要求,局部是否已加强。

(3)当合同约定结构部分由其他土建单位施工时,应在图纸会审过程中明确园林施工单位在结构施工过程中需进行的配合工作,特别重要的是要约定结构施工存在质量缺陷(主要是下沉和漏水)在后期使用过程中给业主及园林施工单位带来损失时责任的界定及工程的索赔问题。

(4)图纸标注的防水方式是否合适,是否在泳池内采用了有毒性的防水材料,并留意防水材料与水池沉降缝的搭接处理是否满足规范要求。

(5)水池内的喷水雕塑、各类花钵的大小和比例搭配是否合适。

(6)水池内石材是否已使用防泛碱处理,石材的通用采购厚度与设计标注厚度不同时应及时在图纸会审时知会业主及监理(石材通用厚度约比图纸标注少 5 mm)。对于天然色差比较大的石材,或本身通过石材纹理体现艺术效果的石材,如各类锈石等,应及时通知业主到场材料与样本之间有存在差异的可能,并将双方达成的共识做好书面记录,避免材料到场后产生不必要的纠纷。

(7)水电设备的配置是否合理,水泵设备的功率及灯光效果能否满足跌水效果的要求。特别是外置储水池容量的核算非常重要,产生的"抽空"现象将给工程带来无法修复的损失。

5. 亭子、景墙、构筑物图纸审查重点内容

(1)亭子等构筑物的基础及结构是否能够满足设计要求。

(2)现场搭建的简易竹结构的亭子及景墙的高度和高宽比是否合适,特别是亭子的檐口高度,过低的檐口高度将会使亭下的人产生压抑感。如为双层上人亭,应考虑是否会对业主的隐私造成影响。

(3)当亭为钢木结构时,应当审查钢木结构荷载分配是否明确合理,钢构断面是否能满足受力要求,木材的防火、防腐处理是否符合设计要求。

(4)当为保安亭时,需复核窗台高度,窗台高度过低或过高都将影响其使用功能。当保安亭内有监控及道闸控制时,图纸会审过程中应会同相关施工单位确定预留孔洞。

（5）注意各种石材饰面的颜色搭配，压顶厚度、石材收口形式是否合理。

6．平台、园路、小桥图纸审查重点内容

（1）整个场地内园路设置是否合理、简洁，道路是否主次分明、顺应流线，避免行人直接穿越绿化带。

（2）如建筑物周边的水表、电表无路面直达需穿越绿化带时，应增加零星汀步。

（3）是否有园路离住户入口太近，无缓冲区，离窗台太近而影响分住户隐私。

（4）需重点关注路面的排水状况，复核标高及路面坡度，不应形成积水区。

（5）各种路面、入户平台是否已考虑无障碍设计，当现场受到限制时，修改后的无障碍通道的坡度能否满足其无障碍设计。

（6）地面各种伸缩缝的分布，以及防止不均匀下沉的措施。

（7）对于各种铺装材料应慎重选择，对不适宜的情况应坚决果断地提请业主进行更换。如行车道上及我国冰冻地区就很忌讳使用水洗石米（摩擦后路面泛黑，受力及冰冻后开裂，裂缝修补效果极差，整体更换工程量大，对周边污染大）；又如泳池周边平台采用有棱角的各类冰裂石材亦不很合适，而对于回填区路面采用彩色水泥砖铺贴是非常好的选择，有观赏效果好、抗下沉性好、便于修补等优点。

7．绿化苗木搭配的图纸审查重点内容

（1）场地内所选用的苗木是否与业主或设计要求的景观风格接近。

（2）图纸所标注的苗木是否适合当地气候及场地内土壤。

（3）当图纸中标注的苗木非通用名或英文图纸时（国外设计公司），应当在图纸会审时以书面形式列明中文通用名并得到业主确认。

（4）在对项目周边苗木市场进行调查后，对图纸所标注无法采购到的苗木（超出成本价也无法采购）在图纸会审时提请业主进行调整，并依据项目周边的调查情况提供多项备用方案供业主选择后确认。

（5）与业主确定大型乔木的号苗时间，并通知项目管理公司进行相应的准备。

（6）图纸标注苗木位置是否离建筑太近而对住户采光、安防有不利影响。

（7）应积极争取业主授权给施工方依据到达现场的苗木树形、苗木规格、生产习性进行局部调整的权利，在不影响工程造价的情况下达到效果最佳。

（二）技术交底

在某一单位工程开工前，或一个分项工程施工前，由主管技术领导向参与施工的人员进行技术性交代，其目的是使施工人员对工程特点、技术质量要求、施工方法与措施及安全等方面有一个较详细的了解，以便科学地组织施工，避免技术质量等事故的发生。各项技术交底记录也是工程技术档案资料中不可缺少的部分。

1．施工技术交底分类

（1）施工组织设计交底

① 重点和大型工程施工组织设计交底：由施工企业的技术负责人把主要设计要求、施工措施以及重要事项对项目主要管理人员进行交底。其他工程施工组织设计交底由项目技术负责人进行交底。

② 专项施工方案技术交底：由项目专业技术负责人负责，根据专项施工方案对施工员

进行交底。

(2) 分项工程施工技术交底

由施工员对专业施工班组(或专业分包)进行交底。"四新"技术交底:由项目技术负责人组织有关专业人员编制并交底。

(3) 设计变更技术交底

由项目管理公司根据变更要求,并结合具体施工步骤、措施及注意事项等对施工员进行交底。

(4) 测量工程专项交底

由工程技术人员对测量人员进行交底。

(5) 安全技术交底

负责项目管理的安全员应当对有关安全施工的技术要求向施工作业班组、作业人员进行交底。

2. 施工技术交底编制要求

(1) 必须符合工程施工规范、技术操作规程、质量验收规范、工程质量评定标准等相应规定。

(2) 必须执行国家各项技术标准,包括计量单位和名称。

(3) 符合与实现设计施工图中的各项技术要求。

(4) 应符合和体现上一级技术领导技术交底中的意图和具体要求,符合和实施施工组织设计或施工方案的各项要求,包括技术措施和施工进度等要求。

(5) 对不同层次的施工人员,其技术交底深度与详细程度不同。也就是说,对不同人员其交底的内容深度和说明的方式要有针对性。

(6) 技术交底应力求做到:主要项目齐全,内容具体明确,符合规范,重点突出,表述准确,取值有据,必要时辅以图示。对工程施工能起到指导作用,具有针对性、指导性和可操作性。

3. 技术交底编制格式

(1) 工程概况。

(2) 工作内容和工作量。

(3) 质量、安全、进度、文明施工、环境保护等目标。

(4) 施工准备:① 材料准备;②机具准备;③作业条件及人员准备。

(5) 操作工艺:① 工艺流程;②作业准备;③施工工艺。

(6) 质量标准:① 主控项目;②一般项目;③质量控制点。

(7) 成品保护。

(8) 安全与环境。

(9) 施工注意事项。

4. 施工技术交底内容

(1) 公司总工程师向项目经理、项目技术负责人进行技术交底的内容应包括以下主要方面:

① 工程概况和各项技术经济指标和要求。

② 主要施工方法,关键性的施工技术及实施中存在的问题。

③ 特殊工程部位的技术处理细节及其注意事项。

④ 新技术、新工艺、新材料、新结构施工技术要求与实施方案及注意事项。

⑤ 施工组织设计网络计划、进度要求、施工部署、施工机械、劳动力安排与组织。

⑥ 总包与分包单位之间互相协作配合关系及其有关问题的处理。

⑦ 施工质量标准和安全技术。

⑧ 尽量采用本单位所推行的工法等标准化作业。

（2）项目技术负责人向单位工程负责人、质量检查员、安全员技术交底的内容包括以下方面：

① 工程情况和当地地形、地貌、工程地质及各项技术经济指标。

② 设计图纸的具体要求、做法及施工难度。

③ 施工组织设计或施工方案的具体要求及实施步骤与方法。

④ 施工中具体做法，采用的工艺标准和工法；关键部位及实施过程中可能遇到的问题与解决办法。

⑤ 施工进度要求、工序搭接、施工部署与施工班组任务确定。

⑥ 施工中所采用的主要施工机械型号、数量及进场时间、作业程序安排等问题。

⑦ 新工艺、新结构、新材料的有关操作规程、技术规定及注意事项。

⑧ 施工质量标准和安全技术具体措施及注意事项。

（3）施工员向各作业班组长和各工种工人进行技术交底的内容：

① 侧重交清每一个作业班组负责施工的分部分项工程的具体技术要求和采用的施工工艺标准或企业内部工法。

② 分部分项工程施工质量标准。

③ 质量通病预防办法及注意事项。

④ 施工安全交底，并介绍以往同类工程的安全事故教训及应采取的具体安全对策。

5. 技术交底实施方法

（1）会议交底

公司总工程师向项目经理和技术负责人进行技术交底，一般采用技术会议交底形式。由公司总工程师主持会议，将工程项目的施工组织设计或施工方案做专题介绍，提出实施具体办法和要求。

（2）书面交底

项目技术负责人向各作业班组长和工人进行技术交底，应强调采用书面交底的形式，这不仅仅是因为书面技术交底是工程施工技术资料中必不可少的，施工完毕后应归档，而且是分清技术责任的重要标志。特别是出现重大质量事故与安全事故时，是作为判明技术负责者的一个主要标志。

（3）岗位技术交底

一个分部分项工程的施工操作，是由不同的工种工序和岗位所组成的。如混凝土工程，不单是混凝土工浇筑混凝土，事先需进行支模，混凝土的配料及拌制，混凝土水平与垂直运输之后才能在预定地区进行混凝土的灌筑，这一分项工程由很多工种进行合理配合才行，只有保证这些不同岗位的操作质量，才能确保混凝土工程的质量。有的施工企业制定工人操作岗位责任制，并制定操作工艺卡，根据施工现场的具体情况，以书面形式向工人随时进行岗位交底,提出具体的作业要求,包括安全操作方面的要求。

三、研究工程投标文件

项目中标后,开工前需了解当时投标文件编制情况,了解项目投标过程中制定的方案及报价策略。

(一)投标初步方案

1. 掌控信息,明确招标意图

在拿到招标文件后,如何从厚厚的招标文件中过滤有效信息是整个投标工作的第一步,也是关键所在。通常先看邀请函,一般邀请函和招标公告上的内容一致,主要是资金落实状况、图纸设计情况、工程位置、资料发放时间和投标截止时间地点、评标方法等。须知正文,要重点关注招标内容及专业分包,工程质量、安全、文明施工要求,工期要求及约定,投标文件的具体内容和装订顺序,投标报价的计价依据和报价组成,特别是报价时对无效投标文件的注意事项,文件如何装订、密封、包封要求及盖章,这些将直接影响投标文件的接受或拒绝。还要注意在开标、评标中具体需要提供哪些证件,注意评审时对投标文件要进行哪些符合性鉴定,避免投标文件的修正,杜绝废标的发生。合同价款相关规定中,主要看工程进度款支付状况,从而考虑是否发生资金成本,并怎样用适当的方式考虑到报价中,同时注意竣工结算综合单价如何计算与调整。工程量清单及施工图纸是报价中不可或缺的一部分,在填报综合单价过程中一定要看清项目特征描述,否则所报综合单价会不完整。

对评标办法及细则中的一般评标原则了解即可,但评标内容及打分标准必须仔细阅读和分析,并同步制定对应的投标、报价策略,这将直接影响投标文件的质量和中标概率。

2. 掌握细节,制定投标策略

工程投标是既公平又残酷的竞争,是实力、信誉、经验、投标策略与报价技巧等多方面综合能力的比拼,认真研究、正确理解招标文件的内容,并按要求编制投标文件对整个投标操作工作十分重要。

(1)把握标书要点

在商务标文件的编写中重点把握以下方面:

① 投标函或者投标承诺书和施工投标标书汇总表,须严格按照附件中的格式填写。

② 投标书综合说明,要把工程概况、报价依据、要说明的事项及工程管理等进行综合说明。

③ 工程量清单报价,必须完全按照招标文件的规定格式编制,不允许有任何改动,如有漏填,则视为其已经包含在其他价格报价中。在分项清单报价中要仔细阅读特征描述,并结合图纸合理报价。其中安全文明措施费各地均有合理的区间控制,其他措施费用由投标人自行报价。

④ 工程施工方案,施工现场平面布置图,保证工程进度、质量、安全、文明生产的技术措施,保证质量的技术措施,以及其他必须采取的技术措施和主要施工机械一览表等等。

(2)把握编写关键要点

编制投标文件时,应详细研究各章节的有关要求,并对可能成为无效标处理的条款进行必要把握:

① 投标截止时间。

② 投标人法人代表或委托人准时、持全效证件到场并准时递交投标文件。

③ 投标文件的密封。

④ 投标文件不符合须知规定格式内容情况。

⑤ 投标人资格。

⑥ 投标文件的组成内容是否符合规定格式填写或打印。

⑦ 投标文件附有招标人不能接受的条件或承诺内容未能满足招标文件要求的。

⑧ 投标人存在以他人名义投标、串通投标或弄虚作假方式行为。

⑨ 投标总报价高于工程预算价或低于招标最低控制价的。

⑩ 质量、工期、投标保证金规定。

当然,投标细微偏差也会影响投标质量,如个别地方存在漏项或者提供了不完整的技术信息、数据等情况,这些遗漏如果补正不完整会对其他投标人造成不公平的结果,这也是投标过程中所不允许的。

3. 号准脉搏,灵活报价技巧

投标过程中的成本分析与工程结束后的成本分析不同。工程结束后的成本核算是工程量和材料价格已经明确,主要是实际成本与计划成本的比较和分析,从而杜绝以后项目中不必要的成本增加。投标过程中的成本分析是为了适应激烈的市场竞争,采用成本分析来确认不低于本投标工程成本价的最低合理报价,从而提高中标机会。

(1) 投标报价前要对项目进行充分调研,从而规避经营风险

① 尽可能早的对拟投标工程进行考察。重点考察工程是否存在招标人不能履约的风险,如立项、报建、施工许可手续不完备、建设资金不到位等情况,如有此类风险应停止参与投标。

② 考察拟投标工程是否适合本企业承建。包括建设规模、专业要求、技术水平、投资大小等是否适合本企业承建,对超出本企业承建能力的工程要谨慎参与。

③ 考察拟投标工程的建设环境。工程现场的施工环境,以及工程建设可能存在的安全隐患和当地政府有关的规章和税收管理等。

(2) 要根据企业往常的成本对项目报价进行成本分析

投标人在投标过程中由于各个企业完成各项工程的人力、材料、机械消耗水平不同,所以不能用统一的预算定额消耗量来计算,应根据图纸,结合施工方案及施工组织计划,并根据以往施工积累的经验计算出全部人工、材料、机械消耗量,再乘以它们的成本单价。每个施工企业经过多年的材料采购,都有其特有的采购方式和供货渠道,各类材料的价格也会有所不同。现今企业,应充分利用互联网的优势,拓宽进货渠道,多方比价,以求采购质优价廉的材料,同时更加有效地调动工人的积极性,减少窝工怠工现象。特别是人工的成本,在工程建设中的比例已经越来越高,而人工的投入及现场的材料损耗在工程中也最具压缩性,管理方式、经营模式都将影响工程成本的实际控制。如有的施工单位一个工程下来钢筋损耗率达 4.5%,而有的施工企业钢筋损耗率只有 1.5%,比定额平均水平损耗率还要低。其他费用的计取一定要经过缜密调查后计入,在我国现阶段仍存在许多政府规定税费率通过各种渠道可以减免的情况,减免的程度不同,意味着成本可降程度不同。同时也要考虑可能发生的通货膨胀、物价上涨等不可预见因素的影响,什么风险考虑在成本中,什么风险

可以通过诸如合同条款进行规避。

通过这样成本分析,为投标决策层制定投标策略提供了准确的依据。决策层再根据招标文件的要求,在充分调查建设单位的资金能力、竞争对手、工程难易度及技术含量后,根据自身实力、施工经验及人员、机械设备及资金状态等进行综合分析,对投标报价作出决策。

(3) 对成本的信息化管理

为在投标报价时能更准确地进行成本分析,投标人在建立、完善自身的供应链管理时,需要大量准确及时地掌握各类成本信息,如市场供应数量、供应价格、需求数量、需求价格以及库存数量、品种、质量、规格等,一旦出现遗漏和错误都将直接影响投标价,从而影响中标概率。要做好投标资料、已完工程资料、材料机械采购资料、人力资源的积累工作,建立可行的计算机数据库,有条件的企业还要建立自己的定额体系。

(二) 投标策略

投标策略是指在实际投标竞争中工作部署及参与投标竞争的方式和手段。具体投标策略是指中标项目在投标取胜中的方式、手段和艺术,在项目施工实施前要针对各项目具体分析,了解投标当时的策略。

投标报价的基本策略主要是指投标单位应根据招标项目的不同特点,并考虑自身的优势和劣势,选择不同的报价。

(1) 一般遇下列情形时,可选择报高价的情形:

- 施工条件差的工程(如条件艰苦、场地狭小或地处交通要道等);
- 专业要求高的技术密集型工程且投标单位在这方面有专长,声望也较高;
- 总价低的小工程,以及投标单位不愿做而被邀请投标,又不便不投标的工程;
- 特殊工程,如港口码头、地下开挖工程等;
- 投标对手少的工程;
- 工期要求紧的工程;
- 支付条件不理想的工程。

(2) 一般遇下列情形时,可选择报低价的情形:

- 施工条件好的工程,工作简单、工程量大而其他投标人都可以做的工程,如大量土方工程、一般房屋建筑工程等;
- 投标单位急于打入某一市场、某一地区,或虽已在某一地区经营多年,但即将面临没有工程的情况,机械设备无工地转移时;
- 附近有工程而本项目可利用该工程的设备、劳务或有条件短期内突击完成的工程;
- 投标对手多,竞争激烈的工程;
- 非急需工程;
- 支付条件好的工程。

(三) 报价策略

投标报价中具体采用的对策和方法有很多,常用的报价策略有不平衡报价法、多方案报价法、无利润竞标法和突然降价法等。此外,对于计日工、暂定金额、可供选择的项目等也有相应的报价技巧。

1. 不平衡报价法

不平衡报价法是指在不影响工程总报价的前提下,通过调整内部各个项目的报价,以达到既不提高总报价、不影响中标，又能在结算时得到更理想的经济效益的报价方法。不平衡报价法适用于以下几种情况：

（1）能够早日结算的项目（如前期措施费、基础工程、土石方工程等）可以适当提高报价，以利资金周转，提高资金时间价值；后期工程项目（如设备安装、装饰工程等）的报价可适当降低。

（2）经过工程量核算，预计今后工程量会增加的项目，适当提高单价，这样在最终结算时可多盈利；而对于将来工程量有可能减少的项目，适当降低单价，这样在工程结算时不会有太大损失。

但是上述（1）（2）两点要统筹考虑，针对工程量有错误的早期工程，如果不可能完成工程量表中的数量，则不能盲目抬高报价，要具体分析后再定。

（3）设计图纸不明确、估计修改后工程量要增加的，可以提高单价；而工程内容说明不清楚的则可降低一些单价，在工程实施阶段通过索赔再寻求提高单价的机会。

（4）对暂定项目要做具体分析。因为这类项目要在开工后由建设单位研究决定是否实施，以及由哪一家承包单位实施。如果工程不分标，不会另由一家承包单位施工，则其中肯定要施工的单价可报高些，不一定要施工的则应报低些。如果工程分标，该暂定项目也可能由其他承包单位施工时则不宜报高价，以免抬高总报价。

（5）单价与包干混合制合同中，招标人要求有些项目采用包干报价时宜报高价。一则这类项目多半有风险，二则这类项目在完成后可全部按报价结算。对于其余单价项目，则可适当降低报价。

（6）有时招标文件要求投标人对工程量大的项目报"综合单价分析表"，投标时可将单价分析表中的人工费及机械设备费报得高一些，而材料费报得低一些。这主要是为了在今后补充项目报价时，可以参考选用"综合单价分析表"中较高的人工费和机械费，而材料则往往采用市场价，因而可获得较高的收益。

但是不平衡报价法一定要建立在对工程量表中工程量仔细核对分析的基础上，特别是对报低单价的项目，如工程量执行时增多将造成承包商的重大损失，同时一定要控制在合理幅度内（一般可以在10%左右），以免引起业主反对，甚至导致废标。如果不注意这一点，有时业主会挑选出报价过高的项目，要求投标者进行单价分析，而围绕单价分析中过高的内容压价，以致承包商得不偿失。

2. 多方案报价法

多方案报价法是指在投标文件中报两个价：一个是按招标文件的条件报一个价；另一个是加注解的报价，即如果某条款做某些改动，报价可降低多少。这样，可降低总报价，吸引招标人。

多方案报价法适用于招标文件中的工程范围不很明确，条款不很清楚或很不公正，或技术规范要求过于苛刻的工程。采用多方案报价法，可降低投标风险，但投标工作量较大。

3. 无利润报价法

对于缺乏竞争优势的承包单位，在不得已时可采用根本不考虑利润的报价方法以获得中标机会。无利润报价法通常在下列情形时采用：

（1）有可能在中标后，将大部分工程分包给索价较低的一些分包商。

（2）对于分期建设的工程项目，先以低价获得首期工程，而后赢得机会创造第二期工程中的竞争优势,并在以后的工程实施中获得盈利。

（3）较长时期内,投标单位没有在建工程项目,如果再不中标,就难以维持生存。因此,虽然本工程无利可图,但只要能有一定的管理费维持公司的日常运转,就可设法度过暂时困难,以图将来东山再起。

4. 突然降价法

突然降价法是指先按一般情况报价或表现出自己对该工程兴趣不大,等快到投标截止时再突然降价。采用突然降价法,可以迷惑对手,提高中标概率。但对投标单位的分析判断和决策能力要求很高,要求投标单位能全面掌握和分析信息,作出正确判断。

5. 先亏后盈法

有的承包商为了打进某一地区,依靠国家、某财团和自身的雄厚资本实力,而采取一种不惜代价,只求中标的低价报价方案。应用这种手法的承包商必须有较好的资信条件,并且提出的实施方案先进可行,同时要加强对公司情况的宣传,否则即使标价低,业主也不一定选中。如果其他承包商遇到这种情况,不一定和这类承包商硬拼,而努力争第二、三标,再依靠自己的经验和信誉争取中标。

6. 联合保标法

在竞争对手众多的情况下,可以采取几家实力雄厚的承包商联合起来控制标价,一家出面争取中标,再将其中部分项目转让给其他承包商分包,或轮流相互保标。在国际上这种做法很常见,但是如被业主发现,则有可能被取消投标资格。

7. 其他报价技巧

（1）计日工单价的报价。如果是单纯报计日工单价,且不计入总报价中,则可报高些,以便在建设单位额外用工或使用施工机械时多盈利。但如果计日工单价要计入总报价时,则需具体分析是否报高价,以免抬高总报价。总之,要分析建设单位在开工后可能使用的计日工数量,再来确定报价策略。

（2）暂定金额的报价。暂定金额的报价有以下三种情形:

① 招标单位规定了暂定金额的分项内容和暂定总价款,并规定所有投标单位都必须在总报价中加入这笔固定金额,但由于分项工程量不很准确,允许将来按投标单位所报单价和实际完成的工程量付款。这种情况下,由于暂定总价款是固定的,对各投标单位的总报价水平竞争力没有任何影响,因此投标时应适当提高暂定金额的单价。

② 招标单位列出了暂定金额的项目和数量,但并没有限制这些工程量的估算总价,要求投标单位既列出单价,也应按暂定项目的数量计算总价,将来结算付款时可按实际完成的工程量和所报单价支付。这种情况下,投标单位必须慎重考虑。如果单价定得高,与其他工程量计价一样,将会增大总报价,影响投标报价的竞争力;如果单价定得低,将来这类工程量增大,会影响收益。一般来说,这类工程量可以采用正常价格。如果投标单位估计今后实际工程量肯定会增大,则可适当提高单价,以在将来增加额外收益。

③ 只有暂定金额的一笔固定总金额,将来这笔金额做什么用,由招标单位确定。这种情况对投标竞争没有实际意义,按招标文件要求将规定的暂定金额列入总报价即可。

（3）可供选择项目的报价。有些工程项目的分项工程,招标单位可能要求按某一方案报价,而后再提供几种可供选择方案的比较报价。投标时,应对不同规格情况下的价格进行调查,对于将来有可能被选择使用的规格应适当提高其报价;对于技术难度大或其他原因导致的难以实现的规格,可将价格有意抬得更高一些,以阻挠招标单位选用。但是,所谓"可供选择项目",是招标单位进行选择,并非由投标单位任意选择。因此,虽然适当提高可供选择项目的报价,并不意味着肯定可以取得较好的利润,只是提供了一种可能性,一旦招标单位今后选用,投标单位才可得到额外利益。

(4) 增加建议方案。招标文件中有时规定,可提一个建议方案,即可以修改原设计方案,提出投标单位的方案。这时,投标单位应抓住机会,组织一批有经验的设计师和施工工程师,仔细研究招标文件中的设计和施工方案,提出更为合理的方案以吸引建设单位,促成自己的方案中标。这种新建议方案可以降低总造价或缩短工期,或使工程实施方案更为合理。但要注意,对原招标方案一定也要报价。建议方案不要写得太具体,要保留方案的技术关键,防止招标单位将此方案交给其他投标单位。同时要强调的是,建议方案一定要比较成熟,具有较强的可操作性。

(5) 采用分包商的报价。总承包商通常应在投标前先取得分包商的报价,并增加总承包商摊入的管理费,将其作为自己投标总价的一个组成部分一并列入报价单中。应当注意,分包商在投标前可能同意接受总承包商压低其报价的要求,但等总承包商中标后,他们常以种种理由要求提高分包价格,这将使总承包商处于十分被动的地位。为此,总承包商应在投标前找几家分包商分别报价,然后选择其中一家信誉较好、实力较强、报价合理的分包商签订协议,同意该分包商作为分包工程的唯一合作者,并将分包商的姓名列到投标文件中,但要求该分包商相应地提交投标保函。如果该分包商认为总承包商确实有可能中标,也许愿意接受这一条件。这种将分包商的利益与投标单位捆在一起的做法,不但可以防止分包商事后反悔和涨价,还可能迫使分包商报出较合理的价格,以便共同争取中标。

(6) 许诺优惠条件。投标报价中附带优惠条件是一种行之有效的手段。招标单位在评标时,除了主要考虑报价和技术方案外,还要分析其他条件,如工期、支付条件等。因此,在投标时主动提出提前竣工、低息贷款、赠给施工设备、免费转让新技术或某种技术专利、免费技术协作、代为培训人员等,均是吸引招标单位、利于中标的辅助手段。

综上所述,投标人在投标过程中必须协调处理好三个问题:一是不断提高本企业的技术水平和员工总体素质;二是掌握好招标文件要求的详尽情况和有关信息资料;三是是否进行竞标,以及竞标对策和措施。在市场运作过程中,一旦捕捉到工程招标的信息,投标人一定要根据本企业实际和工程项目的难易程度,组织专门班子或主管部门及时组织各类专业人员和足够时间,对招标工程进行全面分析和周密研究,在最短的时间内作出可行的投标方案。

(四)×××一期工程投标报价策略实例

根据项目现场踏勘、项目的投标成本测算、对复核的招标图纸工程量与招标清单工程量对比以及合同中相关条款的规定,在投标报价时考虑将利润(投标报价-成本价)进行如下分配及对相关清单子目(工程量增减变化较大及重点等子目)报价进行如下考虑(以下报价按招标控制价下浮20%模拟投标报价进行组价)。

1. 绿化工程

施工范围内的绿化工程主要为乔木、灌木、绿篱、地被植物、水生植物的栽植及草坪类铺种。绿化工程投标控制总价为20 053 250元,占工程总价的21.46%。针对招标清单中

工程量确认和工程量核对,偏差较大的重点子目考虑进行如下报价:

（1）价格调增清单项目

工程名称	清单工程量	图纸工程量	工程量偏差	建议/模拟投标报价	调价依据
整理绿化用地	117 000 m²			调高(6.21 元/m²)	工程量发生确认且易计量
白玉兰	75 株	75 株		调高(2 000 元/株)	工程量确认,树种为常用树种,控制价低于成本价
果岭草	3 901 m²			调高(30 元/m²)	工程量较小(控制价低),常用,为常用铺种草坪

（2）价格调减清单项目

工程名称	清单工程量	图纸工程量	工程量偏差	建议投标报价	调价依据
北美枫香	71 株	71 株		调低(1 元/株)	苗木成活率较低,考虑标后与业主设计协调变更
鹅掌楸	64 株	64 株		调低(1 元/株)	
七叶树	321 株	321 株		调低(1 500 元/株)	苗木在本地区栽植较少,造景效果不确定,考虑标后与业主设计协调变更
东京樱花	50 株	0 株	−100%	调低(550 元/株)	工程量偏差(减少)较大,不考虑放入利润
梨树	51 株	0 株	−100%	调低(1 元/株)	
木槿	48 株	0 株	−100%	调低(1 元/株)	
榆叶梅	36 株	0 株	−100%	调低(1 元/株)	
垂丝海棠	47 株	0 株	−100%	调低(1 元/株)	
碧桃	27 株	0 株	−100%	调低(1 元/株)	
珍珠梅	36 株	0 株	−100%	调低(1 元/株)	
丁香	51 株	0 株	−100%	调低(1 元/株)	
红叶石楠 A	36 株	0 株	−100%	调低(1 元/株)	
红叶石楠 B	53 株	0 株	−100%	调低(1 元/株)	
红瑞木	2 162 m²	2 154 m²		调低(50 元/m²)	非常见造景苗木,考虑标后与业主设计协调变更
八角金盘	3 844 m²	3 844 m²		调低(1 元/m²)	苗木成活率低,考虑标后与业主设计协调变更
红叶石楠 1	530 m²	0		调低(80 元/m²)	
红叶石楠 2	228 m²	0		调低(100 元/m²)	
红叶石楠 3	186 m²	0		调低(120 元/m²)	
洒金桃叶珊瑚 1	750 m²	0		调低(80 元/m²)	

续表

工程名称	清单工程量	图纸工程量	工程量偏差	建议投标报价	调价依据
洒金桃叶珊瑚 2	255 m²	0		调低(100 元/m²)	工程量偏差(减少)较大,不考虑放入利润
洒金桃叶珊瑚 3	97 m²	0		调低(120 元/m²)	
法国冬青 1	650 m²	0		调低(80 元/m²)	
法国冬青 2	374 m²	0		调低(100 元/m²)	
法国冬青 3	265 m²	0		调低(120 元/m²)	
木绣球	2 695 m²	2 695 m²		调低(100 元/m²)	非常见造景色块苗木,不考虑放入利润

(3) 其他子目:工程量确认的项目,考虑按(成本价×(1.3~1.5))进行报价。

2. 景观工程

(1) 价格调增清单项目:

工程名称	清单工程量	图纸工程量	工程量偏差	建议投标报价	调价依据
沥青混凝土	4 335.58 m²	4 373 m²		调高(700 元/t)	工程量发生确认
块料楼地面(200×200×80 透水混凝土砖)	2 472.73 m²	2 462.4 m²		调高(5 元/块)	工程量发生确认
栈道(竹木)	4 372 m²	5 430.1 m²	+24.2%	调高(9 000 元/m³)	工程量发生确认且增加
平整场地	43 368 m²			调高(5.08 元/m²)	工程量发生确认且易计量
各类混凝土				调高	工程量发生确认,且该材料不随面层调整而发生变化(拟将 C15 标号按 360 计入,每增加一个标号加 10 元)
碎石				调高	工程量发生确认,且该材料不随面层调整而发生变化

(2) 价格调减清单项目

工程名称	清单工程量	图纸工程量	工程量偏差	建议投标报价	调价依据
菠萝格木板座凳面(圆形野餐桌)	367.27 m²	93.6 m²	-74.5%	调低	工程量减少
碎料植草格(碎石小径)	3 785.65 m²	2 826.7 m²	-25.3%	调低	工程量减少
碎石(碎石小径)	3 785.65 m²	2 826.7 m²	-25.3%	调低	工程量减少

续表

工程名称	清单工程量	图纸工程量	工程量偏差	建议投标报价	调价依据
花岗岩（石材）（250×1 000×80 火烧面芝麻黑 G654 石材）	7 765 m²	6 290 m²	−19%	调低（200 元/m²）	清单为 250×1 000×80 火烧面芝麻黑 G654 石材，图纸为山东白麻 603 火烧面
1 490×745×80 荔枝面芝麻黑 G654	1 552 m²	1 543 m²		调低（200 元/m²）	清单为 1 490×745×80 荔枝面芝麻黑 G654，图纸为山东白麻 603 荔枝面
其他景观小摆设硬施（序号 400、649）				调低（按 63 万元×0.5）	小品材料、规格、做法不确定，不考虑放入利润

（3）其他子目：针对工程量确认及增加项目，调高其综合单价（成本价×(1.3～1.5)），工程量不确认项目，按（成本价×(1～1.1)）进行报价。

3. 土方工程

（1）价格调增清单项目

工程名称	清单工程量	图纸工程量	工程量偏差	建议投标报价	调价依据
场地清表	148 690.26 m²	178 726.6 m²		调高（17.76 元/m²）	工程量发生确认且易计量
挖一般土方	20 255.96 m³			调高（23.68 元/m³）	施工现场景观节点多，现场堆积土方较多，工程量发生确认且预估工程量会增加
回填方（灰土）	3 311 m³			调高	工程量发生确认

（2）价格调减清单项目

工程名称	清单工程量	图纸工程量	工程量偏差	建议投标报价	调价依据
回填方	99 814.13 m³			调低（25 元/m³）	与序号 5 子目相似，为保证调低序号 5 报价，此项不放入利润
换土方量	72 800 m³			调低（26 元/m³）	与序号 4(回填方)子目相似，施工现场景观部分不考虑换填，针对绿化部分，考虑色块苗上部回填 30 cm 种植土即可
挖沟槽土方	27 953 m³			调低（5.61 元/m³）	估算工程量会减少
余方弃置	27 953 m³			调低（4.66 元/m³）	估算工程量会减少
回填方（一般粘性土）	8 465 m³			调低（29.33 元/m³）	估算工程量会减少

4. 电气工程

（1）价格调减清单项目

工程名称	清单工程量	图纸工程量	工程量偏差	建议投标报价	调价依据
配管（SC100）	18 610.02 m			调低（20 元/m）	管线工程量大，价格高，且非常规施工用材料，考虑进场与业主协商变更，采用常用施工材料代替施工
配管（SC80）	1 437.7 m			调低（15 元/m）	
配管（SC50）	5 386.73 m			调低（10 元/m）	
配管（SC32）	16 863 m			调低（8 元/m）	

（2）工程量确定子目：按（成本价 ×（1.2～1.3））进行报价。

四、研究项目施工合同

施工合同涉及内容多，专业面广，需要有一定的专业技术知识、法律知识和合同管理知识。如果我们的合同意识淡薄，缺少相关知识，出现问题后不能严格按照合同办事，而是习惯于找领导协调，即使是正当的索赔也不能理直气壮地提出。因此应加强学习专业技术知识和有关法律法规及合同管理知识等，提高对市场经济条件下合同管理的认识，进一步转变观念和更新思想，提高合同管理水平，增强法制观念，树立良好的法律意识，依法经营，更好地维护自身利益。

合同签订后，项目负责人要认真组织项目部管理人员仔细研读合同条款，熟悉掌握合同内容及风险防范措施，根据性质、范围的不同，将责任分解至相关的每个人，做到各管理人员对合同内容心中有数，在项目部内部形成全员、全过程、全方位的合同管理模式。

相关合同内容条款如下：

（1）项目工期、质量标准。

（2）安全文明施工与环保要求。

（3）变更约定。

（4）合同价格形式、价格清单。

（5）计量原则。

（6）付款方式。

（7）工程结算程序、审计程序等。

（8）履约保证。

（9）工程验收、移交程序。

（10）缺陷责任期与保修。

（11）违约责任。

（12）工程养护标准。

工程合同一经签订，确定了合同价款和结算方式之后，影响工程成本的主要因素便是工程设计变更或签证，以及工程实施过程中的不确定因素，所以，深入理解合同的每一个条款，切实加强日常管理，使管理行为正规化、规范化。建立健全合同管理制度，严格按照规定程序进行操作，以提高合同管理水平，控制成本。具体工作如下：

（1）做好合同资料文档管理工作。合同及补充合同协议乃至经常性的工地会议纪要、工作联系单等实际上是合同内容的一种延伸和解释。应建立档案，并对合同执行情况进行动态分析,根据分析结果采取积极主动措施。

(2)做好合同的分析工作。

① 要分析合同漏洞,解释有争议的内容。工程施工的情况是千变万化的,再标准的合同也难免会有漏洞,找出漏洞并加以补充,可减少合同双方的争执。另外,合同双方争执的起因往往是对合同条款理解的不一致,分析条文的意思,就条文的理解达成一致,为变更索赔工作打好基础。

② 要分析合同风险,制定风险对策。界定和确认工程项目所承担的风险是什么,风险影响程度大小,找到对策和措施去控制风险,规避风险。

(3)做好合同实施交底工作。项目部对所有合同要进行全交底,以会议与书面相结合的形式向全体人员介绍各个合同的承包范围,各方的责任与义务,合同的主要经济指标,合同存在的风险,履约中应注意的问题,将合同责任进行分解,具体落实到职能部门与个人。同时,项目部合同管理部门,对项目部各部门的合同履行情况进行管理、分析、协调,这样可加大合同管理力度,提高全员合同管理的意识。

五、编制 B1 表

B1 表,即工程项目成本预算表,是项目开始实施前公司所要求做的第一张表,也是直接体现项目利润及指导后期项目运营的表。所以工程中标立项后,项目管理公司需根据公司所下达的利润目标及清标情况完成 B1 表的编制。在后期采购过程中,材料单价只能小于或等于 B1 表所确定的材料单价,否则价格确认流程不予通过;后期所采购单项材料的总量也只能小于或等于 B1 表内的量。

(1)在项目立项后,施工前期依据相关合同文件、相关技术文件、相关定额、当前市场价格信息、施工现场的实际情况等,对既定的单位工程或分部分项工程中的人工、材料、机械、管理费、措施费、分包项目费用、税金等加以确定并汇总。所有施工项目都要编制工程项目成本预算。

(2)工程项目成本预算可用于公司内部以下情况的任意一种或多种:

- 为编制施工计划,安排劳动力、材料、设备进场提供依据;
- 确定分包工程的实物量、价格及对分包过程进行监控的依据;
- 对材料采购数量的确定、价格的确定及对材料采购过程进行监控的依据;
- 向班组签发施工任务单和限额领料的依据;
- 对施工过程进行实时监控的依据;
- 开展经营活动分析,进行"两算"对比的依据。

(3)成本预算的各级审核人员包括:项目预算员、项目经理、项目管理公司总经理、成本核算中心经理、财务总监、分管领导、公司总经理。他们的主要职责是组织编制(修订)和审核、审批工程项目成本预算,检查执行情况,监督执行过程,组织经营活动分析。综合管理部门分别为成本核算中心、财务中心、资源采购中心、工程管理中心,他们的主要职责是收集编制工程项目成本预算的各种数据,编制审核成本预算,实施成本预算,监控实施过程并适时调整总成本预算。

(4)工程项目成本预算的编制依据:

- 施工图纸(包括修改图纸和技术核定单);
- 工程承发包合同及合同中约定的其他有效文件;

● 各项目区域现行有效版本的预算定额(或公司成本预算定额);

● 经审定的施工组织设计及施工方案;

● 公司内部人工、材料、周转设备、施工机械的现行指导价;

● 公司现行的各种规章制度。

(5) 工程项目成本预算由以下内容组成:

① 项目工程合同成本预算(利润)汇总 B1.0(见表 2-16),项目人工费成本预算 B1.1,项目建材费成本预算 B1.2,项目苗木费用成本预算 B1.3,项目主要机械费、土方费用预测成本 B1.4,项目独立费成本预算 B1.5,项目措施成本费用 B1.6,项目分包成本预算 B1.7。

② 项目工程合同成本预算(利润)汇总 B1.0:由人工费、材料费、机械费及投标独立费、措施费和分包费用等组成,其中分包中的人工、材料、机械费用应从直接费中扣除。

③ 项目人工费成本预算 B1.1:内容为完成项目人工费成本的总和,包括项目杂工工资、保养工工资、种植人工工资、土建人工工资、安装人工工资等,应扣除分包工程中的人工费、养护人工费。

④ 项目建材费成本预算 B1.2:内容为完成项目建筑材料费用成本的总和,包括零星材料费、地方材料费、公司供应材料费等,应扣除分包工程中的材料费。

⑤ 项目苗木费用成本预算 B1.3:内容为完成项目苗木材料费用成本的总和,包括零星材料费、公司供应苗木费等,应扣除分包工程中的苗木费。

⑥ 项目主要机械费、土方费用预测成本 B1.4:内容为完成项目机械和土方费用成本的总和,包括自有机械费、租赁机械费和土方机械费等,应扣除分包工程中的机械费。

⑦ 项目独立费成本预算 B1.5:内容为投标中的独立项费用成本的总和,应扣除分包工程中的独立费。

⑧ 项目措施成本费用 B1.6:内容为投标中的措施费用、养护补植费用成本的总和,应扣除分包工程中的措施费。

⑨ 项目分包成本预算 B1.7:内容包括土建分包费用、安装分包工程费用、木作分包工程费用及其他。

⑩ 项目预留费 B1.8:按成本核算中心要求文件,对施工养护期内成本进行预估,主要包括绿化养护人工、补苗、土建、水电维修费用预估。

⑪ 管理费:按成本核算中心要求文件,对各类工程进行各项费用成本计算。

⑫ 甲供材:如项目有甲供材,列明清单单独列表,不计入 B1 表成本产值与成本内。

(6) 工程项目成本预算的编制按以下程序:

① 工程确认施工后,项目经理负责组织项目施工员、预算员、采购员、会计员参与成本预算的编制工作。

② 组织施工现场察看,结合图纸分析现场施工条件,预估可能出现的情况。

③ 组织编制会议,详细分工,会审图纸及合同文件、投标过程所有相关文件。

④ 收集市场价格信息,分析价格趋势,结合公司成本预算定额及价格信息。

⑤ 编制工程项目成本预算。

⑥ 过程调整。过程中需要根据工程项目的进展情况,根据实际发生或即将确认要发生的情况,及时(每季度)修改项目成本预算,确保工程项目成本预算的准确性、及时性。

(7) 工程项目成本预算编制的时间要求:

① 1 000 万元以下工程,在进场后的 5 天内完成成本预算的编制。

② 1 000 万元(含)～2 000 万元的工程,在进场后的 7 天内完成工程项目成本预算的编制。

③ 2 000 万元(含)～3 000 万元的工程,在进场后的 10 天内完成工程项目成本预算的编制。

④ 3 000 万元(含)以上的工程,在进场后的 14 天内完成工程项目成本预算的编制。

表 2-16　项目工程合同成本预算(利润)汇总表

工程名称:　　　　　　　　　　　　　　　　　　　　　　　　　　编号:B 1.0

序号	项目内容	合同预算总金额(元)	预测成本金额(元)	备　　注
一	直接费			
1	人工费用			
2	材料费用			
(1)	建材费用			
(2)	苗木费用			
(3)	零星材料			
3	机械费			
4	独立费			
二	措施费			
三	管理费			
1	招待、业务费			
2	通信费			
3	交通费			
4	办公费			
5	管理工资			
四	分包费用			
1	劳务分包			
2	专业分包			
五	其他费用			
1	业主用车配合费			
2	业主前期勘验、测量、咨询费			
六	预留费			
七	规费			
八	利润			

续表 2-16

序号	项目内容	合同预算总金额(元)	预测成本金额(元)	备　　注
九	税金			
	合计			

编制说明:本预测成本依据投标报价工程量清单,结合当地材料市场价、市场人工工资进行测算。合同内报价利润、规费等未进入预测成本中。具体预测见各表。移栽苗木的风险费及养护费用未列入预算成本中。

编制人:　　　　　　　　　　　　　　　　　　　　　　日　　期:　　年　月　日

项目经理:　　　　　　　　　　　　　　　　　　　　　　日　　期:　　年　月　日

项目公司经理:　　　　　　　　　　　　　　　　　　　　日　　期:　　年　月　日

成本核算中心经理:　　　　　　　　　　　　　　　　　　日　　期:　　年　月　日

资源采购中心经理:　　　　　　　　　　　　　　　　　　日　　期:　　年　月　日

财务中心经理:　　　　　　　　　　　　　　　　　　　　日　　期:　　年　月　日

六、B1 表专题讨论审定会议

项目管理公司上报 B1 表后,由成本核算中心牵头组织资源采购中心、工程管理中心、财务中心、审计部及公司高管,参加项目预算 B1 表审核分析会议(会议纪要详见附录 3)。

会议依据项目管理公司上报的 B1 表,审核各项材料单价是否合理;依据审核后的各项材料单价与项目管理公司共同探讨价格的合理性;根据前期图纸会审时提出的需要变更的材料品种或材料规格重新制订 B1 表内单价,并在 B1 表备注内予以标注。最终确定并调整,并形成会议纪要,由各部门签字确认,调整好的 B1 表上传公司 OA 办公系统走 B1 表审批流程。如后期实际经营活动中,B1 表内的任何数据发生变化,项目管理公司应及时调整 B1 表,否则所有流程都不予审批。

七、B1 表报批

(一)B1 表的审核流程及完成时间

(1)工程项目成本预算由项目管理公司人员按照要求完成工程项目成本预算后,由项目部走相应流程。

(2)成本核算中心成本主管在 2 天内完成审核并出具意见,签名后交成本核算中心经理审查。

(3)成本核算中心经理在 1 天内完成审查,出具意见后提交分管领导;分管领导在 1 天内,根据上述意见提供该项目最终预算目标。

（4）分管领导审核后，根据授权还需报财务总监审核、总经理审批，批件交由成本核算中心存档并分发项目管理公司、财务中心、资源采购中心、工程管理中心及各高管。

（5）审批用表为"项目成本预算汇总审批表（B1 表封）"。

项目成本预算审批流程（B1 表封）：项目管理公司→成本核算中心→分管领导→财务总监→总经理。

（二）B1 表的动态管理

（1）合同标的 2 000 万元及以下，工程项目管理公司需每 3 个月出《工程项目成本预算实施对照》报表，报成本核算中心审核，分管领导、财务总监、总经理审批并由成本核算中心备案及分发。

（2）合同标的 2 000 万元以上，工程项目管理公司需每 6 个月出《工程项目成本预算实施对照》报表，报成本核算中心审核，分管领导、财务总监、总经理审批并由成本核算中心备案及分发。

（3）当合同造价变更达到 10％以上，需要调整并重新按相关流程审核、确认工程项目成本预算。

审批用表为"项目预算成本实施调整审批表（X‐S06 表）"。

项目成本预算实施调整审批流程：项目管理公司→成本核算中心→分管领导→财务总监→总经理。

第六节　施工组织设计与施工方案

方案先行是施工的关键，如何合理组织施工、对关键线路进行控制、对施工做法进行分析、对质量通病进行避免、对安全文明施工进行管理，这些都是施工组织设计和方案中必须考虑的。而且，针对季节气候对施工的影响、重要的分部分项工程以及危险性较大的分部分项工程等，还应编制专项施工方案，选择确定更为科学、合理的施工（作业）方法和操作程序来指导施工。

一、施工组织设计

施工组织设计的概念：以施工项目为对象编制的，用以指导施工的技术、经济和管理的综合性文件。

（一）施工组织设计的分类

（1）施工组织总设计：以若干单位工程组成的群体工程或特大型项目为主要对象编制的施工组织设计，对整个项目的施工过程起统筹规划、重点控制的作用。

（2）单位工程施工组织设计：以单位（子单位）工程为主要对象编制的施工组织设计，对单位（子单位）工程的施工过程起指导和制约作用。

（3）施工方案：以分部（分项）工程或专项工程为主要对象编制的施工技术与组织方案，用以具体指导其施工过程。

（二）编制施工组织设计的重要意义

（1）施工组织设计是工程参建各方相互沟通、相互配合、相互促进的必要文件。

(2) 施工组织设计是项目部施工能力和施工思路的具体反映。

(3) 施工组织设计是指导项目部具体施工的纲领性文件。

(4) 施工组织设计是项目部技术力量、综合素质的集中体现。

(5) 施工组织设计是企业技术积累和培养综合型人才的重要手段。

(6) 施工组织设计是工程资料的重要组成部分。

(三) 施工组织设计的编制依据

1. 政策法规

(1) 与工程建设有关的法律、法规和文件。

(2) 国家现行有关标准和技术经济指标。

(3) 工程所在地区行政主管部门的批准文件,建设单位对施工的要求。

(4) 工程施工合同或招标投标文件。

(5) 工程设计文件。

(6) 工程施工范围内的现场条件,工程地质及水文地质、气象等自然条件。

(7) 与工程有关的资源供应情况。

(8) 施工企业的生产能力、机具设备状况、技术水平等。

(9) 公司的《内控管理制度》。

(10) 有关地方、行业及企业标准。

2. 计划文件

(1) 项目可研报告。

(2) 有关批文。

(3) 单位工程一览表。

(4) 项目分期计划。

(5) 投资招标。

(6) 施工任务书或目标责任书。

3. 设计文件

(1) 地勘报告。

(2) 设计施工图。

(3) 图纸会审及交底形成的文件材料。

4. 合同等相关文件

(1) 招标文件。

(2) 投标文件。

(3) 合同。

二、施工组织设计的编制和审批

(1) 编制:施工组织设计应由项目负责人主持编制。在征得建设单位同意的情况下,可根据需要分阶段编制和审批。

（2）审批：

施工组织总设计	总承包单位技术负责人审批
单位工程施工组织设计	施工单位技术负责人或技术负责人授权的技术人员审批
施工方案	项目技术负责人审批
重点、难点分部(分项)工程和专项工程施工方案	施工单位技术部门组织相关专家评审,施工单位技术负责人批准

《建设工程安全生产管理条例》(国务院第 393 号令)中规定:对下列达到一定规模的危险性较大的分部(分项)工程编制专项施工方案,并附具安全验算结果,经施工单位技术负责人、总监理工程师签字后实施:

① 基坑支护与降水工程。

② 土方开挖工程。

③ 模板工程。

④ 起重吊装工程。

⑤ 脚手架工程。

⑥ 拆除爆破工程。

⑦ 国务院建设行政主管部门或者其他有关部门规定的其他危险性较大的工程。

其中,需要施工单位组织专家进行论证、审查的有:以上所列工程中涉及深基坑、地下暗挖工程、高大模板工程的专项施工方案。

（3）专业承包单位施工的分部(分项)工程或专项工程的施工方案,应由专业承包单位技术负责人或技术负责人授权的技术人员审批;有总承包单位时,应由总承包单位技术负责人核准备案。

（4）规模较大的或在工程中占重要地位的分部(分项)工程或专项工程的施工方案,应按单位工程施工组织设计进行编制和审批。

三、施工组织设计内容

施工组织设计的内容要结合工程对象的实际特点、施工条件和技术水平进行综合考虑,一般包括工程概况、总体施工组织布置、项目的总目标、项目的重点难点分析、项目的计划安排、主要分部分项工程施工方案、目标实现的保证措施等。

（一）工程概况

对工程概况的描述应该包含以下部分:

（1）项目名称、性质、地理位置和建设规模。

（2）项目的建设、勘察、设计和监理等相关单位的情况。

（3）项目设计概况。

（4）项目承包范围及主要分包工程范围。

（5）施工合同或招标文件对项目施工的重点要求。

（6）项目建设地点气象状况。

（7）项目施工区域地形和工程水文地质状况。

（8）项目施工区域地上、地下管线及相邻的地上、地下建（构）筑物情况。

（9）与项目施工有关的道路、河流等状况。

（10）当地材料、设备供应和交通运输等服务能力状况。

（11）当地供电、供水、供热和通信能力状况。

（12）其他与施工有关的主要因素。

（二）总体施工组织布置

总体施工组织布置的内容包含以下方面：

（1）项目部负责人及主要管理人员职责

① 项目部组织机构应依据工程项目的范围、内容、特点而建立，绘制组织机构框图，明确人员。

② 对项目部的管理职责及主要管理人员职能进行描述。

（2）图纸会审及交底形成的文件材料

（3）施工总平面布置图

施工总平面布置的依据：施工工艺流程，业主提供的现场、地下及周围作业条件和项目所在地方政府的有关规定等。

① 施工总平面布置原则

- 平面布置科学合理，施工场地占用面积少；

- 合理组织运输，减少二次搬运；

- 施工区域的划分和场地的临时占用应符合总体施工部署和施工流程的要求，减少相互干扰；

- 充分利用既有建（构）筑物和既有设施为项目施工服务，降低临时设施建造费用；

- 临时设施应方便生产和生活，办公区、生活区和生产区宜分离设置；

- 符合节能、环保、安全和消防等要求；

- 遵守当地主管部门和建设单位关于施工现场安全文明施工的相关规定。

② 施工现场总平面图的内容

- 出入口及围墙；

- 道路及排水；

- 机械设备的布置；

- 材料加工、堆放场地；

- 办公区、生活区；

- 临时用水布置；

- 临时用电布置。

（三）项目的总目标

（1）质量目标。

（2）工期目标。

（3）安全目标。

（4）环境目标。

（5）文明施工目标。

（6）成本目标。

（四）项目的重点、难点分析

（1）依据施工图纸找出材料采购的难点及重点。

（2）依据施工内容和工程量编制劳务、机械、材料及专业分包需求计划和进场时间。

（3）依据劳务、机械、材料及专业分包进场计划编制资金需求计划。

（五）项目的计划安排

（1）界定资源采购中心和项目管理公司的采购范围，分别列出分组清单。

表 2-17　采购中心和项目管理公司的采购范围

类　　别	责任主体
劳务、材料、机械及专业分包（涉及项目施工中所需的一切材料）	采购中心负责入库资审，与项目管理公司共同询价，采购中心负责库内招标或核价（控制价），项目管理公司负责采购、配送及合同的签订，采购中心负责合同签订后合同保存

（2）根据施工的进度计划，上报劳务、材料、机械及专业分包的需求计划（详见表 2-5）。

① 项目管理公司在编制此物资需求计划时，必须严格对照 B1 表的规格及数量。

② 涉及异形加工或其他需要看图纸方能询价的材料，必须在需求计划表中插入图纸。

③ 机械要注明机械的种类、型号及计划使用时间。

④ 劳务需要注明需要的劳务班组种类、计划用工的人数。

⑤ 专业分包工程要注明专业分包的种类及附专业分包图纸。

（3）资源采购中心采购主管与项目管理公司材料员依据上报的需求计划，同时进行询价或库内招标。

① 招标必须要求在资源采购中心库内的合格供应商，对于不在库内的供应商必须先进行入库资审，资审合格后方能纳入合格供应商库。

② 苗木必须发给 5 家以上的供应商进行投标报价，材料和机械必须发给 3 家以上的供应商询价。

（4）劳务供应商的选择。选择劳务及专业分包队伍必须具备我方所需要的施工资质，要有完整的组织架构、雄厚的技术队伍及齐全的专用设备。工程项目施工所需的劳务及专业分包队伍选择方式主要有 3 种：

① 项目管理公司根据项目需要自行选择劳务及专业分包公司，选择的依据主要有施工资质、过往业绩、施工队伍组织架构、设备情况及清单报价；如初步达成合作意向必须对被选公司实地考察，符合条件后方可入库，才具有资格承担本公司的劳务或专业施工分包工程。

② 采购中心在供应商库内选择供应商，推荐给项目管理公司，项目管理公司根据清单报价确定劳务和专业分包公司。

③ 采用招投标方式选择劳务和专业分包公司。对单体项目较大的专项工程，在公司网站和供应商库内发布招标公告，由成本核算中心确定标底价格，由项目管理公司、成本核算

中心、工程管理中心和资源采购中心主要人员组成评审小组,对参与报价的供应商评选打分,最后确定1家或几家供应商。

④ 绿化劳务需采用包种植、包养护、包辅材的承包方式,养护期需根据业主的养护期而定,成活率需保证95%以上。

⑤ 无论采用哪种方式选择劳务和专业分包供应商,最终的合同单价和合同都要经过公司OA流程审批。

(5)招标结果会签。询价或招标结束后,资源采购中心邀请相关部门对招标结果进行会签。如对招标结果没有异议的,则参加定标的人员在招标会签表上签字;如有异议的则另行沟通,直至达成一致意见为止,所有的单价都必须在B1表的单价范围内。

(6)定标结束后,项目管理公司材料员根据定标结果发起价格确认及合同审批流程。

价格确认发起流程:项目材料员→项目管理公司总经理→资源采购中心总经理→成本核算中心总经理→分管领导。

合同审批发起流程:项目材料员→项目管理公司总经理→资源采购中心总经理→成本核算中心总经理→证券法务部经理→财务中心总经理→分管领导→总经理→董事长。

① 上传的附件为当年度公司发布的Word版本的电子合同及链接之前发送的《X-S02项目施工采购价格确认表》。

②《X-S03项目采购合同审批表》必须与《X-S02项目施工采购价格确认表》中选定的供应商信息、价格、付款方式等内容一致。

③《X-S03项目采购合同审批表》流程结束后,将其中Word版本的电子合同打印2份,由供应商签章、项目管理公司总经理签字后,统一由资源采购中心盖章并留存。

④ 合同签订的量必须与总物资需求计划及价格确认的量一致。如果后期量有变动,减少不需要补充合同,增加量则需要补充合同。总之,所有合同的量必须小于或等于B1表的量,若大于B1表的量请出示变更手续及说明情况(如同一品种分几家在供,这几家供应商合同累计的总量不能超过B1表的量)。

⑤ 必须注明材料进场时间和处罚规定;专业分包工程必须注明材料进场时间和完工时间。

⑥ 合同编号由资源采购中心收到合同后统一进行编号。

⑦ 合同内的签字日期必须是合同流程审批结束后的日期。

⑧ 法人不是供应商本人的公司,需要授权委托书和委托人,以及被委托人的身份证复印件并签字盖章。

⑨ 走流程附图纸及预算清单的合同,需将图纸及预算清单让供应商一并签章。

⑩ 劳务分包涉及包辅材的,一定要在合同内注明此家劳务分包单位所分包工程内的辅材用量。

● 劳务分包合同需有班组负责人签字盖章的承诺书。

● 劳务分包合同需有班组负责人提供拟投入施工的班组人员花名册及身份证复印件。

表 2-18　苗木价格对比表

工程名称：

序号	品种	规格					单位	数量	投标价	现金含税到场价	单价							
		胸径(Φ)	米径	地径(D)	高度(H)	蓬径(P)					供应商名称 联系电话	供应商名称 联系电话	供应商名称 联系电话	供应商名称 联系电话	供应商名称 联系电话	供应商名称 联系电话	供应商名称 联系电话	供应商名称 联系电话
1																		
2																		
3																		
4																		
5																		
6																		
7																		
8																		
9																		
10																		
11																		
12																		
13																		
14																		
15																		
16																		
17																		
18																		

付款方式：

备注：

评审意见：

评审人(会签)：

表 2-19 建材招标报价表

工程名称

序号	材料名称	单位	规格(单位 cm)及型号	工程量	备注	质量要求	综合单价(元)
1							
2							
3							
4							
合　计							

付款方式：

备注：

评审意见：

评审人(会签)：

表 2-20 劳务分包商约谈情况表

NO.

劳务分包商名称			
甲方代表		供应商代表	
资质情况			
技术实力			
施工经验、特长			
劳务人员情况			
机械、设备状况			
施工代表业绩			
是否符合入库条件			

表 2-21 供方质量保证能力评价与审批表

R/P09-1

企业概况	单位名称			单位地址		
	电话		联系人		营业执照	
	经营范围					
	生产能力			职工总数		
质量管理						
技术水平						

业绩和信誉:

工作环境与设施:

调查人		日期	
综合评价			
评价人签名		日期	
审批意见		签名/日期	

表 2-22 供应商基本信息表

以下信息由供应商填写,如果没有可填写的内容,请填写"无"或者"不适用"				
工商注册信息	中文名称			
	登记地址			
	注册省市		注册时间	
	注册资金		企业法人	
以下信息由供应商填写,如果没有可填写的内容,请填写"无"或者"不适用"				
业务经办人	姓名		职务	
	联系地址		邮编	
	固定电话		传真	
	手机		电子邮箱	
财务信息	开户银行		银行地址	
	银行账号		税号	
	币种			

续表 2-22

商业信息	员工人数		营业额(约)	
	园林行业主要客户			
	其他行业主要客户			
	相关认证			
附 件	1. 营业执照副本复印件			
	2. 组织机构代码证书复印件			
	3. 税务登记证			
	4. 相关行业颁发的资质证书或认证证书复印件			
	5. 相关法律条款			

我公司特此承诺:

以上提供的任何信息及其附件均为属实并且正确。如有变动,将尽快通知贵公司。

公司授权代表打印名字		公司授权代表签名	
公司名称(盖章)		签发日期	
以下信息由甲方相关人填写			
采购员		供应商类别	
资源采购中心批复			

第三章 项目施工管理

第一节 四大管理

金埔园林提出项目施工阶段的四大管理,主要包括项目部人员管理,人、材、机管理,文明施工和资料管理。

一、项目部人员管理

（一）项目部员工考勤和休假

各项目管理公司为本项目管理公司的考勤与休假管理的实施部门,负责依据考勤与休假程序及制度对员工进行考勤和休假等日常管理工作。

各项目管理公司根据工作情况安排项目管理公司人员休息,在不影响项目管理公司正常工作和施工项目进度的前提下,安排每位员工平均2天/周的休息(包含在项目驻地现场的休息)。为满足工程施工的需要,配合工程工期,项目管理公司可适时调整员工工作时间,因工作需要未能在休息日休息的外派员工可以使用未休息的天数进行调休。每月可调休天数不得超过4天,可以跨月累计。调休需在不影响项目管理公司正常工作和施工项目进度的前提下进行,具体调休时间和时长由项目管理公司根据工作情况安排。

项目部员工每天在工作时间内打卡一次,工作时间外打卡一律不计当天考勤。每月由项目管理公司根据钉钉打卡情况,制作考勤表,于每月3日前将上月考勤表交至人力资源部,作为上月工资制表的依据。因特殊原因未能及时打卡应填写《考勤说明表》,注明原因,并由项目管理公司总经理签字、分管领导确认。

代人打卡或制作不实考勤记录,一经发现,对双方责任人予以通报批评,并扣除当月绩效奖金。

员工病假应提前申请,请假时应提供诊断证明、病历等单据,特殊情况可先电话通知,2天内补齐所有手续。必须在三甲或市级(含)以上公立医院就诊;急诊可放宽至区级(含)以上公立医院或社区卫生服务中心就诊,急诊证明可申请病假休息为1天。上班期间需外出就诊的,须经部门负责人同意,就诊时间在2小时以内的不作假期,超过2小时的作半天病假处理,超过4小时的作一天病假处理。病假按(基本工资+岗位工资)×20%×病假天数+(工地岗位津贴+远征津贴+市场津贴+市场调剂津贴)×病假天数扣发工资,工资如低于当地最低工资标准的80%,按照最低工资标准的80%给付。当月连续病假5个工作日及以上,且因病假影响到当月工作未能正常完成的,绩效工资按病假天数扣发。超出 15 天(含)的病假期间,不享受交通补贴和通讯补贴。对恶意报病假的,一经查实,视为严重违反公司制度,公司将给予辞退,且不予以任何经济补偿。

员工事假一次不得连续超过 5 天,全年累计不得超过 20 天。原则上不允许请事假,如确实有需要请假者,由本人提前书面申请,报权限领导批准。有调休的要请事假的员工,优先使用调休。事假按日工资标准(基本工资+岗位工资+工地岗位津贴+远征津贴+市场津贴+市场调剂津贴)×事假天数扣发工资。

其他休假详见公司考勤、休假管理办法。

所有员工请假应提前填写《请假申请单》,说明请假事由,注明请假起止时间,履行请假审批流程。获得批准并安排好工作后,方可离开岗位。3 个工作日(不含)以上的请假还需填写工作交接表。确遇紧急情况无法预先办理请假手续时,须以电话方式向权限领导请假,得到批准后方可休假,并于返回后 1 个工作日内补办请假手续。

无考勤记录且未办理请假手续,或请假证明弄虚作假、假满未办理续假手续而不上班的,视同旷工。当月旷工达 1 天(含)者,部门应及时以书面人事报告形式报人力资源部;连续旷工 3 天(含)以上或年累计旷工达 5 天(含)以上的员工视为严重违反公司制度,公司将给予辞退,且不予以任何经济补偿。

(二)项目部员工的考核

项目管理公司所属各岗位员工的绩效考核,主要考核项来自员工月度工作计划以及岗位职责与行为规范。

项目管理公司各岗位员工月度考核目标由员工根据项目管理公司年度责任目标分解到本岗应承担的职责和任务、岗位工作职责与行为规范以及当月其他重点工作事项据实编制,由该岗位的直接上级审核并确定考核分值。当月结束后由本人根据各项工作或任务实际完成情况进行评分并提供相关证明材料,直接上级对评分进行审查核定,经分管领导审批后通过。

具体考核流程为:每月 5 日前,由各项目管理公司绩效专员协助本项目管理公司各岗位员工根据项目管理公司年度责任目标、岗位工作职责与行为规范以及当月其他重点工作事项据实编制各岗位的月度考核表,由直接上级审核并确定各考核项的考核分值(其中会计员、核算员、材料员、资料员和行政人员的考核计划还需对应的垂直职能管理部门负责人审核)。当月结束以后,由各项目管理公司绩效专员组织本项目管理公司员工根据月度绩效考核计划表,对照实际完成情况进行自评,并负责对实际完成情况进行核查。直接上级对下属员工的自评和评分进行审查及核定。分管领导负责对下属的自评进行审批(其中会计员、核算员、材料员、资料员和行政人员的考核还需对应的垂直职能管理部门负责人审核),通过后即为员工月度考核成绩。

绩效奖金的发放系数由绩效考核结果直接决定。绩效考核的结果直接决定绩效工资的发放系数,绩效考核结果的分数所对应的绩效奖金发放系数详见表 3-1。

表 3-1　绩效考核分数与绩效奖金发放对照表

高于 100 分发放系数为 1.3

分数	100	99	98	97	96	95	94	93	92	91	90
系数	1.2	1.19	1.18	1.17	1.16	1.15	1.14	1.13	1.12	1.11	1.1
分数		89	88	87	86	85	84	83	82	81	80
系数		1.05	1.045	1.04	1.035	1.03	1.025	1.02	1.015	1.01	1
分数		79	78	77	76	75	74	73	72	71	70
系数		0.98	0.96	0.94	0.92	0.9	0.88	0.86	0.84	0.82	0.8
分数		69	68	67	66	65	64	63	62	61	60
系数		0.77	0.74	0.71	0.68	0.65	0.62	0.59	0.56	0.53	0.5

低于 60 分发放系数为 0

绩效考核结果影响调薪：每半年度有 4 次及以上月度考核 90 分及以上的员工工资标准＋1 级；每半年度有 4 次及以上月度考核 70 分以下的员工工资标准－1 级；项目管理公司整体年度考核 80 分及以上，项目管理公司全体员工工资标准＋1 级；90 分及以上，＋2 级；60～69 分，部门全体员工工资标准－1 级，60 分以下－2 级；连续 3 个月或 1 个自然年度内有 5 次及以上考核 60 分以下的员工，视同不胜任岗位工作，可以解除劳动合同。

绩效考核的结果同时也是晋升（降）、年度奖金发放、奖励表彰、惩罚处分以及是否解除、续签、终止劳动合同等的重要依据。

（三）辅助用工人员的管理

公司使用辅助用工人员的岗位包括驾驶员、保洁、保安、厨师、宿管员、水电工等，以及项目现场所需的其他需要用到辅助用工的岗位。所有辅助用工人员原则上均采用劳务派遣制管理，已与公司签订劳动合同的辅助用工人员可继续与公司订立劳动关系。公司工程管理中心负责项目辅助用工编制的核定，各用工项目管理公司具体负责本单位辅助用工人员的日常管理。

辅助用工人员应严格遵守国家各项法律法规以及公司的各项规定制度。凡进行辅助用工的人员，需填写《辅助岗人员登记表》，并提交个人身份证复印件、户口本复印件、学历证明、身体健康证明，技术工种、特种岗位需要提交相关的上岗证件。

新聘用的辅助用工人员实行试用期制度，试用期通常为 6 个月。

辅助用工人员有下列情形之一的，公司可以解除劳动合同或由公司退回劳务派遣公司：

- 在试用期内不符合公司工作要求的；
- 严重违反劳动纪律，影响工作秩序的；
- 违反工作规程，损坏公共财物，造成经济损失的；
- 工作态度恶劣，影响公司、部门形象的；
- 有贪污、盗窃、赌博、营私舞弊等违法行为，尚未构成犯罪的；

- 无理取闹、打架斗殴,严重影响社会秩序或犯有其他严重错误的;
- 被依法追究刑事责任的。

有下列情形之一的,由公司提前 30 日以书面形式通知劳动者本人后,可以解除劳动合同;或者提前 30 日以书面形式通知劳务派遣公司后,可以解除劳务派遣关系:

- 患病或者非因工负伤,在规定的医疗期满后不能从事原工作,也不能从事用人单位另行安排的工作的;
- 不能胜任工作,经调整工作岗位后,仍不能胜任工作的;
- 劳动合同订立时所依据的客观情况发生重大变化,致使劳动合同无法履行,经公司与劳动者协商,未能就变更劳动合同内容达成协议的;
- 《劳务派遣协议》订立时所依据的客观情况发生重大变化,致使《劳务派遣协议》无法履行,经公司与劳务派遣公司协商,未能就变更《劳务派遣协议》内容达成一致意见的。

二、人、材、机管理

(一) 劳务管理

(1) 落实"劳务实名制"管理,人员进场前,应将劳务人员身份证、劳动合同、岗位技能等级证书复印件报项目经理部核验,并上传工程管理中心。

(2) 认真做好考勤统计,每月发放的工资必须经劳务者本人签字确认。

(3) 劳务队伍应指定专人配合项目管理公司按照项目经理部劳务用工计划,确保工程劳动力需求;做好工程款和劳务费结算、支付及工资支付情况报表;按时编制报送各类劳务管理台账和统计报表。

(4) 组织农民工入场培训教育工作,含安全教育、技能教育、质量意识教育、遵纪守法教育、企业规章制度教育、文明礼仪教育等。

(5) 做好农民工宿舍、食堂等生活区的卫生管理工作。

(6) 对劳务管理方面的重大隐患和问题,要及时向项目经理和公司职能管理部门汇报。

(7) 要做好劳务管理工作的内业资料收集、整理、归档。

(8) 发生劳务纠纷时,项目管理公司应立即向工程管理中心报告,处理劳务纠纷时,应采取积极稳妥的方式,将问题和矛盾化解在萌芽状态,避免事态进一步扩大;对于恶意讨薪者,要积极与公安、法律部门联系,争取主动采取法制措施,严格将事态控制在小范围内,确保企业经济利益及荣誉形象。

(9) 在处理纠纷时,相关责任人要确保手机 24 小时畅通,并在第一时间内赶赴现场进行稳妥处理;不得以任何理由或借口回避、推诿、拖延。

(10) 做好工程进度款的结算和完工结算。

(11) 男工年龄不得高于 65 周岁,女工年龄不得高于 60 周岁,男工年龄在 60～65 周岁、女工年龄在 55～60 周岁的需提供体检报告。

(12) 施工班组进场后进行技术、质量、安全以及操作工序技术交底,以保证质量、安全、文明和各项目标的实现。

（二）材料管理

1. 材料进场验收

（1）材料进场由收料员根据供应商提供的"送货单"逐项验收，材料员配合验收，工作成果为"送货单"。

（2）"送货单"签字确认并录入"材料采购管理系统"后交给材料员；不合格的材料品种及数量由收料员在送货单上备注，然后交由材料员和供应商沟通折价或者扣除。

2. 材料验收资料登记采购管理系统环节

（1）每日收料员根据"送货单"上注明的数量，结合材料价格确认表或购货合同，将购入的材料明细录入材料采购管理系统。

（2）收料员最迟每月23日前将当月全部录入系统的"送货单"提交材料员，材料员依据"送货单"和"材料价格确认表"审核收料员录入采购管理系统的"入库单"。

（3）每月25日前，材料员将当月"送货单"原件、经项目经理签字确认的"入库单"汇总表提交项目会计，项目会计将收到的单据作为当月工程成本的暂估入账依据。

3. 材料结算环节

（1）至少每半年或项目完工后1个月内，项目管理公司应对送货数量和质量没有争议的材料，依据供应商的入库明细表、购货合同、送货单复印件编制材料结算单，结算单应由供应商核对签章、项目经理审核签字，并快递寄到资源采购中心，由资源采购中心经理和成本核算中心经理签字确认，工作成果是"材料结算单"。

（2）只要涉及需要付款的材料，结算手续必须在办理付款之前完成（此结算单需要供应商签字盖章）。

4. 材料结算资料登记采购管理系统环节

（1）每月23日前，收料员根据当月审核完毕的"材料结算单"，按照"材料结算单"上注明的数量和价格，比对入库明细表，核对无差异的，在系统记录中做出相应标记，如出现差异，需相应调整原系统中的记录（需调增用蓝字补录，需调减用红字补录），并将相关资料提交材料员进行复核。

（2）每月25日前，材料员根据相关结算资料，完成采购管理系统结算记录复核，并将签字确认的"材料结算单"原件、"入库差异情况明细表"等资料提交项目会计，由项目会计进行相应的会计处理。

（3）项目管理公司收到供应商根据"材料结算单"开具的发票后，连同"材料结算单"的复印件、与之比对的入库明细表提交项目会计，项目会计在材料采购管理系统中录入采购发票，进行暂估与发票的结算，并进行相应的账务处理。

5. 财务审核入账

每月27日前，项目会计根据审核无误的材料采购相关单据，编制相应的记账凭证，并将相关单据快递寄到公司财务中心，由财务中心材料主管会计对录入的记账凭证进行复核，相关单据作为记账凭证附件。

6. 材料款支付

（1）采购的材料经财务入账审核后，项目管理公司根据合同付款条件、付款计划发起付款申请，经审批后由财务中心办理支付。

（2）预付款采购。供应商应当开具与支付金额相符的发票，传递到项目会计，项目会计将发票上相关的信息录入材料采购管理系统，然后按照前述的审核流程，由项目会计审核后编制记账凭证，并将发票等相关单据寄送公司财务中心材料主管会计复核，然后发起付款流程办理支付。后期材料到场验收后，按照前述入库程序录入系统，并在系统中将已开具的发票信息与验收、结算信息关联。

（3）现金采购。材料到场验收后，收料员按照前述入库程序录入系统。取得供应商开具的发票后，传递到项目会计，由项目会计将发票上相关的信息录入材料采购管理系统，并在系统中将已开具的发票信息与验收信息关联。

（三）仓库零星材料管理

（1）调查整理、统筹调配项目管理公司剩余物资，资源采购中心新进库材料验收，按质量、数量、品种、规格办理入库手续。

（2）登账、立卡、建立材料档案。

（3）分区、分类，根据材料的类别，合理规划材料摆放的固定区域。

（4）四号定位，统一按库号、架号、层号、位号四者编号，并与账号、编号统一。

（5）立牌立卡，对定位、编号的材料建立料牌和卡片，标名材料的名称、编号、到货日期和涂色标志，卡片上填写记录材料的进出数量和积余数量。

（6）十防：为保证仓库安全和材料完好，在存储过程中要做好防锈、防尘、防潮、防腐、防蛀、防水、防爆、防变质、防漏电、防震动等工作。

（7）仓库材料领用应手续齐全，领料必须按计划由资源采购中心负责人签字，否则一律拒发。

（8）工具借出应建立工具领用分账，工程竣工后及时监督回库，或以旧换新，旧具及时维修，确保工地正常使用。

（9）建立健全账卡档案，及时掌握和反映产、供、耗、存等情况。

（四）现场机械设备管理

（1）设备质量是设备安装质量的前提，为确保设备质量，技术人员需做好设备检查验收的质量控制。设备的检查验收包括供货单位出厂前的自查检验及用户或安装单位在进入安装现场后的检查验收。

（2）设备验收的要求：设备进场时，设备的名称、型号、规格、数量按清单逐一检查验收入库。

（3）设备验收后，验收人员填写《设备验收记录单》，报资源采购中心。

（4）设备交付使用后，应严格按照机械设备操作规程使用，并注意防护、保养和维修。

（5）建立设备档案（合格证、说明书、保修卡），填写"机械设备管理台账"。

（6）现场机械设备摆放整齐，设备进出库必须试机，确保设备使用，详细记录设备进出库的时间。

（7）定期有计划、有目的地给机械设备进行清理、紧固、调整、检查、排除故障、更换已磨损和失效的零件，使机械设备保持良好状态，保养人员应填写"设备维护保养记录"，报资源采购中心。

（8）经过正常使用已到需要报废的机械设备，应填写《机械设备报废申请报告单》，报公司领导审核、评价、批准后,由公司资源采购中心办理报废手续。

（9）大、中型机械在进场后应安排好存放位置,操作人员持证上岗,确保机械能顺利使用。

（10）一些小型机械和使用率不高的机械设备应放置于仓库内备用。

表3-2　租赁机械情况登记表

单位:

序号	项目	租赁商	机械名称	型号	车牌号	所有证明	操作人员身份证	驾照	保险情况	备注
	项目一									
	项目…									

项目负责人:　　　　　　　　　　　　　　　填表人:

表3-3　设备验收记录表

NO.　　　　　　　　　　　　　　　　　　　　　　　　　　　　　R/P04-2

设备名称		型号/规格	
验收内容 1. 主机:			
2. 随机备件:			
3. 随机工具:			
4. 随机附件:			
5. 资料:			
6. 外观:			
7. 其他:			
验收人/日期:			
备注:			

（五）专业分包管理

（1）专业分包单位进场前应该就生产、临时设施、用水、用电、材料管理、进度与质量管理、交叉作业（含场地土方、施工垃圾处理）、成品保护、安全文明施工管理及治安管理等方面与总承包单位进行协商。其中专业分包单位的用水、用电必须按标计量,有偿使用。

(2)专业分包单位应接受项目部的管理,应按要求参加项目部组织的有关生产、安全、进度、质量等管理方面的会议。

(3)专业分包单位应该遵守国家管理部门安全生产的有关规定,以及项目部现场安全管理的规定,对承包范围内的施工安全负责,接受项目部的安全管理和检查监督。

(4)项目部应加强施工现场的安全生产管理,杜绝违章。对专业分包单位落实安全生产情况的控制管理,使专业分包单位的安生管理得到有效保障。

(5)专业分包单位应按照合同约定和总工程进度计划编制分包工程施工进度计划,安排好人员、材料、设备、交叉作业、成品保护、专项验收等施工管理事宜。

(6)专业分包工程的进度计划与施工方案应报项目部批准后方可实施。

(7)专业分包单位因自身因素影响项目总体进度计划,应承担相应违约责任。

(8)项目部应在专业分包单位材料进场时,对其分包工程内的材料进行验收,对不符合合同和图纸要求的材料不允许进场。

(六)剩余物资管理

为做好各项目管理公司工程结束后的剩余物资管理工作,使其合理利用与周转,提高剩余物资的利用率,有效降低项目成本,公司特制定《剩余物资管理办法》,办法要求:

(1)在施工过程中需提前退场的材料、设备等剩余物资,项目管理公司需及时统计并通知资源采购中心。

(2)在项目收尾阶段,项目管理公司需及时清理、统计各种剩余材料、设备等剩余物资的品种、规格、数量等,填写《库存材料盘点明细表》并及时上报资源采购中心。

(3)资源采购中心将对项目管理公司上报的剩余物资进行核实,与项目管理公司完善相关手续,并按公司相关规定统一调配处理,调配时需填写《材料调拨单》。

(4)未经资源采购中心同意,项目管理公司任何人不得随意处理、挪用、变卖项目管理公司剩余物资。

(5)对随意变卖剩余物资的项目管理公司或个人,除按所变卖物资原价进行赔偿外,还将对其进行双倍处罚。

(6)资源采购中心、项目管理公司应相互配合、相互监督、相互支持,严格遵守本办法。

表3-4　库存材料盘点明细表

项目名称:　　　　　　　　　　　　　　　　　　　　　　　　　　　　　　　　　单位:元

入库单号	材料名称	规格型号	单位	单价	期初余额		入库		出库		期末余额		月末盘点		盘盈		盘亏	
					数量	金额	数量	金额	数量	金额	数量	金额	数量	金额	数量	金额	数量	金额

表 3-5　材料调拨单

调出项目名称：　　　　　　　　　　　　　　调入项目名称：

料单编号	材料名称	规格型号	单位	数量	单价(元)	金额(元)	备注

三、文明施工

按照《安全文明生产标准化手册》进行标准化工地建设,详见附录7。

四、资料管理

(一)施工前期资料管理

项目中标后3天内,市场中心负责将加盖公章的纸质版招标文件原件及纸质版投标文件原件或电子版(包含技术标与商务标两部分)、工程中标通知书、合同等资料移交工程管理中心存档,工程管理中心接收资料后在《工程资料档案信息一览表》和《工程信息一览表》中,将项目情况及资料情况进行登记,并将中标通知书和合同原件扫描存档,同时将合同扫描件发财务中心和施工的项目管理公司备份。

(二)项目施工阶段资料编制

1. 施工准备资料编制

项目部进场施工前相关资料需由监理单位审核同意后才能进场施工。施工进场前应具备的资料包括:施工许可证、工程开工报告、图纸会审、工程概况、总包单位资质与项目部人员报审、施工组织设计及(专项)施工方案、施工进度计划、机械及设备报审、开工报告、施工人员三级安全教育、安全技术交底等。

施工进场前的资料应由项目部各专员负责完成编制工作,资料编制完成后统一交项目部资料员整理并向监理单位报审,待资料完成后(相关单位签字、盖章完成)由资料员统一负责保管并整理归档。

各专员应负责资料如下:

(1)项目技术负责人、施工员:施工组织设计及(专项)施工方案、施工进度计划、图纸会审等。

施工组织设计及(专项)施工方案、施工进度计划:项目开工前或项目进场后7天内完成编制并报审监理单位,进场施工后30天内应完成所有签字、盖章手续(4份以上),正本(原件)项目部留存,其余交建设、监理单位各留存1份。

(2)安全员:施工人员三级安全教育、安全技术交底等。

施工人员三级安全教育、安全技术交底:施工人员进场后3天内完成三级安全教育及安全技术交底工作,未完成三级安全教育及安全技术交底的施工人员严禁进场施工。

(3) 材料员:机械及设备报审等。

机械及设备报审:如测量仪器(水平仪、全站仪等)、施工机具(装载机、挖掘机等)应在设备进场时将设备的相关参数(机具设备型号、检测合格报告等)报送监理单位审核,审核同意后才能进场使用,应在机具设备进场后立即报审。

(4) 资料员:施工许可证、工程开工报告、工程概况、总包单位资质与项目部人员报审等。

开工报告:项目开工前或项目进场后3天内完成编制并报审监理单位,进场施工后15天内应完成所有签字、盖章手续,正本(原件)项目部留存。

工程概况、总包单位资质与项目部人员报审:项目开工前完成编制,项目部进场后报审监理单位,进场施工后7天内应完成所有签字、盖章手续,正本(原件)项目部留存。

2. 施工过程资料编制

项目施工后各工序、材料、人员应按相关规范要求进行记录并报送监理单位审核同意后才能开展下一工序的施工,施工阶段应编制完成的资料包括质量验收资料(各工序检验批验收记录)、相关施工记录、材料进场资料、材料复检资料、工程经济类资料、施工日志等。

施工阶段的资料应由项目部各专员负责完成编制工作,资料编制完成后统一交项目部资料员整理并向监理单位报审,待资料完成后(相关单位签字、盖章)由资料员统一负责保管及归档。各专员应负责资料如下:

(1) 质检员:质量验收资料(各工序检验批验收记录、隐蔽工程验收记录、相关施工记录等)。

① 质量验收资料:应根据设计施工图纸和现场实际情况按国家规范划分的分部分项项目进行编制,施工工序完成时应及时编制相关质量验收资料并报审监理单位进行验收,验收合格后资料应及时跟踪完成(相关单位签字、盖章)。正本(原件)项目部留存,并交监理单位留存1份。

② 相关施工记录:根据国家相关规范,各工序施工完成后应进行相关施工检测以保证施工质量与安全。如地基工程(地基验槽记录、地基钎探记录等)、给排水工程(给水管道压力试验记录、排水管道通水试验记录等)、防水工程(蓄水试验记录、防水效果试验记录等),电气工程(设备单机试运行记录、接地电阻试验记录等),具体内容可参照《建筑工程资料管理规程》(JGJ/T 185—2009)(C类资料)或其他相关质量验收规范。

(2) 施工员:施工日志等。

施工日志:每日工作完成后,施工员应记录当日施工情况(如当日工作区域、施工班组及人数、完成工作量、质量检查及技术交底情况、材料进场情况等)。项目管理公司按照工程名称统一至工程管理中心领取施工日志并办理相关领用手续。工程完工后1个月内,项目管理公司按照施工日志领用数量将所有施工日志移交工程管理中心存档。

(3) 材料员:材料进场报审等。

材料进场报审:材料进场时应随即编制《材料进场报审表》和《材料进场清单》(附材料相关质量资料,如合格证、检验报告)并报审监理单位,监理单位审核同意后才能进场使用。资料正本(原件)项目部留存,并交监理单位留存1份。

(4) 取样员:材料复检资料等。

材料复检资料:根据国家标准及相关规范,相应进场材料应及时送质监站复检(如混凝土、钢筋、给排水管等），复检检测合格后复检报告项目部留存，并交监理单位留存1份。

（5）资料员：工程联系单、监理例会纪要、项目周报、项目台账等。

① 项目周报：每周周五前各项目公司按公司规范要求编制完成《在建工程汇总简报》和《养护工程汇总简报》报送工程管理中心。

② 项目台账：每月28日前各项目公司按公司规范要求编制完成《工程项目台账》和《工程资料台账》报送工程管理中心。

（6）各项目管理公司总经理本人（不得代笔），每日晚上7点开始在项目管理群提报当天主要完成的工作事项（含现场图片5张以内）、存在的困难和未解决事项等。工程管理中心安排专人对各项目管理公司每日提报的工作内容进行汇总存档。

（三）项目竣工阶段资料管理

1. 竣工资料

竣工资料包含：工程概况、管理人员名单、开竣工报告、施工组织设计、技术交底、立项文件、设计变更、图纸会审、各工序报验资料等。

项目管理公司资料员负责按照各省资料汇总要求将竣工资料组卷装订成册，不得移交零散未装订的竣工资料；项目管理公司提交的竣工资料必须与移交建设单位的竣工资料版本保持一致；工程完工后1个月内，项目管理公司负责移交一份原件至工程管理中心存档。

2. 竣工验收证明

竣工验收证明必须加盖各参建单位公章，不得私盖项目部章，尤其是涉及工程备案的项目。竣工验收证明必须写清本工程开工时间、完工时间、竣工验收时间。

（1）开工时间：必须与开工报告上的时间一致。

（2）完工时间：即完成所有工程量的时间。

（3）竣工验收时间：工程竣工验收合格之日为竣工日期。

3. 竣工图

（1）竣工图必须按照规范要求绘制，与工程实际相符合，并能完整、准确、规范地反映项目竣工验收时的真实情况。

（2）所有竣工图均为蓝图加盖竣工图章（盖在图表上方空白处或折叠后外翻图标上方），竣工图章的内容填写应齐全、清楚，不得代签。

（3）竣工图应按GB/T 10609.3—2009《技术制图复制图的折叠方法》，统一折叠成A4图幅（210 mm×297 mm）装订成卷。

（4）项目管理公司提交工程管理中心的竣工图必须与移交建设单位审计部的竣工图保持一致。

（5）工程竣工验收合格后1个月内，项目管理公司负责移交一份蓝图原件至工程管理中心存档。

（6）工程完工1个月内，项目管理公司负责将施工图刻成电子光盘移交工程管理中心存档。

4. 施工日志

（1）施工日志的主要作用

① 确保日后能够对工程进行有效的追溯（好记性不如烂笔头）。

② 为日后可能出现的工程补救和加强措施提供参考依据。

③ 为工程变更提供依据。

④ 为下道工序提供依据。

⑤ 能够在写施工日记中积累丰富的经验。

项目管理公司按照工程名称统一至工程管理中心领取施工日志并办理相关领用手续，严禁项目管理公司私自购买施工日志；工程完工后 1 个月内，项目管理公司按照施工日志领用数量将所有施工日志移交工程管理中心存档。

（2）施工日志的领用

公司领用：工程中标后，由各项目资料员统一至工程管理中心领取施工日志，并按照要求填写《施工日志领用单》。

项目部领用：项目部所有施工员统一至资料员处领取施工日志，资料员做好施工日志日常领用手续。当每本写完后，施工员必须将写完的施工日志移交给资料员存档，方可领取下一本施工日志。

（3）施工日志的填写

施工日志填写分两个阶段：施工阶段时间为工程开始至工程竣工，养护阶段时间为工程竣工至养护期结束移交。施工阶段的施工日志由项目所有施工员逐日进行填写，养护期阶段的施工日志由养护人员进行填写，不得隔日、跳日或断日填写。

填写内容要求：

① 每页均要填写现场负责人、记录人、日期、天气情况（含阴、雨、晴、风力、温度及潮汐情况等）等内容，同地区、同一项目基本信息必须填写一致。

② 生产情况记录：详细记录施工期间工程部位的施工方法、劳力布置、机械配置、施工操作、施工进度、停工及原因（停工期间重要事件应记录）等情况，例如设计变更情况、参加验收的人员等。

③ 技术质量安全工作记录：详细记录项目自检记录、施工技术交底、安全技术交底、安全活动、隐患及整改措施、工序检查、隐蔽工程检查验收情况及检查验收结论等情况。不得在此栏内填写"无"或空白不填，必须按照填写要求结合现场实际情况进行填写。

④ 材料构配件进场记录：详细记录材料、构配件的进场时间、数量、质量情况、有无合格证。各种原材料、半成品取样送检的时间、数量，试块的制作时间、制作人、试验结果及其所用部位。例如：原材料进场记录、混凝土试块编号等。

⑤ 若当天现场无相应的施工记录，则在相应的空白栏内填写"无"，不允许空白不填。例如：当天没有材料进场，则需在材料进场空白栏内直接填写"无"。

施工日志在填写过程中应注意一些细节：

① 书写时一定要字迹工整、清晰，最好用仿宋体或正楷字书写。

② 当日的主要施工内容一定要与施工部位相对应。

③ 养护记录要详细，应包括养护部位、养护方法、养护次数、养护人员、养护结果等。

④ 焊接记录要详细记录，应包括焊接部位、焊接方式（电弧焊、电渣压力焊、搭接双面焊、搭接单面焊等）、焊接电流、焊条（剂）牌号及规格、焊接人员、焊接数量、检查结果、检查人员等。

⑤ 其他检查记录一定要具体详细，不能泛泛而谈。检查记录记得很详细还可代替施工

记录。

⑥ 停水、停电一定要将起止时间记录清楚,停水、停电时正在进行什么工作,是否造成损失。

5. 结算资料

(1) 包括签证单、联系单、指令单、技术核定单、材料价格确认单、工程结算书、工程量计算书等。

(2) 按照建设单位审计要求将结算资料装订成册,不得移交零散未装订的结算资料。

(3) 工程结算审计后 1 个月内,成本核算中心负责移交一份原件至工程管理中心存档。

6. 审计报告

工程取得审计报告后 15 天内,成本核算中心负责移交一份原件至工程管理中心存档。

(四) 工程移交阶段

工程移交后 7 天内,项目管理公司负责移交一份项目移交证明原件至工程管理中心存档。

(五) 资料交接

在接收各阶段工程资料时,工程管理中心将按照资料接收情况填写《资料接收单》,一式两份,双方各执一份留存,由移交人、接收人签字并加盖部门章后生效,《资料接收单》将作为资料唯一凭证依据。

表 3-6　资料接收单

编号:

日期	工程名称	资料内容	份数	转交人	接收人	备注

注:若对以上接收清单有疑问,请及时联系工程管理中心,否则以此作为唯一资料接收凭证。

(六) 离职人员的资料交接管理

人员离职时,必须做好资料接收人与离职人员之间的资料交接。资料接收人必须对离职人员的工作进行详细的了解,根据其岗位职责确定交接资料清单。交接记录一式三份,签字后生效,一份交接人留存,一份接收人留存,一份移交工程管理中心。

第二节　四大管控

一、进度控制

工程进度控制是指对工程项目各建设阶段的工作内容、工作程序、持续时间和逻辑关系编制计划,并将计划付诸实施,在实施过程中经常检查实际进度是否按计划要求进行,对出现的偏差分析原因,采取补救措施或调整、修改原计划,直至工程竣工,交付使用。

（一）施工前进度控制

（1）确定进度控制的工作内容和特点，控制方法和具体措施，进度目标实现的风险分析，以及尚待解决的问题。

（2）编制施工组织总进度计划，对工程准备工作及各项任务做出时间上的安排。

编制工程进度计划，重点考虑以下内容：

- 所动用的人力和施工设备是否能满足完成计划工程量的需要；
- 基本工作程序是否合理、实用；
- 施工设备是否配套，规模和技术状态是否良好；
- 如何规划运输通道；
- 工人的工作能力如何；
- 工作空间分析；
- 预留足够的清理现场时间，材料、劳动力的供应计划是否符合进度计划要求；
- 分包工程计划；
- 临时工程计划；
- 竣工、验收计划；
- 可能影响进度的施工环境和技术问题。

（3）项目管理公司材料员或者施工员根据签订的合同内容及进度计划，及时与供应商沟通，明确材料进场的品种、规格、数量及时间，做好材料的配送工作。注重月度物资需求计划及次月资金需求计划的上报。在各施工过程开始之前，对施工技术物资供应、施工环境等做好充分准备。

由于工程项目的唯一性和特殊性，特别是大中型和复杂的施工项目工期较长，因此影响进度因素较多，编制计划和执行控制施工进度计划时必须充分认识和估计各种因素，才能克服其影响，使施工进度尽可能按计划进行。

（二）施工过程中进度控制

（1）工程管理中心定期收集数据，每月 20 日收集各项目管理公司产值完成情况，完成《在建项目产值统计表》，通过产值完成情况预测施工进度趋势，实行进度控制。进度控制的周期应根据计划的内容和管理目的来确定。

表 3-7　在建项目产值统计表

项目公司	序号	项目名称	项目负责人	开工时间	预计完工时间	合同价（万元）	预计产值（万元）	2019年前累计产值（万元）	完成比例	2019年一季度累计产值(万元)	4月计划产值（万元）	剩余产值（万元）	上半年计划完成产值（万元）

（2）项目部需在每月20日之前对下个月20日之前的工程量进行上报——《进度计划表》,并在下个月20日之前对实际完成的工作量进行统计,若有未完成的说明原因(填写在表格中后两列)——《完成情况表》,并连同再下个月的《进度计划表》一同上报,工程管理中心进行初审,再由公司2位工程副总进行审核把控。

表3-8 进度计划及完成情况表

工程名称：

合同额：				已完成产值：			
序号	分部分项名称	特征描述	计量单位	合同数量	预计完成数量	实际完成数量	未完成原因
一			绿化部分				
…							
二			景观部分				
…							
三			水电部分				
…							
四			…				

（3）通过柱状图标的形式,对各个项目月度计划产值、成本和实际完成产值、成本进行对比,将已完成的百分率及已过去的时间与计划进行比较,发现问题,分析原因,及时提出纠正偏差措施。在工程进度异常时,工程管理中心应及时组织项目管理公司召开进度专题会议,找出项目进度滞后原因,督促项目管理公司进行计划调整,以使计划适应新变化,保证计划的时效性,从而保证整个项目工期目标的实现。

××××项目产值、成本对照图(万元)

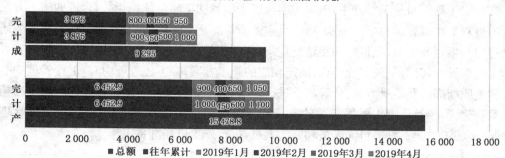

图3-1 月度产值、成本对照图

（4）随时掌握各施工过程持续时间的变化情况以及设计变更等引起的施工内容的增减,施工内部条件与外部条件的变化等,及时分析研究,采取相应措施。

（5）及时做好各项施工准备,加强作业管理和调度。施工中材料规格、质量发生变化时,需及时调整需求计划及 B1 表。合理统筹安排足够的劳动力,分组进行施工,做到"责任到人"和"统筹兼管"。机械进场后,设专人对其维修保养(租赁机械由供应商自行保养),并使所有进场设备均处于最佳运转状态。不断提高劳动生产率,减轻劳动强度,提高施工质量,节省费用,做好各项作业的技术培训与指导工作。

（三）施工后进度控制

施工后进度控制是指完成工程后的进度控制工作,包括组织工程验收,处理工程索赔,工程进度资料整理、归类、编目和建档等。

二、质量控制

项目施工的质量控制应遵循 5 个原则:

（1）坚持"质量第一,用户至上"原则。

（2）人是质量的创造者,质量控制必须"以人为核心"。把人作为控制的动力,调动人的积极性、创造性,增强人的责任感。树立"质量第一"观念,提高人的素质,以人的工作质量保证工序质量和工程质量。

（3）从对质量的事后检查把关,转向对质量的事前控制、事中控制;从对产品质量的检查,转向对工作质量、工序质量、中间产品质量的检查;以"预防为主"进行这些措施,确保施工项目质量。

（4）坚持质量标准,严格检验,一切用数据说话。

（5）贯彻执行科学、公正、守法的职业规范与道德观念。做好开工前以建设项目和施工现场为对象的一切施工准备工作。做好每个施工阶段所需的物质技术条件、组织要求和现场布置等相应的准备工作,这样就有了质量控制基础条件。遵循控制原则,针对关键项目作重点控制,并按要求保证工序质量,做到工序交换有检查,质量预控有对策,技术措施有交底,图纸会审有记录,材料进场有检验,配制材料有试验,设计变更有手续,钢筋代换有制度,隐蔽工程有验收,质量处理有复查,成品保护有措施,行使质控有否决,质量文件有档案。

（一）施工方案的合理性

在建设工程项目施工管理中,施工方案与工程项目施工质量休戚相关,合理的施工方案是工程项目施工质量管理的指南,是工程项目施工质量的重要保证,要严控项目施工方案的研讨审批过程。项目开工前,项目经理经踏勘现场、仔细研读招投标文件及图纸后,编制切实可行的施工组织设计,针对不同工程特点,制定相应的施工方案,报工程管理中心,工程管理中心组织各相关职能部门及质量专家、分管副总进行评审,并对项目实施方案中存在的问题提出相关的意见和建议,项目负责人根据相关的意见和建议对项目实施方案进行优化,报工程管理中心,同时将施工方案下发项目部人员和施工人员,进行施工进场准备工作。

（二）技术交底

技术交底是施工企业极为重要的一项技术管理工作,是施工方案的延续和完善,也是工程质量预控的最后一道关口。其目的是使参与工程施工的技术人员与工人,熟悉和了解所承担的工程项目的特点、设计意图、技术要求、施工工艺及应注意的问题。

1. 技术交底的作用

技术交底的作用,是使参与施工活动的每一个技术人员,明确本工程的特点、施工条件、施工组织、具体技术要求和有针对性的关键技术措施,系统掌握工程施工过程和施工的关键部位;使参与工程施工操作的每一个工人,通过技术交底,了解自己所要完成的分部分项工程的具体工作内容、操作方法、施工工艺、质量标准和安全注意事项等,做到施工操作人员任务明确,心中有数,达到有序施工、减少各种质量通病、提高施工质量的目的。

2. 技术交底的注意事项

(1) 技术交底必须在单位工程图纸综合会审的基础上,并在单位工程或分部、分项工程施工前进行。技术交底应为施工留出适当的准备时间,不得后补。

(2) 技术交底应以书面形式进行,并辅以口头讲解。交底人和接收人应及时履行交接签字手续,并及时交给资料员进行归档,妥善保存。

(3) 技术交底应根据工程任务和施工需要,逐级进行操作工艺交底和施工安全交底。

(4) 接受交底人在接受技术交底时,应将交底内容搞清弄懂。各级交底要实行工前交底、工中检查、工后验收,将交底工作落在实处。

(5) 技术交底要求字迹工整,交底人、接交人要签字,交底日期、工程名称等内容要写清楚。技术交底一式三份,交底人和接交人存档备份。

(6) 技术交底要具有科学性。所谓科学性,是指依据正确、理解正确、交底正确。施工规范、规定、图纸、图册及标准是编制技术交底的依据,关键是如何正确理解,结合本工程的实际灵活运用,必须使班组依据交底文件就能正确施工。

(7) 技术交底要具备操作性

① 对施工结构的具体尺寸进行交底,建立施工图翻样制度,保证无论施工到何位置,现场施工班组手里都有标注清楚、通俗易懂的施工大样图。

② 技术交底要以"现场干的,就是交底中写的、画的"为指导思想,不能发生班组施工自由发挥的情况,一旦发生漏项情况,班组立即通过一定的程序反馈得到解决。

(8) 技术交底要具备实用性

① 技术交底中不允许使用"按照设计图纸和施工及验收规范施工"及"宜按……"等词语,要在大样图的基础上,把设计图纸的控制要点写清楚,把规范的重点条文体现在大样图和控制要点里。

② 把要达到的具体质量标准写清楚,作为班组自检的依据,使施工人员在开始施工时就是按照验收标准来施工,体现过程管理的思路,使施工人员由被动变主动。

(9) 施工技术交底与施工组织设计、施工方案、作业指导书的不同点:施工组织设计、施工方案、技术交底、作业指导书是几个不同层次的文件,这几个文件中施组是整个工程的纲领性文件,施工方案应具有指导性,施工措施是施工方案的一部分具体内容,技术交底是施工方案的延伸,应具有可操作性,而作业指导书又可以说是技术交底的细化。作业指导书和技术交底的关系如施工方案和施工组织设计一样。

(三)材料质量控制

园林绿化工程施工过程中,土建部分投入了一定的原材料、产品、半成品、构配件和机械设备,绿化部分投入了大量的土方、苗木、支架等工程材料,施工过程中的施工工艺和施工方法是构成工程质量的基础,投入材料的质量,如果土方质量、苗木质量规格、各种管线、铺装材料、绿化设施、控制设备等不符合要求,工程质量也就不可能符合标准和要求,因此,严格控制投入材料的质量是确保工程质量的前提。对投入材料的订货、采购、检查、验收、取样、试验均应进行全面控制,从组织货源到使用认证,要做到层层把关,对施工过程中所采用的施工方案要进行充分论证,做到施工方法先进,技术合理,安全文明施工,有利于提高工程质量。

(1) 材料进场前的质量控制

仔细阅读工程设计文件、施工图、施工合同、施工组织设计等与工程材料有关的文件,熟悉文件对材料品种、规格、型号、强度等级、生产厂家与商标的规定和要求。查阅所用材料的质量标准,了解材料的基本性质、应用特性与适用范围,必要时对主要材料、设备、构配件的选择向业主提供合理建议。掌握材料质量、价格、供货能力等信息,选择可靠的供货厂家,可获得质量好、价格低的材料资源,而且有助于保证工程质量,降低工程造价。对业主供应的材料应及时提供信息;对承包商供应的材料要及时对订货申报进行审检、论证,报业主同意后方可订货。

(2) 材料进场时的质量控制

物单必须相符。材料进场时,应检查到场材料的实际情况与所要求的材料的品种、规格、型号、强度等级、生产厂家、商标等方面是否相符,检查产品的生产编号或批号、型号、规格、生产日期与产品质量证明书是否相符,如有任何一项不符,应要求退货或要求供应商提供材料的资料。标志不清的材料可要求退货(也可进行抽检)。

进入施工现场的各种原材料、半成品、构配件都必须有相应的质量保证资料,包括:生产许可证、使用许可证、产品合格证、质量证明书或质量试验报告单。合格证等必须盖有生产单位或供货单位的红章并标明出厂日期、生产批号和出厂合格证。

(3) 材料进场后的质量控制

工程上使用的所有原材料、半成品、构配件及设备,都必须事先审批后方可进入施工现场,现场不能存放与本工程无关或不合格的材料,所有进入现场的原材料与提交的资料在规格、型号、品种、编号上必须一致;不同种类、不同厂家、不同品种、不同型号、不同批号的材料必须分别堆放,界限清晰,并有专人管理。避免使用时造成混乱,便于追踪工程质量,对分析质量事故的原因也有很大帮助。

应用新材料前必须通过试验和鉴定,代用材料必须通过计算和充分论证,并应符合要求。材料质量的好坏直接影响工程的优劣,因此,必须对材料质量进行严格检测与控制。

(4) 资源采购中心会不定期地根据材料采购系统内的入账数据及结算单对各项目部进场材料进行核查,发现问题及时整改。

(5) 现场材料员的配送工作必须完全匹配合同,禁止配送合同外供应商、品种、规格、数量的材料。

(四) 提高施工队伍的综合素质

施工队伍综合素质可以定义为:施工队伍的综合素质=施工队伍的综合施工能力+工作责任心+专业安全意识。在这里,施工队伍的综合施工能力包括:施工队伍的管理能力+技术能力+施工能力(施工机械、设备、机具、周转材料的多少和资金垫付能力以及施工人员的操作和安装能力）。只有提高了这些能力、责任心与相关意识，才能保证工程施工质量。提高施工队伍综合素质的措施包括：

（1）提高施工队伍的综合施工能力

综合施工能力是指为完成长远规划或既定目标所采取的系列措施及为此所进行的协调沟通和执行的能力。实现这一能力所做的工作包括：负责人的确定，机构的建立，岗位的设置，各种人员的配备，以及与之相关的各种管理制度、岗位责任制、质量保证体系、安全保证体系、质量追踪机制和定期组织培训学习等。确定的负责人，一定要有工作责任心，有为他人服务的意识，具备一定的组织能力并在职工中具有一定的威信，为人正直、诚信。机构的建立要简单而有效，设置得少不能满足施工要求，设置得多不仅浪费人力物力，造成机构臃肿、敷衍了事、工作责任心不强，同时也不利于施工的有效进行，设置的原则是在管理过程中能便于协调、沟通和保证执行力的有效发挥。

（2）提高施工技术能力

施工技术能力是指为完成长远规划或既定目标所采取的系列措施实施过程中，解决具体专业上的各种问题与施工方法的能力。它包括：队伍中各种专业技术人员占全体职工人数的比例，主要专业技术人员的数目，高级、中级、初级技术人员的数量，在施工过程中的实际操作水平，施工中所使用的各种仪器的先进性和精确性及操作人员的熟练程度等。在工程施工过程中具有精密的测量、检验仪器和先进的施工机具固然重要，但要有会使用和能操作设备和仪器的人来支配，才能发挥特定的功能，带来应有的效益。要想得到应有的效益，只靠这些还不够，还要科学、合理地去组织专业技术人员编制切实可行、科学、有效的施工方案，要根据所承揽工程的工程性质、专业技术要求、质量要求、使用要求和施工、工期要求等来编制符合上述要求的、能具体有效指导施工的施工组织设计。

（3）选择先进合理的施工手段

先进合理的施工手段包括：施工机械、设备、机具的先进性、大小与数量满足工程施工要求，周转材料的品种、数量满足使用要求，强大的资金垫付能力，熟练的操作能力，这些要素对完成高质量的工程缺一不可。

（4）提高职工的工作责任心

职工的工作责任心指完成上级交给的和自己职责范围内工作的心态，同时也包括对业主负责的心态。它是隐含和潜在于人们心里和思想之中的，无法进行具体的测量和评估，只能通过本人对工作的态度和表现出的行为进行评定。在工作中对自己的本职工作应做到：恪尽职守，兢兢业业，任劳任怨，摆正自己的位置，尽己所能充分发挥所在岗位的职能和个人的能力，在基于为他人工作和服务的意识下把应做的工作做好，完成自己所肩负的使命。

（5）提高职工的安全意识

所有参与管理和施工的人员应牢固树立质量第一、安全为天、质量就是生命、安全就是效益的思想，同时学习本专业和日常生活中的安全知识，有预见安全隐患的常识与能力，并做到及时排查与解除不安全因素以保证安全生产。

（五）优化和改进施工工艺及流程

施工工艺是决定工程质量好坏的关键，好的工艺能使操作人员在施工过程中达到事半功倍的效果。不同的施工工艺会导致工程出现不同的施工质量，一般来说，先进、合理、规范化、系统完善的施工工艺不会出现偶然或突发的质量问题，而且能够缩短工期，降低成本。

为了保证工艺的先进性及合理性，公司对于不太成熟的工艺流程安排专人进行试验并不断优化和改进，最终将成熟的施工工艺及流程编制成指导书并下发各施工员。施工员在现场指导生产时以此为依据对工人进行书面交底（包括工具及材料准备、施工技术要点、质量要求及检查方法、常见问题及预防措施等），并由班组长签字接收。在施工时先交底后施工，严格执行工艺要求。

施工工序是保证施工质量的必要因素，为了把工程质量从事后检查转向事前控制，达到"以预防为主"的目的，必须加强对施工工序的质量控制。工序质量的控制应采用数理统计方法，通过对工序部分检验的数据进行统计、分析，来判断整个工序的质量是否稳定、正常，其步骤为：实测—分析—判断。

为了更有效地做好事前质量控制，需注意以下几个要点：

① 要严格遵守工艺流程。工艺流程是进行施工的依据和法规，是确保工序质量的前提，任何操作人员都应严格执行。

② 控制工序活动条件的质量，主要活动条件有施工操作者、材料、施工机械、施工方法和施工环境，只有将它们有效地控制起来，才能保证每道工序质量正常、稳定。

③ 及时检查工序活动效果。工序活动效果是评价质量是否符合标准的尺度，因此必须加强质量检验工作，对质量状况进行综合统计与分析，及时掌握质量动态，自始至终使工序活动效果的质量满足规范和设计要求。

④ 设置质量控制点，以便在一定时期内、一定条件下进行强化管理，使工序始终处于良好的受控状态。

（六）质量标准

工程质量通病是指工程中易发生的、常见的、影响安全和使用功能及外观质量的缺陷。在工程施工过程中，对于细部的处理往往能够体现出工程的品质感，并且该部分内容往往是比较容易被忽视的。

工程品质的优劣事关公司的品牌形象和口碑，是公司面对业主最基本的承诺和保证，同时也是公司的核心竞争力，因此，制定有关工程项目实施中各环节的质量标准非常重要。这是一个从工序质量到分项工程质量、分部工程质量、单位工程质量的系统控制过程；也是一个由对投入原材料的质量控制开始，到完成工程质量验收为止的全过程的系统工程。

质量标准由工程管理中心、研究院制定后，由工程副总对各项目公司副总以上管理人员进行培训，再由各项目公司内部组织学习培训，并要求将标准落实到实际生产过程中。

（七）定期检查，总结提高

工程管理中心定期对各项目的工程质量情况进行检查，对发现的质量问题集中以《质量整改通知单》的形式下发给项目公司并要求其按质按量按时进行整改，届时工程管理中心会对质量问题进行复查，并将项目部整改内容完成情况纳入相关管理人员的绩效考核中，通过这种方式来督促项目管理人员提升质量控制意识，总结质量控制经验，从而不断提升工程品质。

（1）开工前的检查内容

开工前检查的内容及要求：设计文件、经审核的施工图纸、据此编制的施工组织设计及质量计划；施工前的工地调查和复测已进行，并符合要求；各种技术交底工作已进行，特殊作业、关键工序已编制作业指导书；采用的新技术、机具设备、原材料能满足工程质量要求。

（2）施工过程中的检查内容

施工过程中应经常对以下工作进行抽查和重点检验：施工测量及放线正确，精度达到要求；按照图纸施工，操作方法正确，质量符合验收标准；施工原始记录填写完善，记载真实；有关保证工程质量的措施和管理制度是否落实；混凝土、砂浆试件及土方密实度按规定要求进行检测实验和验收，试件组数及强度符合要求；工班严格执行自检、互检、交接检，并有交接记录；工程日志簿填写符合实际。

（3）定期质量检查

工程管理中心每月组织一次定期检查，检查中发现的问题要认真分析，找准主要原因，提出改进措施，限期进行整改。

（4）原材料、半成品、设备及各种加工预制品的检查

订货时应依据质量标准签订合同，必要时应先鉴定样品，经鉴定合格的样品应予封存，作为材料验收的依据。产品进货由专业工程师、质检员（试验员）和材料员三方验证合格后方可使用。

主要分项工程重点检查内容：

① 土方
- 地形（平整度、造型和排水坡度）；
- 压实度，是否有凹凸现象；
- 是否含有杂物、垃圾。

② 苗木
- 苗木质量：树干顺直，树冠完整，分枝点和分枝完整。
- 种植规范：大苗木修剪是否满足其生长特点；小苗木、绿篱修剪是否整齐；小苗木模纹栽植密度是否均匀，是否有模纹沟，或模纹沟宽窄度是否符合要求，线性是否流畅；苗木间距是否合理，栽植后是否歪倒；苗木配置与现场协调情况；支撑材料的选择，支撑方式是否符合要求，是否牢固。
- 草坪、地被：平整度，生长势，是否有杂草、垃圾，病虫害防治情况。

③ 养护情况
- 苗木生长势是否旺盛；
- 病虫害防治情况；
- 是否有杂草、垃圾；
- 是否有死苗未及时更换；
- 基础是否有沉降、裂缝。

④ 围护桩工程检查要点
- 桩位、垂直度；
- 桩的深度；
- 混凝土浇灌程序；
- 桩头节点处理。

⑤ 钢筋工程检查要点
- 钢筋的品种和质量；

- 钢筋的加工及接头的确认；
- 绑扎，包括直径、根数、间距、弯钩、接头位置、接头长度；
- 保护层。

⑥ 模板工程检查要点

- 模板及其支架的强度、刚度和稳定性；
- 模板的组装及接缝；
- 模板的清理以及隔离剂的涂刷。

⑦ 混凝土工程检查要点

- 所用水泥、水、骨料、外掺剂的质量；
- 混凝土配合比，原材料计量，搅料；
- 浇筑混凝土的准备工作，包括浇筑顺序、区段、浇筑量、作业时间、作业人员的配备；
- 混凝土质量检查——坍落度试验；
- 混凝土浇筑——布料、振捣和施工缝处理；
- 混凝土浇筑后的管理。

⑧ 砌砖工程检查要点

- 砌筑用砖和砂浆质量；
- 砌筑形式、构造柱和拉结筋；
- 灰缝，包括砂浆的饱和度。

⑨ 地面工程检查要点

- 各种面层的材质、强度和密实度；
- 基层清理及其与面层的结合；
- 操作程序及养护；
- 面层的标高和坡度。

⑩ 抹灰工程检查要点

- 基层整理、清理及樗子嵌填；
- 塌饼、柱头以及护角线的控制；
- 各类装饰材料的质量；
- 操作程序及层间结合；
- 细部处理。

⑪ 防水工程检查要点

- 卷材和胶结材料的质量；
- 基层坡度、平整度以及干燥程度；
- 卷材的铺贴程序；
- 泛水、檐口、变形缝的处理。

⑫ 土方开挖工程检查要点

- 开挖深度、开挖顺序；
- 基底检验。

三、安全控制

必须坚持"安全第一，预防为主"的方针。施工安全管理是工程项目管理中最重要的任务,因为安全管理密切关系到产品生产者和使用者的健康和安全,以及人的生存环境是否会遭到破坏,进而影响成本控制、进度控制、质量控制。如果不重视施工安全管理,一旦发生安全事故,不但会导致人身伤害或死亡以及环境破坏,而且还会给整个工程项目造成巨大的损失,对于一般的园林绿化工程或景观工程,则会因一次安全事故造成项目亏损,而且还会给施工企业和社会带来许多负面影响。所以,工程项目都应把安全问题放在首位。

由项目管理公司安全负责人、施工负责人组织对施工安全进行有效的管理和控制,包括建立施工安全组织机构,制定安全目标,识别施工现场的危险源,进行风险评价和分析,对重大危险源采取相应的管理方案及应急响应措施,在施工前对危险性较大的分部分项工程编制专项方案(组织专家对超过一定范围的危险性较大的分部分项工程的专项方案进行论证),确保施工现场安全得到有效管理和控制。

(一)园林绿化安全控制

1. 园林司机安全作业

(1)注意事项

① 正确控制车速。

② 会车时,必须保持足够的安全侧向间距,做到"礼让三先"——先慢、先让、先停,绝对不可抢行争路、互不相让,以致形成僵持局面。

③ 严禁酒后与带病驾驶。

④ 开车前检查车辆是否正常,严禁有问题车辆工作。

(2)安全驾驶

① 进入施工区域要尽量降低车速,并尽可能地少超车。

② 在与电车、汽车会车时,除注意对方来车外,还要做好随时停车的准备,以防来车后面视线盲区内有行人或自行车突然横穿道路;还要注意从公共汽车、电车的前面或后面视线盲区内突然跑出的行人。

③ 在交通高峰期和交通拥挤时,要耐心,不要急躁。

④ 遇行人时减速驾驶。

⑤ 如工作需要载人,必须在确保人员安全的情况下才能启动发动机。

(3)安全停车

① 机动车停放时须关闭电路,拉紧手制动器,锁好车门。

② 车辆没有停稳以前不准开车门和上下人,开车门时不准妨碍其他车辆和行人通行。

③ 停放车辆时要停放到指定位置,并保持车辆间能够驶出的间隔距离。

④ 必须在坡道上停车时要选择安全位置,停好后要在拉紧手制动器的同时挂上一挡或倒挡,并用三角垫木或石块塞住车轮以防滑溜。

⑤ 汽车因故障停在道路中央时,应设法迅速推移至道路右侧不阻碍交通的地方。因爆胎、断轴不能迅速推移的,应开危险信号灯,在车前、车后设置明显标志,夜间应打开示宽灯、尾灯。

⑥ 冬季中途停车,应注意对发动机采取保温防冻措施;夏季停车,应注意勿使油箱曝晒。

(4)行车注意

① 跟车不可太近,应跟在前车的右后角并保持适当的距离,以避免刹车不及撞到前车,同时也可避免前车撒落物品或扬起尘土、泥水造成影响。

② 行进中遇到无法绕开的凸起条状障碍物如铁轨、石条、板块时,应尽可能垂直通过。

③ 遇到路面积水,应尽量绕过或谨慎通过,防止被坑或硬物绊到。

④ 转弯前应减速,注意礼让前后方向的直行车辆,转弯时保持同速,人体与车辆同样角度倾斜,切勿在转弯时将脚拖踏路面或随意使用制动,这样容易失去平衡。

⑤ 有的路段或部位如有分道线、横道线、指示箭头等,在雨后比正常路面要滑,光滑的水泥、沥青路面,雨后有的还会出现反光现象,行车时要格外小心。

2. 园林机械安全作业

(1) 剪草机的安全使用操作

① 操作者应按产品使用说明书规定正常使用。

② 准备

- 操作者必须认真阅读和熟识剪草机使用说明,掌握其使用方法后方准使用;
- 操作者应穿长裤,不得赤脚或穿凉鞋;
- 剪草机附近有非操作人员时不得作业;
- 作业前应清除草地上的石块、棍棒、铁丝等杂物,草地不能太潮湿;
- 随机备用的燃料应装在专用容器内,并放于阴凉处;
- 启动前按规定添加燃油,为避免火灾,不得将燃油加得过满,若油洒在机器表面,应擦净,若洒在地上,应挪到一定距离后方可启动机器;
- 启动前,应检查切割机构、防护装置和传动装置是否正常,不得使用没有安装防护装置的剪草机,一旦发现刀片有裂纹、刀口缺口或刀钝,应及时更换、磨利;
- 带有离合器或紧急制动的切割装置,启动前应使机构处于分离状态;
- 应在作业前锁紧草坪剪草机折叠把手,防止作业时意外松脱而失控;
- 作业前要检查停机装置是否可靠。

③ 操作

- 操作时,手和脚不准靠近旋转部件;
- 操作者远离剪草机时,发动机应熄火停机;
- 转移作业场地时,应使切割机构停止转动;
- 发动机和切割机构停止运转前不准检查和搬动剪草机,检查和搬动时要特别当心碰伤手脚;
- 发动机不得超速运转;
- 发动机过热时,应经怠速运转后才可停机;
- 剪草机倒退或向后拉动时,应注意不要碰伤手脚;
- 作业中,要经常注意剪草机有无异常现象,若有异常声音及零件松动等情况,应立即停机进行检修;
- 停机检查和调整时,当心被排气管(消声器)烫伤;
- 发动机正在运转、发动机过热或机旁有人抽烟时,禁止加油;
- 在坡地或凹凸不平的草坪上作业时应适当降低行驶速度,要缓慢停车或起步,以防发生意外;
- 刀片碰到石头或其他障碍物后应立即停机,检查是否有零件损坏;
- 拆去集草袋、调节剪草高度或清除排草通道的堵塞物等应在停机后进行;

● 乘坐式剪草机不准乘带非操作人员；

● 小块草地只允许 1 台剪草机作业,多台剪草机同时在一块较大的草坪上同时作业时,剪草机之间应保持一定距离,以免发生危险；

● 每天工作结束后,应关闭油箱开关。

（2）绿篱机的安全使用操作

① 启动发动机

● 在即将启动引擎时,清除刀片附近的所有物品；

● 确认节流柄在空转的位置,释放节流柄,并且确认其完全返回；

● 将引擎开关置于"RUN"位置；

● 按时启动注油泵,直至溢出燃料流回透明软管；

● 将风门杠置于关闭位置；

● 将机械放在平坦的硬地上,清除刀片处附近的所有物品；

● 牢牢固定机械,快速拉启动器发动绳；

● 向下移动节气阀手柄打开节气阀,并重新启动引擎；

● 在开始操作前,请让引擎预热数分钟。

② 安全事项

● 该机械用于修剪绿篱、灌木,为避免发生事故,勿用于本产品用途以外的修剪；

● 该机械装置有高速反复运转的刀片,因此,在疲劳、不舒服或酒后勿用,以免操作失误,造成人身伤害；

● 引擎排出的气体是对人体有害的 CO,请勿在通风不好的地方使用；

● 使用该机械时,须身着劳保服装、面部戴防护罩。

（3）割灌机的安全使用操作

① 一般安全措施

● 按照说明书规定正常使用,禁止在室内使用；

● 与易燃物品的安全距离不得小于 1 m；

● 加油时禁止吸烟,必须停止发动机运转,禁止汽油溢出；

● 工作时要戴保护镜,配备防护设施,无保护罩请勿使用；

● 使用时距人和动物 15 m 以上；

● 转动和停止之前手脚远离机器；

● 在路边作业需放置安全警示牌,有行人或车辆时应暂停作业,并应避让；

● 更换刀片需戴防护手套,避免割伤手；

● 在私家花园或在其他养护级别较低的草坪剪草应尽量使用打边绳以降低危险系数；

● 在坡度较陡的草坡剪草作业时需穿防护鞋避免滑倒；

● 使用前需先检查机器是否正常,确保正常后方可使用；

● 机器必须定期保养以降低故障率,延长机器使用寿命；

● 按照说明书规定正常使用。

② 操作前的检查

燃油面:从油箱外部检查燃油面,如果燃油面低,加燃油至上限。二冲程汽油机燃油采用无铅汽油与二冲程汽机油按(25～40):1 的混合比配制(混合油的配制以产品说明书为准),绝不能使用纯汽油和含有杂质的汽油;四冲程汽油机燃油采用纯汽油,机油加入汽油机底壳,并用油标尺检查。

空气滤清器:检查空气滤清器滤芯,有污物应进行清洗。

油门钢索:检查油门钢索在端部的自由间隙,检查油门把手操作是否平稳。

刀片:检查刀片安装螺母是否松动,如松动需拧紧螺母;检查刀片是否有裂纹、缺口、弯曲和磨损,如有需进行更换。

刀盘护罩:检查护罩是否松动,如松动需拧紧护罩安全螺栓;检查护罩是否损坏,如损坏需进行更换。

3. 修剪园林树木安全作业

(1) 作业前准备

① 无论是私家花园还是公共场所,必须保证人与物品安全的前提下再进行操作。

② 工作前先把安全警示牌放好,准备好梯子、手锯、砍刀、高枝剪、绳子、安全带。

③ 工作人员必须穿防滑鞋、工作服。不准患有高血压、心脏病、喝酒、生病或服用兴奋剂的人员上树作业。

④ 上树作业前应仔细检查梯子和安全带是否牢固,锯子是否摆放安全。

(2) 作业注意事项

① 遇五级以上大风时,不可上树操作。

② 手锯、砍刀、高枝剪、大指剪等锋利工具一定要放在行人不能随便碰触到的地方,而且要随作业地点变更而转移。

③ 上树途中要试踩踏树枝是否为腐朽枝、病虫枝,思想要集中,严禁说笑打闹,防刀锯滑落。

④ 树下或旁边有车辆的,需要更改作业时间或联系相关人员把车开走再进行作业。

⑤ 剪除大树枝时,需要有经验的技术人员现场指挥安全操作。修剪行道树时,需要选派专人维护现场秩序,树上和树下要互相配合联系,保证过往行人和车辆安全。多人在同一树上时,必须有专人指挥,注意协调配合,避免误伤同伴。

⑥ 一棵树修剪完后,不准攀跳到另一棵树上,应下树重上。

⑦ 剪下的枝条要马上清理,不能阻碍道路和影响继续修剪。

⑧ 在高压线和其他架空线附近进行修剪作业时,必须遵守有关安全规定,严防触电或损坏线路,必要时请供电部门配合。

4. 植物保护安全作业

(1) 作业前准备

① 作业人员须具备一定植保知识。年老、体弱、儿童及孕期、哺乳期妇女不能施药。

② 使用药物前应先咨询领导(领班、技术员、经理),确定使用药物的种类和浓度。私家花园或靠近住户的区域喷药应提前通知住户。

③ 喷药人员应穿长袖衣服、长裤,佩戴口罩、眼镜和胶手套。喷药前应仔细检查药械的开关、接头、喷头等处螺丝是否拧紧,能否正常喷雾,药桶有无渗漏,以免漏药污染。

(2) 作业操作

① 喷药尽量选择无雨无风天气,选择上风位或顺风位。大风和中午高温时停止施药。喷药时不得吸烟、饮食。

② 未经业主同意，不得进行私家花园施药。

③ 作业范围影响到家禽、家畜、鱼类等动物时，做好安全措施后方可施药。

④ 药桶内药液不能装得过满，以免晃出桶外。

⑤ 喷药要均匀，同时兼顾重点，须避让行人、车辆，药液不可飞溅到行人和车辆。配药及喷药时防止药液沾到身上。若不小心溅到眼睛，立即用水冲洗；沾到身上，用肥皂水洗刷；误服，按说明书上服对应解毒物并送医院治疗。注意：很多时候误服药物可以催吐，但凡是昏迷的都不能催吐，以免呕吐物引致窒息。

⑥ 施药人员连续工作 40 分钟休息 5～10 分钟，每天喷药时间一般不得超过 6 小时。使用背负式机动药械，要两人轮换操作。

（3）施药结束清理

① 施药作业结束后及时将喷雾器清洗干净，清洗药械的污水应选择安全地点妥善处理，连同剩余药剂一起交回仓库保管。

② 喷药后要用肥皂洗手和其他裸露部位，尽快洗澡、换洗衣服，未经清洗不得进食。

（二）园林土建安全控制

1. 高处作业基本安全要求

（1）高处作业是指在坠落高度基准面 2 m 以上(含 2 m)有可能坠落的高处进行的作业。

（2）施工作业场所所有有坠落可能的物件，应一律先行拆除或加以固定。高处作业中所用的物料均应堆放平稳，不妨碍通行和装卸。工具应随手放入工具袋，作业中的走道、通道板和登高用具应随时清扫干净，拆卸下的物件及余料和废料均应及时清理运走，不得任意放置或向下丢弃，传递物件禁止抛掷。

2. 临边作业基本安全要求

（1）临边作业是指施工现场中，工作面边沿无围护设施或围护设施高度低于 80 cm 的高处作业。

（2）临边高处作业必须设置防护措施

① 基坑周边，尚未安装栏杆或栏板的阳台、料台与挑平台周边，雨篷与挑檐边无外脚手架的屋面与楼层周边，以及水箱与水塔周边等处，都必须设置防护栏杆。

② 头层墙高度超过 3.2 m 的二层楼面周边，以及无外脚手的高度超过 3.2 m 的楼层周边，必须在外围架设安全平网 1 道。

③ 当临边的外侧面临街道时，除防护栏杆外，立面必须采取满挂安全网或其他可靠措施做全封闭处理。

3. 攀登作业基本安全要求

（1）攀登作业是指借助登高用具或登高设施，在攀登条件下进行的高处作业。

（2）攀登的用具，结构构造上必须牢固可靠。

（3）移动式梯子，均应按现行的国家标准验收其质量。

（4）折梯使用时上部夹角以 35°～45°为宜，铰链必须牢固，并应有可靠的拉撑措施。

（5）固定式直爬梯应用金属材料制成。使用直爬梯进行攀登作业时，攀登高度以 5 m 为宜。超过 2 m 时，宜加设护笼；超过 5 m 时，必须设置梯间平台。

（6）登高安装构件时，应设临时护栏并挂设安全网。

4. 悬空作业基本安全要求

(1) 悬空作业是指在周边临空状态下进行的高处作业。

(2) 悬空作业所用的索具、脚手板、吊篮、吊笼、平台等设备,均需经过技术鉴定或验证后方可使用。

5. 土方工程基本安全要求

(1) 挖土前根据安全技术交底了解地下管线、人防及其他构筑物情况和具体位置。地下构筑物外露时,必须进行加固保护。作业过程中应避开管线和构筑物。在现场电力、通信电缆 2 m 范围内和现场燃气、热力、给排水等管道 1 m 范围内挖土时,必须在主管单位人员监护下采取人工开挖。

(2) 挖槽、坑、沟深度超过 1.5 m,按安全技术交底放坡或加可靠支撑。

(3) 挖土过程中遇有古墓、地下管道、电缆或其他不能辨认的异物和液体、气体时,应立即停止作业,并报告施工负责人,待查明处理后再继续挖土。

(4) 人工开挖土方,两人横向间距不得小于 2 m,纵向间距不得小于 3 m。

6. 脚手架工程基本安全要求

(1) 脚手架与高压线路的水平距离和垂直距离必须符合规范规定。

(2) 大雾及雨、雪天气和 6 级以上大风时,不得进行脚手架上的高处作业。雨、雪天后作业,必须采取安全防滑措施。

(3) 作业人员应佩戴工具袋,工具用后装于袋中,不要放在架子上,以免掉落伤人。

7. 砌筑工程基本安全要求

(1) 在深度超过 1.5 m 砌筑基础时,应检查槽帮有无裂缝、水浸或坍塌的危险隐患。送料、送砂浆要设有溜槽,严禁向下猛倒和抛掷物料工具等。

(2) 在架子上用刨锛斩砖,操作人员必须面向里,把砖头斩在架子上。挂线用的坠物必须绑扎牢固。作业环境中的碎料、落地灰、杂物、工具集中下运,做到日产日清、自产自清、活完料净场地清。

(3) 在地坑、地沟砌砖时严防塌方并注意地下管线、电缆等。在屋面坡度大于 25°时,挂瓦必须使用移动板梯,板梯必须有牢固挂钩。檐口应搭设防护栏杆,并立挂密目安全网。

8. 防水工程基本安全要求

患有皮肤病、眼病、刺激过敏者不得参加防水作业,施工过程中发生恶心、头晕、过敏等现象时应停止作业。

(1) 外饰面工序上、下层同时操作时,脚手架与墙身的空隙部位应设遮隔措施。

(2) 在外装饰必须设置可靠的安全防护隔离层。贴面使用的预制件、大理石、瓷砖等应堆放整齐、平稳,边用边运。安装时要稳拿稳放,待灌浆凝固稳定后方可拆除临时支撑。废料、边角料严禁随意抛掷。

(3) 在高大门、窗旁作业时必须将门窗扇关好,并插上插销。

9. 油漆工程基本安全要求

易挥发的汽油、稀料应装入密闭容器中,严禁在库内吸烟和使用任何明火。

(三) 园路、景石与水景工程施工安全技术

1. 园路工程施工安全要求

(1) 园路工程施工一般要求

在建造园路时应切实保护原有树木和植被。凡古树名木或干径在 15 cm 以上的树木应

原地保留,道路避让。一般树木或砍或迁,应按规定报批,批准后方可施工。

（2）园路工程施工安全要求

① 弯曲道路应有适当措施,避免游人截弯取直,破坏草皮、地被植物或灌木。

② 凡采用自然块石作侧石时,侧石边线及侧石面标高须基本平整,不得有锐利尖角凸出。块面短边大于 20 cm 时,侧石面标高允许有高差,但块石顶面需平整。

2. 水景工程施工安全要求

（1）水景工程施工安全要求

① 一般近岸处水宜浅（深度 0.4~0.6 m）,面底坡缓（1/3~1/5）,以求节约和安全。

② 水体设计中对水质有较高要求时必须构筑防水层与外界隔断。

（2）喷泉施工安全要求

① 较大水池的变形缝间距一般不宜大于 20 cm,水池设变形缝应从池底、池壁一直沿整体断开。

② 变形缝止水带要选用成品,采用埋入式塑料或橡胶止水带。施工中浇筑防水混凝土时,要控制水灰比在 0.6 以内。每层浇筑均应从止水带开始,并应确保止水带位置准确,嵌接严密牢固。

③ 施工中必须加强对变形缝、施工缝、预埋件、坑槽等薄弱部位的施工管理,保证防水层的整体性和连续性,特别是在卷材的连接和止水带的配置等处更要严格加强技术管理。

3. 假山工程施工安全要求

（1）假山工程施工的一般要求

① 假山叠石工程应在主体工程、地下管线等完工后才能施工。

② 景石装运应轻装、轻吊、轻卸,如峰石、斧劈石、石笋等,在运输时应用草包、草绳或塑料材料绑扎,防止损伤。

（2）假山工程安全施工

① 操作前应对施工人员进行安全交底,增强自我保护意识,严格执行安全操作规程。

② 施工人员应按规定着装,佩戴劳动保护用品,穿胶底防滑铁包头保护皮鞋。

③ 山石吊装应由有经验的人员操作,并在起吊前进行试吊,五级风以上及雨中禁止吊装。

④ 垫刹时,应由起重机械带钩操作,脱钩前必须对山石的稳定性进行检查,松动的垫刹石块必须背紧背牢。

⑤ 假山堆叠及峰石的堆置必须根据施工现场条件配备起吊设备,搭建脚手架。高度 6 m 以上的假山应分层施工,避免由于荷载过大而造成事故。

⑥ 如遇大风、大雨、下雪天气,一般应停止露天叠石作业。如遇特殊情况需继续施工,应有相应的技术安全措施。

4. 土方工程施工安全

（1）土方工程施工的基本要求

① 土方开挖

根据土方开挖的深度和工程量的大小,选择机械和人工挖土或机械挖土的方案。

② 排水

为防止基坑浸泡,除做好排水沟外,要在坑四周做挡水堤。

（2）土方开挖的安全措施

① 每项工程施工时,都要编制土方工程施工方案,其内容包括施工准备、开挖方法、放

坡、排水、边坡支护等,边坡支护应根据有关规范要求进行设计,并有设计计算书。

② 人工挖基坑时,操作人员之间要保持安全距离,一般大于 2.5 m;多台机械开挖,挖土机间距应大于 10 m。挖土要自上而下逐层进行,严禁先挖坡脚等危险作业。

③ 土方工程施工操作安全交底

施工前,应将施工区域内存在的各种障碍物拆除、清理或迁移。

山区施工,应事先了解当地地形地貌、地质结构、地层岩性、水文地质等,如土石方施工时可能产生滑坡,应采取可靠的安全技术措施。在陡峻山坡脚下施工,应事先检查山坡坡面情况,如有危岩、孤石、崩塌石、滑坡体等不稳定迹象时,应妥善处理后才能施工。

土方开挖前,应会同有关单位对附近已有建筑物或构筑物、道路、管线等进行检查和鉴定,相邻坑基深浅不等时,一般应按先深后浅的顺序施工,否则应分析后施工的深坑对先施工的浅坑可能产生的危害,并采取必要的保护措施。

夜间施工时,应合理安排施工项目,防止挖方超挖或铺填超厚。施工现场应根据需要安设照明设施,在危险地段应设置红灯警示。

在土方工程、坑基工程施工过程中,如发现有文物、古迹遗址或化石等应立即保护现场并报请有关部门处理。

机械挖土,多台阶同时开挖土方时,应验算边坡的稳定性,根据规定和验算确定挖土机离边坡的安全距离。

四、成本控制

(一)项目成本控制

1. 项目成本控制的目标与原则

(1)成本控制的目标

园林绿化施工项目成本控制的目标是降低工程成本,实现计划成本。

(2)成本控制的原则

① 开源与节流相结合的原则。

② 全面控制原则。

● 项目成本的全员控制;

● 项目成本的全过程控制。

园林绿化施工项目成本全过程控制,是指在工程项目确定以后,自施工准备开始,经过工程施工,到竣工交付使用后的保修期结束。

(3)动态控制的原则

① 事前控制与事中控制相结合。由于施工项目具有一次性特征,因此项目成本的事前控制与事中控制就十分必要。

② 施工前进行成本预测,确定目标成本,编制成本计划,制定或修订各种消耗定额和费用开支标准。

③ 施工阶段重在执行成本计划,落实降低成本的措施,实行成本目标管理。

④ 建立灵敏的成本信息反馈系统,使成本责任部门(人)能及时获得成本信息,及时纠正不利成本控制的偏差。

⑤ 制止不合理开支，把可能导致损失和浪费的苗头消灭在萌芽状态。

⑥ 竣工阶段及时进行项目成本核算与考核。

2. 项目成本控制的对象和内容

（1）以施工项目成本形成的过程作为控制对象。对项目成本实行全面、全过程控制的具体内容包括：

① 工程投标阶段，应根据工程概况和招标文件进行项目成本的预测，提出投标决策意见。

② 施工准备阶段，应结合设计图纸的自审、会审和其他资料，编制实施性施工组织设计，通过多方案的技术经济比较，从中选择经济合理、先进可行的施工方案，编制明细而具体的成本计划，对项目成本进行事前控制。

③ 施工阶段，以施工图预算、施工预算、劳动定额、材料消耗定额和费用开支标准等，对实际发生的成本费用进行控制。

④ 竣工交付使用及保修期阶段，应对竣工验收过程中发生的费用和保修费用进行控制。

（2）以施工项目的职能部门、施工队和生产班组作为成本控制对象。

（3）以分部分项工程作为项目成本控制对象。

3. 项目成本控制方法

施工项目成本控制的方法很多，这里重点介绍两种成本控制方法，即偏差控制法和成本分析表法。

（1）偏差控制法

施工项目成本控制中的偏差控制法是在制定出计划成本的基础上，通过采用成本分析方法找出计划成本与实际成本之间的偏差和分析产生偏差的原因与变化发展趋势，进而采取措施以减少或消除不利偏差而实现目标成本的一种科学管理方法。

实际偏差＝实际成本－预算成本

计划偏差＝预算成本－计划成本

目标偏差＝实际成本－计划成本

运用偏差控制法的程序如下：

① 找出偏差

运用偏差控制法，在项目施工过程中定期地（每日或每周）、不断地寻找和计算三种偏差，并以目标偏差为主要对象进行控制。

② 分析偏差产生的原因

分析成本偏差产生的原因的方法常用的有因素分析法。

因素分析法是将成本偏差的原因归纳为几个相互关联的因素，然后用一定的计算方法从数值上测定各种因素对成本产生偏差程度的影响，据此得出偏差产生于何种成本费用。可归纳如下：

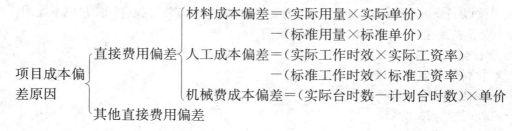

③ 纠正偏差

在明确成本控制目标,发现成本偏差,并经过成本分析找出产生偏差的原因后,必须针对偏差产生的原因及时采取措施减少成本偏差,把成本控制在理想的开支范围之内,以保证目标成本的实现。

(2) 成本分析表法

成本分析表法的分析表包括月度成本分析表和最终成本控制报告表。月度成本分析表又分为月度直接成本分析表和间接成本分析表。通过分析实际完成的工程量与成本之间的偏差,分析偏差产生的原因,采取措施纠正偏差,从而实现控制成本的目的。

4. 成本控制的途径

(1) 以施工图预算控制成本支出。在施工项目的成本控制中,按施工图预算实行"以收定支"("量入为出")是最有效的方法之一。具体处理方法如下:

① 人工费的控制。

② 材料费的控制。

③ 施工机械使用费的控制。

(2) 应用成本与进度同步骤的方法控制

① 根据预算材料耗用量确定计划材料耗用量,分析材料消耗水平和节超原因,制定节约材料措施,分别落实到班组。

② 根据尚可使用数,联系项目施工进度,从总量上控制今后的材料消耗。

③ 应用成本与进度同步跟踪的方法控制分部、分项工程成本。即施工到什么阶段,就应该发生相应的成本费用。如果成本与进度不对应,就要作为"不正常"现象进行分析,找出原因并加以纠正。

(3) 加强质量管理,控制质量成本。控制质量成本,首先要从质量成本核算开始,而后是质量成本分析和质量成本控制。

① 质量成本核算

即将施工过程中发生的质量成本费用,按照预防成本、鉴定成本、内部故障成本和外部故障成本的明细科目归集,然后计算各个时期各项质量成本的发生情况。

② 质量成本分析

即根据质量成本核算的资料进行归纳,比较和分析共包括四个分析内容。

• 质量成本总额的构成内容分析;

• 质量成本总额的构成比例分析;

• 质量成本各要素之间的比例关系分析;

• 质量成本占预算成本的分析。

③ 质量成本控制

根据以上分析资料,对影响质量较大的关键因素采取有效措施进行质量成本控制。

(4) 坚持施工现场标准化,堵塞浪费漏洞

① 优化现场平面布置与管理

• 材料堆放合理,控制二次搬运费;

• 保持场内交通畅顺;

• 及时疏通排水系统。

② 现场安全生产管理

* 按操作规程施工；
* 遵守机电设备的操作规程；
* 重视消防工作和消防设施；
* 注意卫生，预防发生食物中毒等。

表 3-9 质量成本控制表

关键因素	措　施	检查人
降低返工、停工损失，将其控制在占预算成本的1%以内	(1) 事先对每道工序进行技术质量交底； (2) 加强班组技术培训； (3) 设置班组质量干事，把好第一道关； (4) 设置施工队技监点，负责对每道工序进行质量复检和验收； (5) 建立严格的质量奖罚制度，调动班组积极性	
减少质量过剩支出	(1) 施工员要严格掌握定额标准，力求在保证质量的前提下，使人工和材料消耗不超过定额水平； (2) 施工员和材料员要根据设计要求和质量标准，合理使用人工和材料	
健全材料验收制度，控制劣质材料额外支出	(1) 材料员在对现场绿化材料进行验收时发现有病虫害或规格不符合要求时要拒收、退货，并向供应单位索赔； (2) 根据材料质量不同，合理加以利用以减少损失	
增加预防成本，强化质量意识	(1) 建立从班组到施工队的质量QC攻关小组； (2) 定期进行质量培训； (3) 合理地增加质量奖励，调动职工积极性	

（5）定期开展"三同步"检查，防止项目盈亏异常。项目经济核算的"三同步"就是统计核算、业务核算、会计核算"三同步"，做到完成多少产值，消耗多少资源，发生多少成本，三者同步。

（6）运用技术分析方法优选施工方案，控制成本。

（二）项目成本核算

1. 项目成本核算概述

（1）项目核算对象划分

成本核算对象，是指在计算工程成本中，确定归集分配的生产费用的具体对象，即生产费用承担的客体。具体的成本核算对象主要应根据企业生产的特点加以确定，同时还应考虑成本管理上的要求。

施工项目不等于成本核算对象。有时一个施工项目包括几个单位工程，需要分别核算。按照分批（订单）法原则，施工项目成本一般应以每一独立编制施工图预算的单位工程为成本核算对象，但也可以按照承包工程项目的规模、工期、结构类型、施工组织和施工现场等情况，结合成本管理要求，灵活划分成本核算对象。一般来说有以下几种划分方法：

① 一个单位工程由几个施工单位共同施工时，各施工单位都应以同一单位工程为成本核算对象，各自核算自行完成的部分。

② 规模大、工期长的单位工程，可以将工程划分为若干部位，以分部位的工程作为成本核算对象。

③ 同一建设项目,由同一施工单位施工,并在同一施工地点,属同一结构类型,开竣工时间相近的若干单位工程,可以合并作为一个成本核算对象。

④ 改建、扩建的零星工程,可以将开竣工时间相接近,属于同一建设项目的各个单位工程合并作为一个成本核算对象。

⑤ 土石方工程、绿化工程可以根据实际情况和管理需要,以一个单项工程为成本核算对象,或将同一施工地点的若干个工程量较少的单项工程合并作为一个成本核算对象。

成本核算对象确定后,各种经济、技术资料归集必须与此统一,一般不要中途变更,以免造成项目成本核算不实、结算漏账和经济责任不清。

(2) 项目成本核算的任务

鉴于施工项目成本核算在施工项目成本管理中所处的重要地位,施工项目成本核算应完成以下基本任务:

① 执行国家有关成本开支范围、费用开支标准、工程预算和企业施工预算、成本计划的有关规定,控制费用,促使项目合理,节约使用人力、物力和财力,这是施工项目成本核算的先决前提和首要任务。

② 正确及时地核算施工过程中发生的各项费用,计算施工项目的实际成本,这是项目成本核算的主体和中心任务。

③ 反映和监督施工项目成本计划的完成情况,为项目成本预测,参与项目施工生产、技术和经营决策提供可靠的成本报告和有关资料,促进项目改善经营管理,降低成本,提高经济效益,这是施工项目成本核算的根本目的。

(3) 项目成本核算的原则

① 确认原则。是指对各项经济业务中发生的成本都必须按一定的标准和范围加以认定和记录。

② 分期核算原则。

③ 相关性原则。

④ 一贯性原则。指企业(项目)成本核算所采用的方法应当前后一致。

⑤ 实际成本核算原则。指企业(项目)核算要采用实际成本计价。

⑥ 及时性原则。指企业(项目)成本的核算、结转和成本信息的提供应当在要求期限内完成。

⑦ 配比原则。是指营业收入与其相对应的成本、费用应当相互配合。

⑧ 权责发生制原则。

⑨ 谨慎原则。是指在市场经济的条件下,成本、会计核算时应当对企业(项目)可以发生的损失和费用作出合理预计,以增强抵御风险的能力。

⑩ 划分收益性支出与资本性支出原则。是指成本、会计核算应当严格区分收益性支出与资本性支出界限,以正确计算当期损益。

⑪ 重要性原则。是指对于成本有重大影响的业务内容应作为核算的重点力求精确,而对于那些不太重要的琐碎的经济业务内容可以相对从简处理,不要事无巨细,均作详细核算。

⑫ 明晰性原则。

2. 项目成本核算方法

(1) 施工项目核算的具体方法

① 以施工项目为核算对象,核算施工项目的全部预算成本、计划成本和实际成本,包括主体工程、辅助工程、配套工程以及管线工程等。

② 划清各项费用开支界限,严格遵守成本开支范围。

③ 建立目标成本考核体系。

④ 加强基础工作,保证成本计算资料的质量。

⑤ 坚持遵循成本核算的主要程序,正确计算成本盈亏。

(2) 施工项目核算的程序

① 按照费用用途和发生地点,把本期发生和支付的各项生产费用汇集到有关生产费用科目中。

② 月末将归集在"辅助生产"账户的辅助生产费用,按照各受益对象的受益数量,分配并转入"工程施工""管理费用"等账户中。

③ 月末,各个施工项目凡使用自有施工机械的,应由本月成本负担的施工机械使用费用转入成本。

④ 月末,将由本月成本负担的待摊费用和预提费用转入工程成本。

⑤ 月末,将归集在"管理费用"中的施工管理费用,按一定的方法分配并转入施工项目成本。

⑥ 工程竣工(月、季末)后,结算竣工工程(月、季末已完工程)的实际成本转入"工程结算"科目借方,以资与"工程结算"科目的贷方差额结算工程成本降低额或亏损额。

(三) 项目成本分析和考核

1. 项目成本分析概述

施工项目的成本分析,是指对项目成本的形成过程和影响成本升降的因素进行分析,以寻求进一步降低成本的途径。

(1) 园林绿化施工项目成本分析的原则

① 要实事求是。

② 要用数据说话。成本分析要充分利用统计核算和有关辅助记录(台账)的数据进行定量分析,应避免抽象的定性分析。

③ 要注重时效。也就是成本分析及时,发现问题及时,解决问题及时。

④ 要为生产经营服务。

(2) 园林绿化施工项目成本分析的内容

① 随着项目施工的进展而进行的成本分析

- 分部分项工程成本分析;
- 月(季)度成本分析;
- 年度成本分析;
- 竣工成本分析。

② 按成本项目进行的成本分析

- 人工费分析;
- 材料费分析;

- 机械使用费分析；
- 其他直接费分析；
- 间接成本分析。
③ 针对特定问题以及与成本有关事项的分析
- 成本盈亏异常分析；
- 工期成本分析；
- 资金成本分析；
- 技术组织措施节约效果分析；
- 其他有利因素和不利因素对成本影响的分析。

2. 项目成本分析的方法

（1）比较法

比较法，又称指标对比分析法。就是通过技术经济指标的对比，检查计划的完成情况，分析产生差异的原因，进而挖掘内部潜力的方法。比较分析时，可按以下顺序：

① 比较项目预算成本、实际成本、降低额、降低率与计划对应项目的增减变动额。

② 比较成本各构成项目的收、支与计划数额的增减变动额。

③ 比较分项和总成本降低率与同类工程或企业先进水平的差额。

④ 比较项目包含的不同单位工程或不同参与单位的降低成本占总降低额的比例。

比较时应注意以下几点：

① 要坚持可比性，当客观因素影响到可比性时，应剔除、换算或加以说明。

② 要对分项成本有关实物量，如材料用量、工日、机械台班等，结合计划或定额用量加以比较。

③ 要注意所依据资料的真实性，防止出现成本虚假升降。在工程进行中分析时，尤其要注意已完工程与未完施工成本的确定。

（2）因素分析法

因素分析法，又称连环替代法。这种方法，可用来分析各种因素对成本形成的影响程度。在进行分析时，首先要假定众多因素中的一个因素发生了变化，而其他因素则不变，然后逐个替换，并分别比较其计算结果，以确定各个因素的变化对成本的影响程度。

因素分析法的计算步骤如下：

① 确定分析对象（即所分析的技术经济指标），并计算出实际与计划（预算）数的差异。

② 确定该指标是由哪几个因素组成的，并按其相互关系进行排序。

③ 以计划（预算）数为基础，将各因素的计划（预算）数相乘，作为分析替代的基数。

④ 将各个因素的实际数按照上面的排列顺序进行替换计算，并将替换后的实际数保留下来。

⑤ 将每次替换计算所得的结果，与前一次的计算结果相比较，两者的差异即为该因素对成本的影响程度。

⑥ 各个因素的影响程度之和，应与分析对象的总差异相等。

3. 项目成本考核方法

（1）园林绿化工程项目成本考核的概念

施工项目成本考核，应该包括两方面的考核，即项目成本目标（降低成本目标）完成情况的考核和成本管理工作业绩的考核。这两方面的考核,都属于企业对施工项目经理部成本监督的范畴。施工项目成本考核的目的,在于贯彻落实责权相结合的原则,促进成本管理工作的健康发展,更好地完成施工项目的成本目标。

(2) 园林绿化施工项目成本考核的内容

施工项目的成本考核,可以分为两个层次:一是企业对项目经理的考核;二是项目经理对所属各部门、各施工队和班组的考核。施工项目成本考核的内容如下:

① 企业对项目经理的考核

- 项目成本目标和阶段成本目标的完成情况;
- 建立以项目经理为核心的成本管理责任制的落实情况;
- 成本计划的编制和落实情况;
- 对各部门、各施工队和班组责任成本的检查和考核情况;
- 在成本管理中贯彻责任相结合原则的执行情况。

② 项目经理对所属各部门、各施工队和班组的考核

- 对各部门的考核内容

本部门、本岗位责任成本的完成情况;

本部门、本岗位成本管理责任的执行情况。

- 对各施工队的考核内容

劳务合同规定的承包范围和承包内容的执行情况;

劳务合同以外的补充收费情况;

班组施工任务单的管理情况,以及班组完成施工任务后的考核情况。

- 对生产班组的考核内容(平时由施工队考核)

(3) 园林绿化施工项目成本考核的方法

① 施工项目的成本考核采取评分制

具体方法:先按考核内容评分,然后按 7 与 3 的比例加权平均。即:责任成本完成情况的评分为 7,成本管理工作业绩的评分为 3。

② 施工项目的成本考核要与相关指标的完成情况相结合

具体方法:成本考核的评分是奖罚的依据,相关指标的完成情况为奖罚的条件。也就是:在根据评分计奖的同时,还要参考相关指标的完成情况加奖或扣罚。

③ 强调项目成本的中间考核

项目成本的中间考核,可按以下两方面考虑:

- 月度成本考核。
- 阶段成本考核。一般可分为土方地形工程、土建工程、绿化栽植工程、总体工程等,可按此分阶段进行考核。

④ 正确考核施工项目的竣工成本

施工项目的竣工成本,是在工程竣工和工程款结算的基础上编制的,它是竣工成本考核的依据。

⑤ 施工项目成本的奖罚

如上所述,施工项目的成本考核,可分为月度考核、阶段考核和竣工考核三种。

（四）产值成本表编制

为保证公司项目施工产值统计、核算的准确性，结合现有制度，对项目施工产值成本表编制作如下要求。

（1）编制的一般要求

① 项目经理是项目施工产值成本表编制的第一责任人，并指导项目预算员完成具体编制工作，产值成本表必须每月按时编制。

② 项目施工产值成本表包括产值成本汇总表、产值汇总表、成本汇总表，具体产值表中包含月度项目施工产值、变更项目施工产值，成本表内包含项目施工成本、变更项目施工成本，表格样式按公司统一模板进行编制（详见表3-10）。

表 3-10 工程产值成本汇总表

产值进度表					
年度	原合同价（期初）	年度合同调整	年度调整后合同金额	年度完成产值	产值完成百分比
	a	$b=c-a$	c		
××××年1月					
××××年2月					
...					
××××年12月					
	产值合计				
			最新预算总产值	最新累计完成产值	

成本预计表					
年度	合同预计总成本（期初）	年度预计成本调整	年度调整后预计总成本	年度完成产值对应预计成本	预算综合毛利率
	e	$f=g-e$	g	h	$i=(c-g)/c$
××××年1月					
××××年2月					
...					
××××年12月					
	成本合计				
			最新预算总成本	最新已完成成本合计数	最新预算综合毛利率

预审部审核人：　　　　　　　分管副总：　　　　　　　总经理：

③ 初始预算产值的工程量及综合单价按投标商务标报价清单编制。

④ 月度项目施工产值是根据项目施工现场实际进度，由项目施工员配合项目预算员对

已完成工程量进行计算并书写计算公式,根据计算出的工程量乘以投标单价计算已完成工程造价。

⑤ 变更项目产值是根据项目第三方(如监理、代建、业主)批复的变更依据,由项目施工员配合项目预算员计算变更工程量并书写计算公式,接着按合同条款套用或申报变更单价(或称暂定单价),再据此计算出变更造价。

⑥ 编制预算成本时,月度施工成本是根据项目施工的实际各项施工成本情况及相关定额,计算出对应分部分项工程量清单的人工费、机械费、材料费(主要为主材)、分包费等直接成本费用。

⑦ 编制预算成本时,养护费、其他费用应单独立项计入月度施工成本表内(养护费一般按苗木采购成本 12% 计算,高寒地和盐碱地特殊考虑)。

⑧ 上报计算的产值,应当以分部分项作为最小标的,不得分层上报(大型道路工程除外)。

⑨ 项目毛利率严格按照产值成本表中的预算数据确定,作为公司核算、结转项目工程成本的计算依据;项目预算成本汇总表(B1 表)内的数据仅作为内部成本控制及绩效考核的依据。

⑩ 对每月上报产值及归集成本,由项目经理牵头,项目核算员、项目会计、项目材料员完成具体产值成本分析工作(具体包括劳务、机械、分包、材料等入账情况和施工费用超支及节约等)。

⑪ 部分项目已中标签订合同,但未有明确工程量清单报价及设计变更、签证内容,投标清单内无明确参考清单内容的,要尽快编制、送审施工图和工程量清单。在工程量清单审定之前,产值成本表要求暂按合同相关计价、计量条款内容进行编制,具体包括且不限于:

● 没有投标工程量清单报价的项目,按类似工程综合单价(已经确定的)编制。

● 没有类似工程的,按当地信息指导价作为主材价套算;没有信息指导价的,按市场价作为主材价套算;如果信息指导价和成本加成价差异正负 30% 以上,则采用成本加成价;按本项方式编制产值时,需提供《产值单价来源表》,对信息指导价、市场价/采购价、产值主材价进行对比。

表 3-11　产值单价来源表

项目名称	日期	类型	主材名称	规格	信息指导价	市场价/采购价	系数	市场加成价	差异率	产值主材价
					A	B	C	$D=B \cdot C$	$E=abc$ $[(A-D)/D]$	$(E>30\%$, $D,A)$
		苗木								
		土建								

注:1. 有招标清单的参照清单(该表不需要填写)。

　　2. 合同约定参考当地信息指导价,则采用信息指导价。

　　3. 没有信息指导价的,按照市场价或采购价加成:绿化按照采购询价均值×1.2,土建按照采购询价均值×1.05。

　　4. 信息指导价和市场加成价差异正负 30%,则采用市场加成价。

● 前项 EPC 项目取得甲方审定的工程量清单后,要及时按照工程量清单内容对已编制的产值成本表进行相应调整,后续严格按照工程量清单内容编制。

● 合同外施工部分,除 EPC 项目直接修改图纸外,其余的应当在 3 个月内取得设计变更单、甲方联系单或者签证,严禁跨年。取得上述资料后,需及时修改预算产值和预算成本,并按规定归集产值和成本。

⑫ 月度项目施工产值上报资料:

● 报成本核算中心,包括工程产值成本表、产值成本分析表。

● 报项目第三方,包括完成工程量确认单、A4.1 工程计量报审表、工程量计算书、A4.3 工程款支付申请表、工程造价计算书、B8 工程款支付证书等。

● 上报的变更项目施工产值资料包括:A9 工程变更单、工程量计算书、工程造价计算书和相关投标报价、市场信息价、相关项目报价。

相应依据资料应单独建立签字变更台账,并整理归档至资料员处存档,待工程完工后交由工程管理中心集中至公司存档。

⑬ 月度项目施工产值成本表、产值成本分析表,每月 28 日前上报公司成本核算中心进行审核,变更项目施工产值在变更依据确认后 24 小时内上报公司成本核算中心和项目第三方进行审核。

⑭ 月度项目施工工作量需每月编制当月的《完成工程量确认单》,每半年对工程完成内容编制《工程计量报审表》(详见表 3-12)。以上文件由项目预算员协助项目经理在当月加盖第三方印章后取回审批件,作为第三方佐证产值数据,交公司成本核算中心存档。

表 3-12 工程计量报审表

工程名称: 编号:B2.0

致:_____(业主单位)
　　_____(监理单位)

兹申报____年____月____日至____年____月____日完成的合格工程量,请予核查。

类别:
1. 合同内工程量
2. 变更工程量
3. 实际完成金额_____
附件:
1. 计算书和说明共_____页。
2. 变更通知单:

承包单位项目经理部(章):_____
项目经理:_____　日期:_____

项目监理机构签收人 姓名及时间		承包单位签收人 姓名及时间	

专业监理工程师审查意见:

专业监理工程师:_____　日期:_____

续表 3-12

业主工程师审核意见：

业主单位(章)：＿＿＿＿＿＿

业主工程师：＿＿＿＿＿＿＿＿ 日期：＿＿＿＿＿＿＿＿

注：此表仅作为承包单位内部财务核算资料，不作为工程结算的依据，不具有任何与工程结算相关的法律效力。

江苏省建设厅监制

（2）编制的重点要求

① 初始预算产值（合同报价）的工程量及综合单价按商务标报价清单编制。预算成本也按合同内清单，按成本价输入，只计取人、材（主要为主材）、机。

② 编制月度施工成本是根据项目施工的实际各项施工成本情况及相关定额，计算出对应分部分项工程量清单的人工费、机械费、材料费（主要为主材）、分包费等直接成本费用。

③ 上报计算的产值，除大型道路工程外，应当以分部分项作为最小标，不得分层上报。

④ 编制预算成本时，养护费、其他费用应单独立项计入月度施工成本表内（养护费一般按苗木采购成本 12% 计算，高寒地和盐碱地特殊考虑外）。

⑤ 编制产值中没有投标工程量清单报价的项目，按类似工程综合单价（已经确定的）编制。没有类似工程的，按当地信息指导价作为主材价套算。

⑥ 合同外施工部分，除 EPC 项目直接修改图纸外，其余的应当在 3 个月内取得设计变更单、甲方联系单或者签证，严禁跨年。取得上述资料后，需及时修改预算产值和预算成本，并按规定归集产值和成本。

⑦ 每月上报完产值后必须完成一份成本分析，具体分析内容为：预算人工（机械）费定额与实际结算的差异原因（每 3 个月按实际发生的内容调整一次预算人工），材料产值成本量与实际到货量差异分析。

（3）每月上报资料时间节点及内容要求

① 月度项目施工产值成本表、产值成本分析表，每月 25 日前上报公司成本核算部成本核算中心进行审核。

② 每月产值成本表编制前，必须对照入库系统明细，检查材料、人工、机械是否全部入库。

③ 产值成本表内数据必须严格匹配，差异合理分析。

（4）成本分析管理

① B2 表月度成本财务分析前由项目核算员于每月 28 日前完成（统计工作为在建项目截至当月 20 日完成工作量），项目施工过程中实际发生的人工、材料、机械及各类分包依据完成工作量对应定额消耗、收料单汇总表及材料收发存明细表，做出成本合理性分析，填写《工程项目预算成本实施对照》。

② 每月 28 日前（统计工作为在建项目截至当月 20 日完成工作量），项目会计根据实际发生的材料、人工确认单据编制 B2 实际表。

③ 每月 28 日之前,项目部会计人员将根据工程项目累计完成施工产值编制《产值明细表》和 B2 预算表、B2 表月度成本财务分析,提交项目经理、项目管理公司总经理审核后,上报成本核算中心审核岗,成本核算中心在接到文件后 2 日内完成审核。

审核要点:

- 现场实际材料采购价及采购量合理性;
- 现场实际发生管理费用合理性;
- 现场实际完成工程量及综合单价的准确性;
- 项目 B2 表实际毛利率与 B1 表毛利率差异分析合理性。

表 3-13 工程产值审核资料标准清单

序号	资料名称	有	无	完成	未完成	备注
1	招标文件、投标文件(含工程量清单)					★★
2	施工合同					★★
3	施工图纸					★
4	产值成本表(要求格式准确、逻辑清楚)					★★★
5	产值端单价是否与合同单价一致					★★★★
6	产值端、成本端、入库数量是否一致(包含分包)					★★★★
7	合同外价格组成(有合理依据)					★★★★
8	成本单价组成合理性					★★★★
9	预计最终完成产值成本总额合理性					★★
10	毛利率合理性					★★
11	工程签证资料					★★
12	开工报告					★
13	竣工验收证明					★

注:"★"标记为基本必备资料。

统计人:　　　　　　　　　　　　　　　审核人:

(五)项目成本归集

1. 材料成本的归集

每月 25 日前,材料员将当月"送货单"(表 3-14)原件、经项目经理签字确认的"采购入库单"(表 3-15)提交项目会计,项目会计将收到的单据作为当月工程成本的暂估入账依据。收到发票时,项目会计或财务中心材料会计根据"材料采购结算清单"(表 3-16)的复印件、与之比对的入库明细表,并按实际结算金额编制凭证,提交财务经理审核。月末,财务中心材料主管会计对材料采购管理系统进行月末处理和结账工作。

表 3-14　送货单

合同编号：

收货单位（公章）：　　　　　　　　　时间：　　　年　　　月　　　日
收货项目：　　　　　　　　　　　　　电话：

序号	材料名称	规格型号	单位	数量	单价（元）	开票税率	备注
1							
2							
3							
…							

开票类型　　专票□　　普票□　　苗木免税□
发货人：　　　　　　　　　　　　　　收货人：

表 3-15　采购入库单

入库单号：＿＿＿＿＿　　　入库日期：＿＿＿＿＿　　　仓　　库：＿＿＿＿＿
入库类别：＿＿＿＿＿　　　部　　门：＿＿＿＿＿　　　供货单位：＿＿＿＿＿
项目公司：＿＿＿＿＿　　　税　　率：＿＿＿＿＿　　　备　　注：＿＿＿＿＿

序号	存货编码	存货名称	规格型号	单位	项目大类	项目编码	项目名称	数量	税率	含税单价（元）	单价（元）	全额（元）	税额（元）	价税合计（元）

表 3-16　材料采购结算清单

材料采购结算清单（＿＿＿月＿＿＿日至＿＿＿月＿＿＿日）
供应商名称：　　　　　　　　　　　　项目名称：

序号	入库单号	时间	名称	规格	单位	数量	价格（元）	合计（元）	合同编号	备　注
1										
2										
3										
…			运费							
…			合计							

合计金额（大写）：

制表人（收料员）：	年	月	日
供货单位负责人：	年	月	日
项目材料员：	年	月	日
项目经理：	年	月	日
成本核算中心：	年	月	日
资源采购中心：	年	月	日

2. 外包工程成本的归集

每月实际结算外包劳务费、租赁机械费和分包工程款时，项目管理公司核算员填写《分包单位月度产值估算表》(详见表3-17、表3-18)分别提交成本核算中心和资源采购中心审核工作量和单价。项目管理公司会计根据经审核后的《分包单位月度产值估算表》编制成本凭证，分别计入各项目辅助账，提交给财务中心经理审核。

表 3-17 园林绿化劳务分包单位月度产值估算(结算)表

年　　月

工程名称：　　　　　　　　　　　　　　　　分包单位：

序号	项目(定额)编号	项目名称	计量单位	工程数量	单价	合计	备注
1							
2							
3							
...							
	本月结算小计						
	上月累计结算小计						
	本月累计结算合计						

编制说明：

1. 本结算单以项目合同编号：＿＿＿＿＿＿＿＿＿合同及月度实际施工内容为依据，本分包合同金额＿＿＿＿＿＿＿元，本结算单另附附件文件包括＿＿＿＿＿＿＿。

2. 该产值估算表以签订合同为依据，每月编制，作为劳务或分包月度估算使用。

分包单位负责人：　　　　　　　　　　　　　日　　期：　　年　月　日

项目预算员：　　　　　　　　　　　　　　　日　　期：　　年　月　日

项目经理：　　　　　　　　　　　　　　　　日　　期：　　年　月　日

项目管理公司经理：　　　　　　　　　　　　日　　期：　　年　月　日

成本核算中心：　　　　　　　　　　　　　　日　　期：　　年　月　日

资源采购中心：　　　　　　　　　日　　期：　　年　月　日

表 3-18 园林绿化专项分包单位月度产值估算(结算)表

年　　月

工程名称：　　　　　　　　　　　　　　　　分包单位：

序号	项目(定额)编号	项目名称	计量单位	工程数量	单价	合计	备注
1							
2							

续表 3-18

序号	项目(定额)编号	项目名称	计量单位	工程数量	单价	合计	备注
3							
…							
		本月结算小计					
		上月累计结算小计					
		本月累计结算合计					

编制说明：

1. 本结算单以项目合同编号：_____合同及月度实际施工内容为依据,本分包合同金额_____元,本结算单另附附件文件包括_____。

2. 该产值估算表以签订合同为依据,每月编制,作为劳务或分包月度估算使用。

分包单位负责人：　　　　　　　　　　　　　　日　　期：　　年　月　日

项目预算员：　　　　　　　　　　　　　　　　日　　期：　　年　月　日

项目经理：　　　　　　　　　　　　　　　　　日　　期：　　年　月　日

项目管理公司经理：　　　　　　　　　　　　　日　　期：　　年　月　日

成本核算中心：　　　　　　　　　　　　　　　日　　期：　　年　月　日

资源采购中心：　　　　　　　　　　　　　　　日　　期：　　年　月　日

3. 其他日常费用的归集

项目管理公司根据费用报销流程,持已经审批签字的《费用报销审批单》到项目管理公司会计处办理费用报销手续。项目管理公司会计根据审批单上填写的项目名称、费用明细等信息,分别计入各项目辅助账,提交财务中心经理审核。

表 3-19 费用报销审批单

报销部门：　　　　　年　　月　　日填　　　　　　　　单据及附件共　　页

用　　途	金额(　　)元	备　注
		部
		门
		审
合　　计		核
金额(大写)		

领导审批：　　　　　　　　报销人：　　　　　　　　领款人：

为配合项目现场管理,及时掌握项目成本的变动情况,做好项目目标成本、预算成本和施工项目实际成本的比较分析工作,要求在月末完成项目财务分析(详见附录8)和项目现场材料收发存明细表(详见表3-20～表3-23)。

表3-20 库存材料进场登记表

项目名称:

送货单号	日期	供货单位	材料名称	规格型号	单位	数量	单价	金额	收料人
...									

材料员: 保管员:

表3-21 库存材料出库登记表

项目名称:

送货单号	日期	供货单位	材料名称	规格型号	单位	数量	单价	金额	领料人
...									

材料员: 保管员:

表3-22 库存材料盘点明细表(年   月)

项目名称:

送货单号	材料名称	规格型号	单位	单价	期初余额		入库		出库		期末余额		月末盘点		盘盈		盘亏	
					数量	金额	数量	金额	数量	金额	数量	金额	数量	金额	数量	金额	数量	金额
...																		
合计																		

项目负责人: 盘点人:

表 3-23 材料调拨单

调出项目名称： 调入项目名称：

送货单号	材料名称	规格型号	单位	数量	单价	金额	备注
...							

调出项目经办人：		调入项目经办人：		
调出项目经理：		调入项目经理：		
资源采购中心意见：			经理签名：	日期：
成本核算中心意见：			经理签名：	日期：
财务中心意见：			经理签名：	日期：
分管领导意见：			签名：	日期：
财务总监意见：			签名：	日期：
总经理意见：			签名：	日期：

注：本表一式五份，调出项目部、调入项目部、资源采购中心、成本核算中心、财务中心各执 1 份。

工程项目各项成本归集入账后，结合项目财务分析报告，在月末由项目部编制各工程项目的成本 B2 表（详见表 3-24～表 3-30）。

表 3-24 项目成本月度汇总表（＿＿月份）

工程名称： 编号：B2.0

序号	费用名称	预算总成本（元）	结算成本金额（元）	已付款（元）	未付款（元）	其中暂估（元）	附表
一	直接费						
（一）	人工费						B2.1
（二）	材料费						
1	土建材料费用						B2.2
2	苗木材料费用						B2.3
（三）	机械费						B2.4
二	管理费						
（一）	管理人员工资						
（二）	招待费						
（三）	通信费						
（四）	交通费						
（五）	办公费						

续表 3-24

序号	费用名称	预算总成本（元）	结算成本金额（元）	已付款(元)	未付款(元)	其中暂估(元)	附表
（六）	工地餐费						
（七）	其他						
三	其他费用						B2.5
四	分包费用						B2.6
…							
合计							

编制说明：

填报人：　　　　　　　　　　　　　　　　　　　日　期：　　年　月　日

项目负责人：　　　　　　　　　　　　　　　　　日　期：　　年　月　日

项目经理：　　　　　　　　　　　　　　　　　　日　期：　　年　月　日

表 3-25　项目成本人工费用月度汇总表（　月份）

工程名称：　　　　　　　　　　　　　　　　　　　　　　　　　　编号：B2.1

序号	班组名称	工种	结算金额（元）	已付款（元）	未付款(元)	其中暂估(元)	备注
…							
合计							

编制说明：

填报人：　　　　　　　　　　　　　　　　　　　日　期：　　年　月　日

项目负责人：　　　　　　　　　　　　　　　　　日　期：　　年　月　日

项目经理：　　　　　　　　　　　　　　　　　　日　期：　　年　月　日

表 3-26　项目成本土建材料费用月度汇总表（　月份）

工程名称：　　　　　　　　　　　　　　　　　　　　　　　　　　　　　　　　　　　　编号：B2.2

序号	供应商	材料名称	规格及型号	单位	数量	单价（元）	结算金额（元）	已付款（元）	未付款（元）	其中暂估(元)	备注
...											
合计											

编制说明：

填报人：	日　期：	年　月　日
项目负责人：	日　期：	年　月　日
项目经理：	日　期：	年　月　日

表 3-27　项目成本苗木费用月度汇总表（　月份）

工程名称：　　　　　　　　　　　　　　　　　　　　　　　　　　　　　　　　　　　　编号：B2.3

序号	供应商	材料名称	规格及型号	单位	数量	单价（元）	结算金额（元）	已付款(元)	未付款(元)	其中暂估(元)	备注
...											
合计											

编制说明：

填报人：	日　期：	年　月　日
项目负责人：	日　期：	年　月　日
项目经理：	日　期：	年　月　日

表 3-28　项目成本机械费用月度汇总表（　月份）

工程名称：　　　　　　　　　　　　　　　　　　　　　　　　　　　　　　　　　　　　编号：B2.4

序号	机械供应商	机械名称	结算金额(元)	已付款(元)	未付款(元)	其中暂估(元)	备注
...								
合计								

续表 3-28

编制说明：

填报人：	日　期：	年　月　日
项目负责人：	日　期：	年　月　日
项目经理：	日　期：	年　月　日

表 3-29　项目成本其他费用月度汇总表（　月份）

工程名称：　　　　　　　　　　　　　　　　　　　　　　　　　　　　　　编号：B2.5

序号	项目名称	结算金额(元)	已付款(元)	未付款(元)	其中暂估(元)	备注
…						
合计						

编制说明：

填报人：	日　期：	年　月　日
项目负责人：	日　期：	年　月　日
项目经理：	日　期：	年　月　日

表 3-30　项目成本分包费用月度汇总表（　月份）

工程名称：　　　　　　　　　　　　　　　　　　　　　　　　　　　　　　编号：B2.6

序号	分包商单位名称	分包内容	结算金额(元)	已付款(元)	未付款(元)	其中暂估(元)	备注
…							
合计							

编制说明：

填报人：	日　期：	年　月　日
项目负责人：	日　期：	年　月　日
项目经理：	日　期：	年　月　日

4. 发票开具

建筑工程业务属于一般计税项目的,物资采购取得的发票必须是增值税专用发票;管理费用支出除购买烟、酒、食品、服装、鞋帽(不包括劳保专用部分)、化妆品等消费品或集体福利、个人消费物品等特殊情况外,其他管理费用支出均应取得增值税专用发票。业务人员取得增值税专用发票后,应及时核对以下信息:单位名称、纳税人识别号(社会信用代码)、开户银行、账号、单位电话、单位经营地址、品名、大类;取得增值税普通发票,应及时核对以下信息:单位名称、纳税人识别号、品名、大类。检查无误后及时交给财务人员入账。

增值税专用发票,每月最后一天是扫描认证的最后期限,项目会计及财务中心会计收到的专票在当月入账的,必须在月底前把认证联传递给财务中心税务会计。无法成功认证的专票,税务会计要及时联系业务经办人,把发票联和认证联退回去重新开票;认证过的专票,认证联由财务中心税务会计负责装订成册并保存。

开具增值税发票,由业务经办人填写开票申请单并经部门领导签字,把签好的申请单和要开票项目的合同,通过纸质(或电子档)传递给公司税务会计开票(如果需要开具外经证,要在开票申请单上注明),税务会计把开好的发票,通过邮寄或其他方式传递给业务经办人,并造册登记发票信息及经办人姓名,由业务经办人把发票交给甲方。当月开具的发票,如果工程地址不在本市的,由项目管理公司会计负责在当月到项目所在地税务局,把需要预缴的税款全部缴清,财务中心税务会计配合项目管理公司会计提供预缴税款需要提供的资料。

表 3-31　开票申请单

日期：

开票信息	单位名称							
	税号							
	地址、电话							
	开户行及账号							
发票类型	货物或应税劳务名称	开票金额(含税)	税率	工程名称(合同上名称)	工程名称(用友系统中名称)	工程地址(合同上地址)	备注

注意：1. 需要开外经证的在备注中说明。

2. 外地项目当月开的发票要在当月预缴税款,预缴税款需要提供的资料要提前沟通清楚。

领导签字：　　　　　　　　　　　　　　　经办人：

(六) 项目管理公司月度资金计划

在建项目的月度资金计划按照成本的付现率进行付现控制,不同的成本付现率不同,具体如下:钢筋、混凝土、电缆为 80%,苗木为 20%,石材为 20%,人工费为 40%,其他类为 40%,成本由在建项目实际归集的成本和当月计划完成产值对应的计划成本组成;完工项目的资金计划在端午节、中秋节以及春节进行考虑,月度计划与项目回款相联系的进行控制;完工养护项目的月度资金计划由项目管理公司提交给工程管理中心,工程管理中心结合养护项目的施工方案、资源进场计划进行审批。财务中心经理将各项目管理公司、各业务部门、各分(子)公司的《月度资金计划》汇总后提交高管会讨论。经高管会讨论通过后，由总经理批准后执行。

　　资金计划外发生的支出，由部门经办人填制《预算外支付申请审批表》，提交项目管理公司总经理、工程管理中心经理、分管领导、总经理、董事长审批。

　　各项目管理公司对甲方不按照合同付款、拖欠付款、延迟核定进度款等事项造成事实拖欠项目款的情况，应及时与建设方沟通，于每月 25 日上报资金计划表时一并以专项报告的形式书面上报公司财务和高管会讨论；对未按照合同回款的项目，当月申报的次月资金支付计划不予批准。高管会视情节轻重采取相应措施进行清欠。

表 3-32　工程月度预算计划表

项目公司名称：　　　　　　　　　　　　　　　　　　　　　　　　　　　　　　单位:万元

| 项目编号 | 工程名称 | 类别 | 月　份 | | | | | |
			20××-01	20××-02	···	20××-10	20××-11	合计
		月度计划产值						
		月度实际产值						
		月度计划成本						
		月度实际成本						
		月度计划付现						
		月度实际付现						
		月度计划回款						
		月度实际回款						
合计		月度计划产值						
		月度实际产值						
		月度计划成本						
		月度实际成本						
		月度计划付现						
		月度实际付现						
		月度计划回款						
		月度实际回款						

表 3-33 工程月度资金回款计划汇总表

项目公司名称： 单位:万元

项目编号	工程名称	业主单位	项目基本情况					合同规定回款条件	本年计划回款	本年实际回款	上月计划回款	上月实际回款	计划回款金额		
			合同收入	累计产值	累计回款	累计开票	完工进度						本月计划回款	次月计划回款	未来3个月计划回款
合计															

表 3-34 工程月度资金申请汇总表

项目公司名称： 单位:万元

项目编号	工程名称	本月计划回款	申请支付金额						收支差	次月计划回款	未来3个月计划回款	备注
			材料	机械	人工	分包工程	日常开支	合计				
合计												

表 3-35 工程月度资源采购明细表

项目公司名称： 单位:万元

项目编号	项目名称	供应商编号	拟付款单位	材料名称	累计结算金额	按合同应结算比例	已支付金额	应支付金额	本月计划资金需求	备注(支付条件)	类别

表 3-36　预算外支付申请审批单表样

预算外支付申请审批单			X-Z03表
申请单位		申请人	
申请工程项目		申请时间	
申请事由		申请金额	
类型			

附件名称	1. 申请依据	上传附件	
	2. 申请合同	上传附件	
	3. 合同预算	上传附件	
	4. 申请结算单	上传附件	

项目部意见：		工程管理中心：	
项目总经理	日期：	签字：	日期：
分管领导意见：		总经理意见：	
签字：	日期：	签字：	日期：
董事长意见：			
		签字：	日期：

（七）工程项目资金收支

项目经理对各个项目已完工工程款的计量、结算负责，对满足合同收款条件的工程款的催收负责，公司财务中心指定专人负责收款合同的跟踪和监督管理，每个月末与各项目管理公司、工程管理中心和成本核算中心进行已结算工程款的核对。

对超出合同回款期限应收未收的工程款，公司视同项目管理公司占用资金，按照内部考核管理办法计算资金占用成本；另一方面，在应回款额度内公司垫付的各项项目成本视同项目管理公司占用资金，按照 1% 的月息计算资金占用成本。项目资金占用成本结合项目绩效考核办法在项目考核兑现中扣除。

项目管理公司会计定期与客户进行对账，工程未完工时，核对开票与回款情况，工程竣工结算以后，会计应及时与客户核对应收账款并做相应记录。项目管理公司会计对存在应收未收工程款的项目填制《应收账款催收单》，提交项目管理公司总经理，由其安排人员与客户进行应收账款确认和工程款回收。

办理资金支付必须满足的条件是：① 按照公司内部控制流程的规定，经逐级审批后签订的材料采购合同、劳务分包、机械租赁以及专业分包工程合同；② 按照公司内部控制流程的规定，经逐级审批后的材料结算单、工程结算审批表；③ 当月批复的资金用款计划中有列项或有计划外资金审批报告；④ 要素填写齐全的合同支付审批单，各级审批人员审批手续齐全；⑤ 要求供应商提供合规的发票，发票金额至少与支付金额相等。

工程项目已经通过审批立项，施工组织方案已经通过工程管理中心审批，方可申请工程项目备用金。工程项目备用金实行总额控制,分次支取,在施工过程中凭实际发生经济业务的原始凭证据实报销,补足余额。总额以经审批的 B1 表中零星材料和管理费数额为准。因客观原因需修订 B1 表的应及时进行 B1 表的修订,备用金领用额度超过原经批准 B1表,又未及时修订 B1 表的项目,暂缓办理备用金报销领用,待修订后的 B1 表重新经过审批后方可办理相应支付。

项目备用金支付仅限于项目管理费和零星材料采购,不得垫付运费、支付税金。项目上发生的日常开支,项目管理费的支付需符合公司相关费用报销管理规定。项目日常管理费用,原则上不能超过 B1 表规定额度。对于特殊原因需要用项目备用金支付特殊事项(不在预算成本范围内),须将实际情况上报工程管理中心及分管高管、财务总监、总经理和董事长,经逐级审批同意后方能支付;符合条件之一的材料(单项材料采购总金额不超过 1 000 元的材料,虽是主要材料,但在工程中采购总金额不超过 1 000 元的材料),在询价确认后,均可根据项目进度分期分批申请备用金自行购买,并及时办理符合公司规定的报销流程,严禁将主要材料化整为零分批购买;对于超过 1 000 元的零星材料采购,应从公司银行账户支付,办理手续从简处理;开具工程票预缴的税金应从公司银行账户支付,遇有特殊原因需现金支付的,须将实际情况上报财务中心及分管高管、总经理和董事长,经逐级审批同意后方能支付。

每季度末,财务中心材料会计提供资料给采购中心,采购中心安排人员与战略供应商(材料供应商)对账,核对应付账款金额是否一致、是否有未达账项,核对一致后编制《应付账款对账单》并经采购中心签字确认;材料供应商以外的供应商对账工作,由项目管理公司会计与非战略供应商进行核对。

表 3-37 项目应收未收工程款确认通知单(_____月度)

通知联

项目名称		项目负责人	
竣工验收时间		审计报告金额	
合同价		累计确认产值	
合同回款条件			
按合同回款条件计算应收工程款			
累计回款		应收未收工程款	
发出部门(签字盖章)		财务中心	

项目应收未收工程款确认通知单(月度)

回执联

项目名称		项目负责人	
竣工验收时间		审计报告金额	
合同价		累计确认产值	
合同回款条件			
按合同回款条件计算应收工程款			

续表 3-37

项目名称			项目负责人	
累计回款		应收未收工程款		
接收部门(签字盖章)		核对是否一致		
不一致的原因				

表 3-38　材料、设备、劳务、分包采购合同支付申请审批表样本

材料、设备、劳务、分包采购合同支付申请审批表

(项目管理公司用表)
X-Z02表

项目名称		申请人	
合同编号		是否合格供应商	
供应商名称		供应商开户银行	
供应内容		账号	
合同金额		支付方式	
合同本次结算金额		合同累计结算金额	
合同本次申请支付金额		合同累计支付金额	
本次开票金额		合同累计开票金额	
类型			
附件	1、采购合同 2、项目结算单		

项目经理意见:	资源采购中心:
项目管理公司总经理:	
日期:	签字: 日期:
财务中心:	财务总监:
签字: 日期:	签字: 日期:
总经理:	董事长(20万以上):
签字: 日期:	签字: 日期:

表 3-39 项目备用金支付申请审批单样本

项目备用金支付申请审批单

X-Z01

申请工程项目		申请时间	
项目启动资金		剩余启动资金	

申请项目部备用金金额：（大写）		¥ :
累计已报销备用金：（大写）		¥ :
申请零星材料备用金金额：（大写）		¥ :
累计已报销备用金：（大写）		¥ :

项目部财务人员：	日期：

项目总经理意见：	工程管理中心：
签字： 日期：	签字： 日期：
财务中心：	财务总监：
签字： 日期：	签字： 日期：
总经理：	
	签字： 日期：

表 3-40 零星材料（＞1 000 元）采购支付申请表样本

零星材料采购支付申请表

大于1000元用

项目名称		申请人	
供应商名称		供应商开户银行	
采购金额		账号	

项目会计：
项目总经理：
财务中心：

表 3-41　材料运费支付申请表样本

材料运费支付申请表

项目名称		申请人	
供应商名称		供应商开户银行	
采购金额		账号	
采购合同		价格确认表	

项目会计：

项目总经理：

财务中心：

（八）××景观绿化项目产值成本对比分析报告实例

1. 项目概况

××景观绿化项目于 2015 年 12 月开始施工到 2016 年 8 月完工，于 2016 年 12 月 16 日验收，项目合同签订 1 200 万元，后期先后签订室外沥青 72.4 万元、室外管网 90 万元、屋顶花园 42 万元、弱电管网 62.5 万元、室外给水 35.6 万元、补充协议（模块井）42.3 万元，合同额共计 1 544.8 万元。

项目签订目标利润为绿化 20％、土建 15％。工程完工后经核算部对现场工作量统计、签证整理套价后预计完成产值 1 500 万元（不含因投标漏项工作量 41.1 万元）。截至 2016 年 12 月 20 日，项目累计发生成本 1 164.7 万元，根据成本分析后有部分成本为及时归集，预计最终成本为 1 380 万元（含税），项目管理人员 11 人，截至 2016 年 11 月累计发放工资 63 万元，拓展部业务费用 24 万元。项目累计成本预计 1 467 万元。完工后毛利 2.2％，未完成公司制定的目标责任。

2. 项目产值分析

（1）完工产值与合同签订额对比

表 3-42 ××景观绿化项目合同额与完成量对比

单位:元

序号	工作内容	合同金额	实际完成产值	完成比例
1	××景观工程	12 000 000	10 699 905.91	89.17%
2	室外沥青道路	724 520	774 972.41	106.96%
3	室外管网	900 000	663 957.66	73.77%
4	屋顶花园	420 000	323 142.97	76.94%
5	弱电管网	625 000	625 000	80.31%
6	室外给水	356 000	253 430.68	71.19%
7	补充协议(模块井)	423 000	423 000	80.63%
8	签证部分	0	1 448 689.36	100.00%
合计		15 448 520	15 007 123.99	

造成合同额变化的原因有:

① 合同部分工作量取消。

② 合同内容重复部分删减。

③ 漏项部分增加调整。

④ 签证材料价格参照合同,取费按合同调整。

(2)产值分析统计

原合同签订的 1 200 万元为总价包干合同,现场施工时工程量发生变化,导致总金额变化。通过分析,由于投标时漏项减少产值 41.1 万元,合同内减少工作量 133 万元。

具体分析详见表 3-43。

表 3-43 现场施工工程量变化

项目名称	分部分项名称	合同内金额 a(元)	实际金额 b(元)	差异 $b-a$(元)	问题原因
景观工程	排水沟	72 700.80	26 977.18	−45 723.62	编制报价时按平面图卵石地面计算,实际现场施工时按大样图排水沟加混凝土盖板施工。问题为施工图与平面图不符,目前考虑总价包干产值量现场取价按合同价编制
	花岗岩路牙	0.00	179 148.37	179 148.37	编制报价时漏算,目前产值内未计入
	景墙、汀步	0.00	67 515.53	67 515.53	编制报价时漏算,目前产值内未计入
	钢楼梯基础部分	0.00	19 464.30	19 464.30	编制报价时漏算,目前产值内未计入
	酒店入口LOGO景墙	88 574.80	0.00	−88 574.80	此项目现场未施工,产值未计入
	旗台基础贴面	0.00	13 273.60	13 273.60	编制报价时漏算,目前产值内未计入
	自行车车库廊架、窗户百叶	53 894.30	7 560.00	−46 334.30	工作量减少,产值按实际计入

续表 3-43

项目名称	分部分项名称	合同内金额 a(元)	实际金额 b(元)	差异 b−a(元)	问题原因
景观工程	地下停车场坡道排水沟	0.00	55 240.00	55 240.00	图纸没有,现场已施工,产值未计入
	演讲空间	53 346.50	0.00	−53 346.50	工作量调整,未按图纸施工,产值按实际计入
	滨水特色景墙	34 980.20	0.00	−34 980.20	工作量调整,未按图纸施工,产值按实际计入
	铺装部分	180 219.42	0.00	−180 219.42	现场施工变更,原有塑胶步道改为透水砖
	部分钢筋	0.00	54 184.96	54 184.96	编制报价时漏算,目前产值内未计入
绿化工程	绿化部分	3 203 040.18	2 618 985.52	−584 054.66	乔木现场量减少,地被按现场实际量清点(价格暂按报价计入产值)
安装工程	室外雨排水	297 069.64	0.00	−297 069.64	与签订另一部分室外综管工作内容重复,只计算一次
	污水提升井	0.00	22 412.65	22 412.65	编制报价时漏算,目前产值内未计入

（3）完工产值成本与实际发生成本分析

项目完工后 B3 表未及时关门,截至 2016 年 12 月,B2 表累计成本构成(不含未入账部分):人工 192.4 万元,机械 74 万元,专业分包 52.64 万元,材料 795 万元,其他 0.6 万元,管理费 17.79 万元。合计 1 132.45 万元。未入账部分 217.2 万元,养护费 30 万元,累计工程施工成本 1 379.65 万元。具体分析如下:

① 未入账成本归集情况

表 3-44　未入账成本归集情况

类别	供应商名称	材料名称	金额(元)	备注
材料	合肥××××农林科技有限公司	苗木	30 580.00	
	郎溪县×××培育专业合作社	苗木	72 420.00	
	南京市江宁区×××花木场	苗木	198 280.00	
	宜兴市×××专业合作社	苗木	29 830.00	
	天长市×××张铺园艺场	苗木	576 635.00	
	合计		907 745.00	
	南京市浦口区×××建材经营部	瓜子片	1 950.00	
	南京中联混凝土有限公司	混凝土	6 500.00	
	南京×××文体用品销售中心	EDPM 塑胶地坪	54 825.00	
	南京×××装饰工程有限公司	不锈钢水池	81 273.76	
	南京××景观工程有限公司	灯	16 020.00	
	南京市秦淮区××销售中心	水泵	12 550.00	

续表 3-44

类别	供应商名称	材料名称	金额(元)	备注
材料	来安县××石材经营部	石材	49 899.60	
	××园林机械	喷灌	98 062.00	
	南京××装饰工程有限公司	不锈钢栏杆	88 164.00	
	南京××装饰工程有限公司	真石漆	12 000.00	
	零星材料	铁丝等	3 940.00	
	合计		425 184.36	
人工	瓦工	点工		单价未知,点工 39.4 工日,9、10 月
	绿化工	固定工	28 246.05	食堂 2 人工资, 10 月、11 月
	外聘绿化工		102 020.21	9～11 月
	合计		130 266.26	
机械	××机械费		33 756.25	
	×××起重吊机		3 200.00	
	合计		36 956.25	
分包	××××有限公司(顾国昌)	水电	300 000.00	乙方报价 370 000
	×××工程有限公司(李升桂)	水电	190 000.00	
	南京××建设工程有限公司	种植土	152 099.00	
	合计		642 099.00	
管理费	零星费用	油费等	1 045.00	
	未处理费用	水电费、业务费、交通费	28 964.00	
	合计		30 009.00	
	总计		2 172 259.87	

② 人工费用分析

产值成本人工费用土建按定额工日 68 元,水电按定额工日 65 元,绿化人工按公司标准不超过绿化成本的 10% 计取。

表 3-45　人工费用分析

单位:元

序号	分部分项名称	产值成本金额	实际成本金额	差异
1	景观工程	1 387 284.15	1 456 425.69	−69 141.54
2	安装工程	428 692.28	580 000.00	−151 307.72
3	绿化工程	197 141.04	598 627.18	−401 486.14
合计		2 013 117.47	2 635 052.87	−621 935.40

③ 机械费用分析

机械费中产值成本按定额套取加上土方费用,见表 3-46。

表 3-46　机械费用分析

单位:元

序号	分部分项	产值成本金额	实际成本金额	差异
1	机械(含土方)	594 240.53	777 009.65	−182 769.12

④ 材料费用分析

● 投标清单内未计入的工程量导致成本差异的问题见表 3-47。

表 3-47　漏项部分分析

单位:元

名　　称	规格	单位	数量	合同单价	合同总价	采购数量	采购单价	采购总价
芝麻白光面侧石	120	m	0	0	0	2 362.47	82	193 722.54
黄锈石火烧	600×300×150	m²	0	0	0	83.51	375	31 316.25
水泵箱 0.55 kW	户外防水双层内外门	台	0	0	0	5	580	2 900
ALJ1	户外防水双层内外门	台	0	0	0	1	3 200	3 200
配电箱 KI1		台	0	0	0	1	830	830

漏项部分材料成本为 23.19 万元;经过定额套算人、材、机后,漏项成本共计 26 万元。

● 实际采购成本量、价超出产值量的问题分析见表 3-48。

表 3-48　实际采购成本量、价超出产值分析

单位:元

名称	规格	单位	数量	合同单价	合同总价	采购数量	采购单价	采购总价	量差	价差
混凝土	C15−C30	m³	4317		1 244 909	3 833		996 930	484	247 979
水泥	32.5	t	357	250	89 674	600	305	183 000	−243	−93 326
砂		t	1 431	55	80 200	2 288	55	125 850	−857	−45 650
碎石		t	7 658	50	386 652	5 882	65	382 330	1 776	4 322
钢筋		t	162	2 340	378 216	187	2 900	541 207	−25	−162 991
黄锈石荔枝面花岗岩	20 厚	m²	567	75	43 062	306	95	29 046	262	14 017
中国黑抛光面花岗岩异形加工	600×300×100	m²	197	570	112 417	357	1 100	392 821	−160	−280 404
烧面芝麻白花岗岩车挡	600×250×150	m	120	68	8179	276	57	15732	−156	−7 553

续表 3-48

名称	规格	单位	数量	合同单价	合同总价	采购数量	采购单价	采购总价	量差	价差
网球网		套	1	600	600	1	1 000	1 000	0	−400
羽毛球网		套	1	250	250	1	1 000	1 000	0	−750
照明配电箱 1A1P0		台	1	8 000	8 000	1	2 760	2 760	0	5 240
照明配电箱 ALJ1	600×1 000×250	台	1	2 500	2 500	1	3 200	3 200	0	−700
照明配电箱 ALJ2	600×1 000×250	台	1	2 500	2 500	1	3 800	3 800	0	−1 300
水泵控制箱 K1	500×500×200	台	1	450	450	1	830	830	0	−380
水泵控制箱 K2	500×500×250	台	1	500	500	1	830	830	0	−330
水泵控制箱 K3	500×500×200	台	1	500	500	1	830	830	0	−330
智能照明控制模块	8 路	台				4	950	3 800	−4	−3 800
智能照明控制模块	4 路	台				3	750	2 250	−3	−2 250
智能照明控制模块	2 路	台				4	550	2 200	−4	−2 200
智能照明控制模块电源		台				2	170	340	−2	−340
不锈钢廊架		项	1	267 159.91		1		380 000		−112 840

这部分材料涉及造价 44.39 万元,另外现场花岗岩根据产值加上签证量计算为 10 609.65 m²,现场实际采购 11 069.46 m²,相差 459.81 m²。经过现场盘点,项目现场剩余材料约 300 m²,剩余材料用于零星项目(别墅改造)。

- 现场实际苗木采购价格超出合同价格、数量的差异分析见表 3-49。

表 3-49　实际苗木采购价格分析

单位:元

名称	规格	单位	数量	合同单价	采购数量	采购单价	价差	量差
白玉兰	胸径:9～10 cm 株高:350 cm 以上 蓬径:250 cm 以上	株	16	360	19	450	−90	−3
百慕大草,追播黑麦草		m²	8 813	6.2	11 200	7.5	−1.3	−2 387

续表 3-49

名　称	规　格	单位	数量	合同单价	采购数量	采购单价	价差	量差
百子莲	高度:40～50 cm	株	661	1.2	1 080	3	−1.8	−419
茶梅	高度:30～40 cm 蓬径:15～20 cm	株	10 243	1.8	15 305	4.1	−2.3	−5 062
大叶黄杨	高度:40～50 cm 蓬径:25～30 cm	株	5 457	2.5	9 320	4	−1.5	−3 863
瓜子黄杨	高度:20～30 cm 蓬径:15～20 cm	株	7 520	2.2	10 188	4.5	−2.3	−2 668
海桐	高度:40～50 cm 蓬径:25～30 cm	株	6 031	2.8	5 000	3.6	−0.8	1 031
合欢	胸径:10～12 cm 株高:450 cm 以上 蓬径:320 cm 以上	株	4	360	4	450	−90	0
南天竹	高度:70～80 cm 蓬径:30～35 cm	株	9 209	0.8	3 675	6	−5.2	5 534
洒金珊瑚	高度:60～70 cm 蓬径:30 cm	株	2 246	1.1	2 289	6	−4.9	−43
睡莲	(空白)	株	434	1.3	150	7	−5.7	284
五角枫	胸径:10～12 cm 株高:400 cm 以上 蓬径:300 cm 以上	株	9	700	9	1 000	−300	0
西府海棠	胸径:8～9 cm 株高:300 cm 以上 蓬径:200 cm 以上	株	6	480	15	700	−220	−9
小叶栀子	高度:30～40 cm 蓬径:15～20 cm	株	5 290	0.85	5 449	3.3	−2.45	−159
燕子花	高度:30～40 cm	株	1 899	0.2	3 332	4.4	−4.2	−1 433
加拿大红枫	胸径:12～14 cm 株高:400 cm 以上 蓬径:300 cm 以上	株	17	3 000	59	1 650	1 350	−43

这部分涉及造价 12.5 万元。

● 现场由于各种原因造成部分苗木死亡率过高的情况分析见表 3-50。

表 3-50　现场苗木死亡情况分析

单位:元

名　称	规　格	单位	数量	合同单价	采购数量	采购单价	价差	量差
红叶石楠	高度:40～50 cm 蓬径:25～30 cm	株	58 204	2.8	87 266	3.1	−0.3	−29 062
毛娟	高度:30～40 cm 蓬径:20～25 cm	株	18 147	2.8	32 000	3.5	−0.7	−13 853

续表 3-50

名 称	规 格	单位	数量	合同单价	采购数量	采购单价	价差	量差
毛娟	高度:50~60 cm 蓬径:20~25 cm	株	3 439	3	3 465	6	−3	−26
紫鹃	高度:20~30 cm 蓬径:15~20 cm	株	22 484	0.72	50 074	4.6	−3.88	−27 590
金叶女贞	高度:40~50 cm 蓬径:25~30 cm	株	50 956	2.4	60 135	2.7	−0.3	−9 179

这部分涉及造价 12.83 万元。

- 实际采购数量、价格与原有 B1 表量价对比

表 3-51　苗木原 B1 表数量、金额与实际采购对比分析表

单位:元

序号	采购品种	规 格	单位	B1表量	采购量	量差	预测单价	实际单价	价差	合计
1	白玉兰	胸径:9~10 cm 株高:350 cm 以上 蓬径:250 cm 以上	株	16	19	−3	150	450	−300	−975
2	百慕大草		m²	8 813	11 200	−2 387	6	8	−1	−3 103
3	百子莲	高度:40~50 cm	株	661	1 080	−419	4	3	1	210
4	茶梅	高度:30~40 cm 蓬径:15~20 cm	株	10 243	15 305	−5 062	1	4	−3	−16 197
5	大叶黄杨	高度:40~50 cm 蓬径:25~30 cm	株	5 457	9 320	−3 863	2	4	−2	−8 499
6	瓜子黄杨	高度:20~30 cm 蓬径:15~20 cm	株	7 520	10 188	−2 668	1	5	−4	−9 604
7	海桐	高度:40~50 cm 蓬径:25~30 cm	株	6 031	5 000	1 031	1	4	−3	3 092
8	合欢	胸径:10~12 cm 株高:450 cm 以上 蓬径:320 cm 以上	株	4	4	0	350	450	−100	20
9	红叶石楠	高度:40~50 cm 蓬径:25~30 cm	株	58 204	87 266	−29 062	3	3	−1	−17 437
10	毛娟	高度:30~40 cm 蓬径:20~25 cm	株	18 147	32 000	−13 853	2	4	−2	−26 321
11	毛娟	高度:50~60 cm 蓬径:20~25 cm	株	3 439	3 465	−26	4	6	−3	−64
12	南天竹	高度:70~80 cm 蓬径:30~35 cm	株	9 209	3 675	5 534	1	6	−5	28 221
13	洒金珊瑚	高度:60~70 cm 蓬径:30 cm	株	2 246	2 289	−43	2	6	−5	−195

续表 3-51

序号	采购品种	规 格	单位	B1 表量	采购量	量差	预测单价	实际单价	价差	合计
14	西府海棠	胸径:8～9 cm 株高:300 cm 以上 蓬径:200 cm 以上	株	6	15	−9	180	700	−520	−4 524
17	紫鹃	高度:20～30 cm 蓬径:15～20 cm	株	22 484	50 074	−27 590	1	5	−3	−93 805
18	金叶女贞	高度:40～50 cm 蓬径:25～30 cm	株	50 956	60 135	−9 179	1	3	−2	−20 193
19	加拿大红枫	胸径:12～14 cm 株高:400 cm 以上 蓬径:300 cm 以上	株	17	59	−43	1 600	1 650	−50	−2 125
合计						−87 641			−1 003	−171 500

表 3-52　土建材料与原有 B1 表对比分析

单位:元

序号	采购品种	规格	单位	预测单价	实际单价	价差	数量	合计
1	水泥	32.5	t	260	305	−45	600	−27 000
2	钢筋		t	2 000	2 900	−900	187	−167 961
3	黄锈石荔枝面花岗岩	20 厚	m²	80	95	−15	306	−4 586
4	中国黑光面	300×600×70	m²	285	466	−181	357	−64 637
5	芝麻白花岗岩	300×100×50	m²	105	160	−55	37	−2 020
6	光面芝麻白花岗岩	500×350×20	m²	75	85	−10	19	−189
7	中国黑抛光面花岗岩异形加工	600×300×100	m²	420	1100	−680	357	−242 835
8	烧面芝麻白花岗岩车挡	600×250×150	m	70	57	13	276	3 588
9	网球网		套	450	1 000	−550	1	−550
10	羽毛球网		套	250	1 000	−750	1	−750
11	金属旗杆	13 m/根	根	3 600	7 000	−3 400	4	−13 600
12	金属旗杆	13.8 m/根	根	3 600	7 400	−3 800	1	−3 800
13	照明配电箱 1A1P0		台	8 000	2 760	5 240	1	5 240
14	照明配电箱 ALJ1	600×1 000×250	台	2 500	3 200	−700	1	−700

续表 3-52

序号	采购品种	规格	单位	预测单价	实际单价	价差	数量	合计
15	照明配电箱 ALJ2	600×1 000 ×250	台	2 500	3 800	−1300	1	−1 300
16	水泵控制箱 K1	500×500 ×200	台	450	830	−380	1	−380
17	水泵控制箱 K2	500×500 ×250	台	500	830	−330	1	−330
18	水泵控制箱 K3	500×500 ×200	台	500	830	−330	1	−330
24	铜芯电力电缆	3×4	m	6	6	0	450	−176
25	铜芯电力电缆	4×4	m	8	8	0	1 000	−300

⑤ 管理费用分析

管理费用根据公司规定标准按居住景观 1 000 万元≤K＜5 000 万元为依据,成本按 1 300 万元乘以相对应的系数计取,见表 3-53。

表 3-53 管理费用分析

单位:元

序号	项目名称	实际发生(a)	按公司标准(b)	差异($b-a$)
1	招待、业务费	64 123	66 300	2 177
2	通信费	589	19 500	18 911
3	交通费	69 279	46 800	−22 479
4	办公费	10 189.54	44 200	34 010.46
5	其他(餐费、其他)	69 562.75	20 800	−48 762.75
6	管理工资	629 921.37	382 200	−247 721.37

根据以上成本分析,××项目成本差异为 174.88 万元,如果能在项目初始时各方努力严控成本,完全有可能完成目标利润。

3. 问题解决思路

(1)找甲方设计调整、确认增加绿化小苗密度,现已签完字,预计可能增加金额 64 万元。

(2)死亡苗木尽力争取多办理签证。

(3)在审计时总价包干合同内未做的工作量,要尽最大努力争取回来,预计可能增加金额 41.4 万元。

(4)超出合理范围的成本暂不予入账,上报高管会讨论同意后方可入账。

第四章　项目竣工与养护移交

第一节　竣工验收

一、公司内部验收

工程项目施工完毕后,各项目管理公司要及时申请预验收,并由工程管理中心组织相关职能部门进行项目预验收工作。预验收结束后,要出具书面验收报告。需要进行整改的,还必须说明需整改的项目和具体要求,限定整改时间。出现实物盈亏的要查明原因,分清责任,对有关责任人进行处理。整改完毕后必须进行再验收,完全合格后才能正式申请外部验收,并取得竣工验收报告。

验收的主要内容:竣工资料、竣工图的完成情况,工程台账,工程观感质量,苗木成活率,签证,设计变更图,B3 表编制情况等。

(一)工程内部验收的条件

(1)工地现场已完成设计和合同约定的所有工作内容,项目部自检合格,项目公司内部预验收合格。

(2)有完整的竣工资料:竣工图纸,施工合同及完成的工程量清单,工程管理资料,施工过程资料。

(二)工程内部验收流程和要求

1. 申请内验

(1)项目部完成全部工作内容后,填写《工程竣工验收报告》(表 4-1),提交公司工程管理中心审查。

(2)工程管理中心向公司相关部门提出内部验收申请。

(3)经公司各职能部门审查竣工资料合格后,由工程管理中心组织公司资源采购中心、成本核算中心、设计院等相关部门在约定的时间内对合同工程实体施工质量进行内部验收。

2. 内部验收

(1)工程管理中心根据项目管理公司申请,组织各相关部门进行工程内部验收。各小组成员分别根据合同、竣工图纸等对工程各部位进行逐一检查,对验收过程中发现的问题进行记录(表 4-2~表 4-4),提交工程管理中心。

(2)工程管理中心汇总验收小组提交的问题记录,汇编成《工程验收质量整改清单》发送至项目管理公司进行整改。

（3）项目管理公司对照《工程验收质量整改清单》逐一进行整改，并须在规定时间内完成。

（4）由项目管理公司提出复验申请，验收小组按规定时间对工程进行复检。需整改的项目经复检合格后方可进行工程移交，否则要求施工单位重新整改。

（5）对验收合格的工程，在《工程竣工验收汇总表》（表4-5）上签署验收意见并签名、写上时间。

（6）内部验收依据现行规范、制度及公司相关制度文件。

（三）参加内验各单位、部门职责

1. 项目部职责

（1）"施工图纸和合同"约定隐蔽工程

① 隐蔽工程内部验收前，由项目部组织，通过"三检"管理，首先班组自行检查合格，报项目部检查核实，经项目部质检人员、技术总工检查确认后，最终经项目管理公司验收确认。

② 隐蔽工程验收未合格，不得进行下道工序。验收合格是指针对检查存在的问题都得以改善完成，并且项目管理公司对整改的成果确认合格。

③ 对于重点关注的项目或工序，项目管理公司根据公司相关要求及国家规范，对其控制点、检查点进行全检，以提高产品质量。

④ 以上验收合格后，由项目管理公司向工程管理中心提出内部验收申请。

（2）"施工图纸和合同"约定分部、分项工程验收（包括需政府质检等部门验收备案工程）

应具备的条件：

① 项目部已经按设计要求和合同约定完成需验收的分部、分项工程。

② 分部、分项工程质量验评资料完备。

③ 质量保证资料齐全、真实，并与工程进展同步；有关原材料、半成品试验和评定合格。

④ 施工形成的观测数据满足相关规范的要求。

⑤ 分部、分项工程自评资料齐全，评定结果符合要求。

2. 公司各部门职责

（1）工程管理中心

① 依据项目公司内验申请报告，工程管理中心根据工程性质组织相关职能部门前往验收。

② 负责验收现场施工质量（包含甲定乙供材料品牌、规格型号）是否已满足合同以及图纸约定要求；涉及隐蔽工程验收的将检查隐蔽项目的验收资料；同时，根据已完成的工程量清单及竣工图对现场工程量进行核实，核查竣工资料与实物是否一致。

③ 对于违反合同约定施工的，将不予通过，需要整改完毕后再申请复验，直至合格。

④ 负责检查竣工资料与工程进展是否同步、真实、完整。

⑤ 在《工程竣工验收汇总表》上签署验收意见。

（2）成本核算中心

① 验收前，首先核对项目提供的竣工图及已完工工程量清单内容，是否与"施工图纸、工程合同约定的工程范围以及工程量清单"所列的项目一致。

② 施工现场，验收现场完成工程量清单项内容（数量抽查）是否与"施工图纸和工程合同约定的工程范围、工程量清单以及竣工图"一致，以及签证工程内容的真实性、合法性。

③ 在《工程质量竣工验收记录表》上签署意见。

（3）资源采购中心

① 验收前，核对现场已完成工程内容是否和"施工图纸、工程合同约定的工程范围以及工程量清单"所列的材料名称、数量、规格型号等一致。

② 督促项目管理公司及时清理、统计各种剩余材料、设备等剩余物资的品种、规格、数量等，并及时上报资源采购中心。对项目管理公司上报的剩余物资进行核实，并与项目管理公司完善相关手续，按公司相关规定统一调配处理。

（4）设计院

① 验收前，核对施工图、设计变更与竣工图的一致性。

② 施工现场，验收现场工程完成是否与"施工图纸、变更单、竣工图"一致。

③ 在《工程质量竣工验收记录表》上签署意见。

表 4-1　金埔园林工程竣工验收报告

工程名称				
项目管理公司	项目负责人		开工日期	
	项目技术负责人		完工日期	
工程概况				
合同价		万元	绿化面积	m²

本次竣工验收工程概况描述：

项目负责人：

日　期：　　年　月　日

表4-2　金埔园林工程项目观感质量检查记录

工程名称						
项目管理公司						
序号	项目		检查部位(区域)	质量评价		
				好	一般	差
1	绿化工程	绿地的平整度及造型				
2		生长势				
3		植株形态				
4		定位、朝向				
5		植物配置				
6		外观效果				
1	园林附属工程	园路:表观洁净				
2		色泽一致				
3		图案清晰				
4		平整度				
5		曲线圆滑				
6		假山、叠石:色泽相近				
7		纹理统一				
8		形态自然完整				
9		水景水池:颜色、纹理质感协调统一				
10		设施安装:防锈处理、色泽鲜明、不起皱皮及疙瘩				
观感质量综合评价						
检查结论	项目负责人:　　　　　　　　　工程管理中心:　　　年　月　日　　　　　　　　　　　　年　月　日					

注:质量评价为差的项目,应进行返修。

表4-3　金埔园林工程资料验收核查记录

工程名称				
项目管理公司			资料员	
序号	项目	资料名称	核查意见	
1	管理资料	工程概况		
2		工程项目施工管理人员名单		
3		施工组织设计及施工方案		
4		施工技术交底记录		
5		开工报告		
6		竣工报告		

续表 4-3

序号	项目	资料名称	核查意见
1	质量控制资料	图纸会审、设计变更、洽商记录	
2		工程定位测量及放线记录	
3		原材料出厂证明文件	
4		施工试验报告及见证检测报告	
5		隐蔽验收记录（钢筋、砌体等）	
6		施工日志	
1	质量验收资料	检验批是否按照规定表格进行报验	
2		隐蔽验收是否漏报验	
3		混凝土浇筑时，是否报验浇筑报审表与配合比单	
4		材料进场报验时，是否附有质保资料	
5		报验的资料，监理是否已签字盖章	
6		现场资料是否有序完整地进行存档	
1	竣工验收	竣工验收证明	
2		施工总结	
3		竣工图	
4		竣工资料 — 资料汇总	
5		分项工程汇总	
6		分部（子分部）汇总	

项目负责人：

年　　月　　日

工程管理中心：

年　　月　　日

表 4-4　金埔园林工程项目植物成活率统计记录

工程名称			项目管理公司		
序号	植物类型	种植数量	成活率	抽查结果	核（抽）查人
1	常绿乔木				
2	常绿灌木				
3	绿篱				
4	落叶乔木				
5	落叶灌木				

续表 4-4

序号	植物类型	种植数量	成活率	抽查结果	核(抽)查人
6	色块(带)				
7	花卉				
8	藤本植物				
9	水湿生植物				
10	竹子				
11	草坪				
12	地被				
13					

结论:

项目负责人: 工程管理中心:

　　　年　月　日　　　　　　　　　　　　年　月　日

表 4-5 金埔园林工程竣工验收汇总表

工程名称					
项目管理公司		项目负责人		开工日期	
		项目技术负责人		完工时间	
序号	项　目	验收结论			
1	资料				
2	观感质量				
3	植物成活率				
4	综合验收结论				
参加验收单位	参加验收人员		项目负责人		工程管理中心
	年　月　日		年　月　日		年　月　日

(四) B3 表编制及审核要求

1. B3 表编制

项目完工前夕,项目会计需提前为完整归集施工成本、正确编制完工项目成本汇总表(B3 表,表 4-6~表 4-13)做好充分准备,提醒项目部及时完成结算和各类费用报销工作,尤其是在后期采购材料价格确认流程没有完成的情况下,督促材料员尽快协调解决。B3 表的完成,是对项目经营成果的总结,项目会计需充分重视,积极配合项目经理,高质量完成阶段性成本核算汇总工作。

按照公司内控制度,项目完工需编制切实可行的养护方案和养护计划,财务会计依据经工程管理中心和成本核算中心审批过的养护计划,计入工程施工养护费科目,贷方预付养护款科目,供应商统一使用"养护"名称,当月完成编制后,将项目经理签字确认的 B3 表及时上报成本核算中心及财务中心处。

每月度项目养护所发生的各项成本,贷方红字冲抵预付养护款。B3 表同样根据财务账面变动,调整编制月度 B3 表。该表结算成本金额保持不变,但已付、未付及暂估各列每月需及时更新,尤其 B3.7(完工项目养护成本汇总表)须按照表 4-13 更新填列。注意 B3 表头各项汇总数据必须与财务账套数据保持一致。

2. 竣工结算编制时间

竣工图纸必须在项目完工 2 周内完成,并经过项目预算员、项目经理审核确认。项目预算员依据经审定的竣工图纸及其他有效签证文件,在以下规定时间内完成公司内部成本结算(B3 表)、竣工项目结算书的编制及与业主结算确认工作:

(1) 1 000 万元以下工程,B3 表在 5 天内完成;在 15 天内完成结算书;并于提交甲方后 45 天内完成结算确认。

(2) 1 000 万元(含)~2 000 万元的工程,B3 表在 10 天内完成;在 20 天内完成结算书;并于提交甲方后 45~60 天内完成结算确认。

(3) 2 000 万元(含)~3 000 万元的工程,B3 表在 15 天内完成;在 30 天内完成结算书;并于提交甲方后 60~90 天内完成结算确认。

(4) 3 000 万元(含)以上工程,B3 表在 20 天内完成;在 45 天内完成结算书;并于提交甲方后 90~120 天内完成结算确认。

3. B3 表审核流程及审核要点

(1) 工程完工后 30 日内,项目部核算员配合项目会计编制 B3 表,并提交项目经理、项目管理公司总经理审批。

(2) 产值成本部在收到 B3 表 2 日内完成审核,并依次提交成本核算中心经理、财务中心主管领导、财务总监审核,总经理审批。

(3) 项目完工撤场后,应及时进行完工项目分析,完善项目结算单及材料单等资料,杜绝出现项目完工后项目成本归集不全的情况。

(4) 成本核算中心审核岗审核 B3 表时,一般项目按项目绿化苗木成本的 12% 计提养护费,高原、高海拔等特殊区域经分析后合理计提养护费用,计提的养护费经审核,由项目部报工程管理中心,养护方案中明确养护重点审核及养护人工、材料耗用等明细。

(5) B3 表审核完成后,此后项目养护及补苗等发生的费用均应计入对应项目养护成本,B3 表统计的详细归集成本为项目施工成本(另外还包括了项目预估的养护等费用)。

表 4-6 竣工项目成本结算汇总表(B3 表)

工程名称： 编号:B3.0

序号	费用名称	结算成本金额(元)	已付款(元)	未付款(元)	月暂估(元)	附表
一	直接费					
(一)	人工费					B3.1
(二)	材料费					
1	土建主材费					B3.2
2	苗木主材费					B3.3
(三)	机械费					B3.4
二	管理费					
(一)	管理人员工资					
(二)	招待费					
(三)	通信费					
(四)	交通费					
(五)	办公费					
(六)	工地餐费					
(七)	其他					
三	其他费用					B3.5
四	预估费用					B3.6
五	分包费用					B3.7
	合计					

编制说明：

填报人： 日期： 年 月 日

项目经理： 日期： 年 月 日

项目管理公司总经理： 日期： 年 月 日

表 4-7　项目成本人工费用结算汇总表

工程名称：　　　　　　　　　　　　　　　　　　　　　　　　　　　编号：B3.1

序号	班组名称	工种	结算金额（元）	已付款（元）	未付款（元）	月暂估（元）	备注
...							
合计							

编制说明：

填报人：　　　　　　　　　　　　　　　　　　　　日期：　　　年　　月　　日

项目经理：　　　　　　　　　　　　　　　　　　　日期：　　　年　　月　　日

项目管理公司总经理：　　　　　　　　　　　　　　日期：　　　年　　月　　日

表 4-8　项目成本土建材料费用结算汇总表

工程名称：　　　　　　　　　　　　　　　　　　　　　　　　　　　编号：B3.2

序号	供应商	材料名称	规格及型号	单位	数量	单价（元）	结算金额(元)	已付款（元）	未付款（元）	月暂估（元）	备注
...											
合计											

编制说明：

填报人：　　　　　　　　　　　　　　　　　　　　日期：　　　年　　月　　日

项目经理：　　　　　　　　　　　　　　　　　　　日期：　　　年　　月　　日

项目管理公司总经理：　　　　　　　　　　　　　　日期：　　　年　　月　　日

表 4-9　项目成本苗木费用结算汇总表

工程名称：　　　　　　　　　　　　　　　　　　　　　　　　　　　　　　　　　编号：B3.3

序号	供货商	苗木名称	规格	数量	单位	单价（元）	结算金额（元）	已付款（元）	未付款（元）	月暂估（元）	备注
…											
合计											

编制说明：

填报人：　　　　　　　　　　　　　　　　　　　　　日期：　　　年　　　月　　　日

项目经理：　　　　　　　　　　　　　　　　　　　　日期：　　　年　　　月　　　日

项目管理公司总经理：　　　　　　　　　　　　　　　日期：　　　年　　　月　　　日

表 4-10　项目成本机械费用结算汇总表

工程名称：　　　　　　　　　　　　　　　　　　　　　　　　　　　　　　　　　编号：B3.4

序　　号	机械供应商	机械名称	单价（元）	结算金额（元）	已付款（元）	未付款（元）	月暂估（元）	备注
…									
合计								

编制说明：

填报人：　　　　　　　　　　　　　　　　　　　　　日期：　　　年　　　月　　　日

项目经理：　　　　　　　　　　　　　　　　　　　　日期：　　　年　　　月　　　日

项目管理公司总经理：　　　　　　　　　　　　　　　日期：　　　年　　　月　　　日

表 4-11 项目成本其他费用结算汇总表

工程名称：　　　　　　　　　　　　　　　　　　　　　　　　　　　　　　编号：B3.5

序号	供应商	项目名称	结算金额（元）	已付款（元）	未付款（元）	月暂估（元）	备注
...							
合计							

编制说明：

填报人：　　　　　　　　　　　　　　　　　　　　日期：　　年　　月　　日

项目经理：　　　　　　　　　　　　　　　　　　　日期：　　年　　月　　日

项目管理公司总经理：　　　　　　　　　　　　　　日期：　　年　　月　　日

表 4-12 项目成本缺陷责任期（预估）费用汇总表

工程名称：　　　　　　　　　　　　　　　　　　　　　　　　　　　　　　编号：B3.6

序号	预估项目	预估金额（元）	备　注
...			

编制说明：

填报人：　　　　　　　　　　　　　　　　　　　　日期：　　年　　月　　日

项目经理：　　　　　　　　　　　　　　　　　　　日期：　　年　　月　　日

项目管理公司总经理：　　　　　　　　　　　　　　日期：　　年　　月　　日

表 4-13　项目分包预算成本汇总表

工程项目名称：　　　　　　　　　　　　　　　　　　　　　　　　　　　编号 B3.7

序号	分包商单位全称	分包内容	结算金额（元）	已付款（元）	未付款（元）	月暂估（元）	备注
...							
项目核算员：				项目经理：			

填表说明：

（1）本表按分包项目填列，将本项目所有分包商汇总在一张表上填列。每一个分包商对应一个分包内容填列。如果一个分包商有几个不同的分包内容，应分行填列。如果一个分包内容有几个分包商，也应分行按分包商填列。

（2）工程项目名称：分二级填写，即城市名＋工程名称。例如，南京仙林商务，工程项目名称：南京（城市名）、仙林商务（工程名称）。

（3）分包商单位全称：分包单位全称为合同签订的分包单位全称，也是财务挂账和发票开出单位的名称。

（4）分包内容：主要有土建、结构、饰面、木作、钢结构、安装、土方、景石、绿化、其他等分包工程。

（5）合同造价：填写第一次签订的合同造价。

（6）由本公司项目经理、项目核算员编制并签发意见。

二、外部验收

工程通过外部验收并取得竣工验收证明，是工程养护期开始计算的依据，同时也是财务各项成本归结的依据。若项目迟迟不能验收，则工程款无法及时回笼，养护期也将无限期延长，导致工程无法移交，项目的养护成本增加。

（一）工程项目竣工验收应具备的基本条件

（1）工程正式竣工验收必须具备以下条件：

① 施工单位承建的工程内容已按合同要求全部完成；土建工程及附属的给排水、采暖通风、电气及消防工程已安装完毕；室外的各种管线已施工完毕，且具备正常使用条件。

② 施工单位占用的场地已按要求全部清理、维修完毕。

③ 工程的初验收已完成，初验收中提出的整改内容已按规定全部整改完成，并达到合格要求。

④ 工程竣工验收所需的全部资料已按规定整理、汇总完毕。

（2）对于合同规定的某些需要行业验收和需要政府有关专项验收主管部门验收的工程，必须经行业主管部门和政府专项验收主管部门验收合格后，方可报正式竣工验收。

（3）已完工工程符合上述基本条件，但实际上有少数非主要设备及某些特殊材料短期内不能解决，或工程虽未按设计规定内容全部建成，但对投产、使用影响不大，经建设单位同意也可报正式验收。

（二）工程项目验收所依据的文件及验收内容

（1）工程项目招、投标文件及后续业主的有效需求变更。

（2）批准的设计文件、施工图纸及施工说明。

（3）双方签订项目承包合同。

（4）设计变更通知书。

（5）国家（行业）的相关施工验收规范和质量验收标准，以及设备厂家的功能、性能标准。

（6）核查项目合同约定范围的工程内容是否全部完成，是否能满足业主需求，有无漏项，增减的内容变更手续是否齐全。

（7）按照项目预算、施工设计及国家相关标准规范、业主需求，核查项目设计、设备器材采购、安装施工、装置调试等各项工作实际完成情况的优劣，测试装置功能，性能是否达到预期效果。

（三）工程竣工验收

工程竣工验收一般分为阶段验收、初验收和正式验收。

1. 阶段验收

（1）阶段验收是指对按合同规定的进度款支付条件的符合性的验收。

（2）阶段验收由公司项目建设主管部门与监理单位（如有）共同审查后，提交验收办批准，并作为进度款支付的依据。

（3）阶段验收不代表对任何质量方面的最终认可。

2. 初验收

（1）建设项目完工后，为了顺利通过工程正式验收，项目建设主管部门与监理单位负责组织施工单位进行工程竣工初验收，并审查由施工单位编写的《工程竣工验收总说明》和《工程竣工验收申请报告书》。

（2）工程初验收程序如下：

① 检查拟验收工程是否按合同要求完成了全部施工内容，检查施工单位是否做到工完场清。对于经公司同意的因特殊原因未按设计规定的内容完成但不影响投产使用的工程内容，填写《工程未完内容明细表》。

② 检验拟验收工程是否达到设计要求及施工合同规定的质量标准，各项设施运行是否正常，是否达到规定的质量标准。对没有达到规定质量要求的工程，填写《整改通知单》，提交施工单位整改。

③ 检查主要工程部位的隐蔽工程验收记录，必要时，可抽查已隐蔽的工程部位。

④ 检查施工单位编制的竣工档案是否符合合同要求或相关行业标准要求。

⑤ 检查监理单位的监理档案及监理工作总结。

（3）经过初验收和对竣工档案的检查，项目建设主管部门填写《工程初验收情况报告表》和《工程决（结）算意见》，并附 3 套完整的竣工档案资料（包括电子光盘 1 份），向验收办提出正式验收申请。

3. 正式验收

（1）验收办接到正式验收申请后，根据工程特性和初验收情况，确定项目验收组成员名单和正式验收时间,并于工程正式验收前3日,向参加正式验收的相关单位和人员发出《正式验收通知》。

(2)工程正式验收程序是由验收办组织验收会议,会议内容如下:

① 情况介绍

● 施工单位代表介绍工程施工情况、自检情况及合同执行情况,出示竣工资料(竣工图及各项原始资料和记录)。

● 监理工程师介绍工程实施过程中的监理情况,做监理工作总结,发表竣工验收意见。

● 项目建设主管部门做工程管理总结,提出竣工验收意见。

② 项目验收组成员对已竣工的工程进行现场检查,同时检查竣工资料内容是否完整、准确。

③ 项目验收组成员提出工程现场检查中发现的问题,对施工单位提出限期整改意见。

④ 整改完成后,工程验收通过,出具竣工验收合格证明书,由建设、监理、设计盖章确认。

第二节　竣工结算书编制、审核工作流程及要求

一、竣工结算编制前准备工作

工程竣工结算是指项目或单项工程完成并达到验收标准,取得竣工验收合格签证后,施工企业与建设单位(业主)之间办理的工程竣工结算。

单项工程竣工验收后,由施工企业及时整理技术资料,主要包括竣工图和编制竣工结算以及施工合同、补充协议、设计变更洽商等资料,送建设单位审查,经发、承包双方达成一致意见后办理结算。但属于中央和地方财政投资的园林工程的结算,需经财政主管部门委托的造价中介机构或造价管理部门审查,有的工程还需经过审计部门审计。

(1)工程竣工结算编制依据

工程竣工结算的编制是一项政策性较强,反映技术经济综合能力的工作,既要做到正确地反映工人创造的工程价值,又要正确地贯彻执行国家有关部门的各项规定,因此,编制工程竣工结算必须提供工程结算送审资料(见表4-14)。

表4-14　工程结算送审资料

工程项目名称:

序号	资料名称	送审资料情况	送审资料套数	备注
1	招投标文件、补充文件及答疑文件	有□　　无□		
2	中标通知书	有□　　无□		

续表 4-14

序号	资料名称	送审资料情况		送审资料套数	备注
3	工程施工合同及协议	有□	无□		
4	施工图	有□	无□		
5	竣工图	有□	无□		
6	有效的隐蔽工程验收记录	有□	无□		
7	设计变更资料	有□	无□		
8	图纸会审记录、会议纪要、洽商纪要	有□	无□		
9	签证单	有□	无□		
10	联系单	有□	无□		
11	指令单	有□	无□		
12	技术核定单	有□	无□		
13	材料价格确认单（价格佐证资料）、调价文件、当地信息价	有□	无□		
14	工程结算书	有□	无□		
15	工程量计算书	有□	无□		
16	开、竣工报告	有□	无□		
17	工程验收合格证明（送甲方之前必须完成）	有□	无□		

审报说明：

结算书编制是在工程竣工验收合格的基础上进行，编制前务必收集齐全结算编制相关文件，并按照甲方要求份数打印上报，避免在审计过程中因资料不全而导致审计时间无限延长，因后期再补资料难上加难。

（2）工程竣工结算审批流程

各项目管理公司在工程完工后，在内控制度规定的时间内收集相关竣工资料，及时完成竣工结算文件的编制，进行工程竣工结算审批。审批流程要求如下：

竣工结算项目部自查自审——上报成本核算中心初步审核（根据初审意见进行调整结算）——由结算审计部递交给公司审计事务所审核——（根据审核意见调整结算）——调整结算对外报送——项目部结算审计对接——取得竣工结算报告。

未经公司成本核算中心审核，擅自报送甲方导致结算书被退回、结算漏报等严重问题，由各项目管理公司承担相关责任和后果。上报结算文件整体资料原件需留成本核算中心存档 1 份。

二、结算书编制及审批要求

(一) 整理检查结算基础资料

项目部核算员在编制结算书前要深入理解工程合同。

工程合同是结算审计的重要依据之一,编制人员应全面熟悉并理解合同中包含的内容,特别是针对合同约定的哪些项目可以调整,合同价款要熟记于心。详细了解施工合同内有关结算书编制和上报要求的文字部分。

如丰县飞龙湖关于结算部分的条款:

(1) 工程养护期 2 年,自工程竣工初验合格之日起计算。

(2) 工程在建设期、养护期、回购期均不计息。发包人超过约定的支付时间不支付工程款,承包人可向发包人发出要求付款的通知,发包人收到承包人通知后仍不能按要求付款,即按中国人民银行同期贷款利率的双倍计算滞纳金。

(3) 承包人须于工程竣工验收合格后 1 个月内上报工程决算审计。发包人应在 60 个工作日完成审计,否则,工程价款以承包人申报的决算价为准。

(4) 最终工程价款的确认:以徐州市丰县审计机关审定的工程决算价为准并按审计总价 6% 的比例下浮。

(5) 结算依据:依据 2007 版《江苏省仿古建筑与园林工程定额》;如此定额未有,可以套用《江苏省市政工程计价表》《江苏省安装工程计价表》;2004 版《江苏省建筑与装饰工程计价表》;2009 版江苏省建设工程费用定额、徐州市建筑工程定额管理站及徐州市相关规定。

(6) 绿化造价以苗价为基础计算工程造价,其中苗木单价参照当期《徐州工程建设及造价信息》发布的材料价格。

(7)《徐州工程建设及造价信息》未发布的材料价格由双方按市场价协商确定。

(二) 根据竣工图纸及相关资料计算工程量

园林工程中最常用的工程量计算主要有土方工程量、园林土建项目、园林绿化苗木计量。

1. 土方工程量计算

(1) 绿地平整及地形改造:绿地平整一般情况下为竣工图中所有模纹和地被面积之和;地形改造分别按照 2 m、3 m、4 m、5 m 高差,土方以 m³ 计算。

(2) 土建部分土方平整

① 园路、花架分别按路面、花架柱外皮间的面积乘系数 1.4 以 m² 计算。

② 水池、假山、步桥,按其底面积乘 2 以 m² 计算。

(3) 人工挖、填土方按 m³ 计算,其挖、填土方的起点,应以设计地坪的标高为准。如设计地坪与自然地坪的标高高差在 ±30 cm 以上时,则按自然地坪标高计算。

(4) 人工挖土方、基坑、槽沟按图示垫层外皮的宽、长,乘以挖土深度以 m³ 计算,并乘以放坡系数。

(5) 路基挖土按垫层外皮尺寸以 m³ 计算。

(6) 回填土应扣除设计地坪以下埋入的基础垫层及基础所占体积,以 m³ 计算。

(7) 余土或亏土是施工现场全部土方平衡后的余土或亏土,以 m³ 计算。

(8) 堆筑土山丘,按其图示底面积乘设计造型高度(连座按平均高度)乘以系数 0.7,以 m³

计算。

（9）围堰筑堤，根据设计图示不同堤高，分别按堤顶中心线长度，以延长米计算。

（10）木桩钎（梅花桩），按设计图示尺寸以组计算，每组5根，余数不足5根按一组计算。

（11）围堰排水工程量，按堰内河道、池塘水面面积及平均深度以 m³ 计算。

（12）河道、池塘挖淤泥及其超运距运输均按淤泥挖掘体积以 m³ 计算。

当然，园林工程遇到的最多的土方就是大型土石方回填工作，在进场施工前，三方（监理、甲方和施工单位）测量一个原始地面标高，施工完毕后，三方（监理、甲方和施工单位）测量完成面标高，由原始地面标高和完成面标高，通过方格网法或三角网法测出土方回填和开挖的土方量（见表4-15），作为结算依据。

2. 园林土建项目计算

（1）园路及地面工程

① 垫层按设计图示尺寸，以 m³ 计算。园路垫层宽度：带路牙者，按路面宽度加20 cm计算；无路牙者，按路面宽度加10 cm计算；蹬道带山石挡土墙者，按蹬道宽度加120 cm计算；蹬道无山石挡土墙者，按蹬道宽度加40 cm计算。

② 路面（不含蹬道）和地面，按设计图示尺寸以 m² 计算，坡道路面带踏步者，其踏步部分应予扣除，并另按台阶相应定额计算。

③ 路牙，接单侧长度以延长米计算。

④ 混凝土或砖石台阶，按设计图示尺寸以 m³ 计算。

⑤ 台阶和坡道的踏步面层，按设计图示水平投影面积以 m² 计算。

⑥ 拌石或片石蹬道，按设计图示水平投影面积以 m² 计算。

（2）砖石工程

① 砖石基础不分厚度和深度，按设计图示尺寸以 m³ 计算，应扣除混凝土梁柱所占体积。大放脚交接重叠部分和预留孔洞均不扣除。

② 砖砌挡土墙、沟渠、驳岸、毛石砌墙和护坡等砖石砌体，均按设计图示尺寸的实砌体以 m³ 计算。沟渠或驳岸的砖砌基础部分，应并入沟渠或驳岸体积内计算。

③ 角边砖柱的砖柱基础应合并在柱身工程量内，按设计图示尺寸以 m³ 计算。

④ 围墙基础和突出墙面的砖垛部分的工程量，应并入围墙内按设计图示尺寸以 m³ 计算，遇有混凝土或布瓦花饰时应将花饰部分扣除。

⑤ 勾缝按 m² 计算，应扣除抹灰面积。

⑥ 布瓦花饰和预制混凝土花饰，按图示尺寸以 m² 计算。

（3）水池、花架及小品工程

① 水池池底、池壁、花架梁、檩、柱、花池、花盆、花坛、门窗框以及其他小品制作或砌筑，均按设计尺寸以 m³ 计算。

② 预制混凝土小品的安装，按其体积以 m³ 计算。

③ 砌体加固钢筋，按设计图示用量，以吨计算。

④ 模板刨光，按模板接触面以 m² 计算。

（4）假山工程

叠山、人造独立峰、护角、零星点布、驳岸、山石踏步等假山工程量，一律按设计图示尺寸以吨计算；石笋安装以支计算。

表 4-15 方格网法算土石方量表

1	2
	b
3	a 4

面积: 386 400.00 m²

挖方量: 734 881.65 m³

填方量: 246 846.06 m³

方格编号	方格网边长		设计标高(m)				自然标高(m)				施工高度(m)				方格内平均高度(m)	面积(m²)	挖方体积(m³)	填方体积(m³)
	a	b	第一点	第二点	第三点	第四点	第一点	第二点	第三点	第四点	第一点	第二点	第三点	第四点				
一	20	20	40.80	41.05	40.80	40.70	39.76	39.76	39.77	39.76	−1.04	−1.29	−1.03	−0.94	1.08	400.00	0.00	430.00
二	20	20	41.05	41.10	40.70	41.10	39.76	39.77	39.76	39.78	−1.29	−1.33	−0.94	−1.32	1.22	400.00	0.00	488.00
三	20	20	41.10	41.12	41.10	41.17	39.77	39.96	39.78	39.89	−1.33	−1.16	−1.32	−1.28	1.27	400.00	0.00	509.00
四	20	20	41.12	41.15	41.17	41.18	39.96	39.95	39.89	39.96	−1.16	−1.20	−1.28	−1.22	1.22	400.00	0.00	486.00

3. 园林绿化苗木计量

(1) 苗木预算价值,应根据设计要求的品种、规格、数量(包括规定的栽植损耗量)分别列项以株、m、m² 计算。

(2) 栽植苗木按不同土壤类别分别计算:

① 乔木,按不同胸径以株计算。

② 灌木,按不同株高以株计算。

③ 土球苗木,按不同的土球规格以株计算。

④ 木箱苗木,按不同的箱体规格以株计算。

⑤ 绿篱,按单行或双行不同篱高以延长米计算(单行 3.5 株/m,双行 5 株/m)。

⑥ 攀缘植物,按不同生长年限以株计算。

⑦ 草坪,地被和花卉分别以 m² 计算(宿根花卉 9 株/m²,木本花卉 5 株/m²)。

⑧ 色带,按不同高度以 m² 计算(12 株/m²)。

⑨ 丛生竹,按不同的土球规格以株计算。

一般情况下,在结算编制前,项目部会派多人到现场点苗,将栽植的乔灌木、地被工程量统计出来,然后绘制竣工图,项目核算员可直接按竣工图里苗木表编制预算。

(三) 清单编制及定额套价

凡在投标范围内的按照投标清单套价;不在投标清单范围内的,投标内有类似清单报价的参照类似清单报价,无类似清单报价的重新组价,组价参照合同条款有关结算依据部分。材料价格有信息价的按施工期间信息价;无信息价的参照市场价;既没有信息价又没有市场价的,按照采购价格上调一定系数上报结算。特殊材料在施工过程中要及时通过核价单双方定价,结算时按照核价单价格直接进入结算(见表 4-16)。

结算编制完成后进行结算汇总,汇总时注意措施项目中单价措施项目是否漏项,总价措施项目和规费、税金等取费的合理性,按照各省的取费标准进行调整。

(四) 编制结算需注意的问题

1. 了解项目合同竣工结算方式

(1) "固定总价"合同结算方式

此类型合同的结算价以固定总价为依据,如果施工期间的施工任务没有增减则按照合同价执行,如果有增减则需要做出调整。结算价分为合同价与变更增减调整部分。

① 合同价

经过建设单位、园林施工企业、招投标主管部门对标底和投标报价进行综合评定后确定的中标价,以固定总价的合同形式确定的标价。

② 变更增减调整

● 合同以外增加的施工任务而发生的结算增加部分。结算时其单价的计算方法按照合同的规定执行;如合同中无明确规定,则可按照当地的定额执行。

● 如合同内的施工任务减少,则按照合同价执行,或者按照调价条款调增清单子目的单价计算。

(2) "固定单价"合同结算方式

① 按照合同单价结算

表 4-16 施工核价单（示例）

工程名称：_____ 编号：_____

事 由	关于地下室侧墙板保温及地面以上外墙保温材料价格

致：_____公司（建设单位）

　　_____公司（监理单位）

　　1. 原招标图纸设计、招标清单编制地下室侧墙板保温采用40厚复合发泡水泥板Ⅱ（燃烧性能A级），考虑到边坡安全，经业主、设计同意，地下室侧墙板保温采用50厚聚苯乙烯保温板（EPS板施工快）。

　　2. 原招标图纸设计、招标清单编制地面以上外墙采用40厚聚苯乙烯保温板（EPS复合A级），市场暂无该防火等级材料，后经业主、设计同意，地面以上外墙采用60厚复合发泡水泥板Ⅱ（燃烧性能A级）。我单位现将材料价格核定如下，敬请业主核准为感！

　　（1）50厚聚苯乙烯保温板（EPS）材料价格为550元/m^3。

　　（2）60厚复合发泡水泥板Ⅱ（燃烧性能A级）材料价格为700元/m^3。

　　（附件共____页）

　　　　　　　　　　施工单位（章）：_____

　　　　　　　　　　项目负责人：_____ 日期：____年___月___日

建设（监理）签收人姓名及时间		施工单位签收人姓名及时间	

监理单位审查意见：

　　　　　　　　　　项目监理机构（章）：_____

　　　　　　　　　　专业监理工程师：_____ 日期：_____

　　　　　　　　　　总监理工程师：_____ 日期：_____

建设单位审核意见：

　　　　　　　　　　项目建设机构（章）：_____

　　　　　　　　　　项目工程师：_____ 日期：_____

　　　　　　　　　　项目负责人：_____ 日期：_____

江苏省建设厅监制

　　此结算方式一般适用于大型园林工程，以投标时的单价作为结算依据，工程量则按照实际发生的施工工程量结算。

　　② 变更增减调整

　　● 投标价中没有的子目，结算价按照合同规定或按照定额执行。

　　● 工程量减少过多，达到调价条款规定的，结算单价按照调价后的执行。

　　③ "成本＋酬金"合同结算方式

　　此方式一般是业主提供所有建设施工所需要的材料、设备、构配件等，施工单位按照合同规定的酬金计算酬金部分。

　　2. 高度重视资料的一致性

　　报竣工结算的资料要齐全，条理清楚。结算书编制要求竣工资料（如竣工图与各种变更）对应起来。编制时，按施工图（有的地方可用竣工图）整体编制一个结算书，然后把相关变更及索赔事项按顺序单独另编一个"变更结算书"。

3. 编制结算书做到认真、细致、不漏项

结算资料报甲方后,甲方会安排审价。审价工作由甲方自行完成或委托第三方审计公司进行,对于施工单位来说差别不大。审计公司或甲方拿到结算资料后,首先会对资料做一个基本判断,如果资料齐全,直接进入下一步;如果资料不全,则会要求补充,但这样不利于施工单位。因此,施工单位在编制结算书时需做到细致,谨防漏项。

4. 及时收集相关手续

项目核算员在施工过程中,必须及时办理符合合同条款的各项变更手续。由于参建工程的各方面人员变动、岗位调整、部门整合等原因,基本不可能等到工程结束后,原设计、监理、业主等单位的负责人员仍旧在原岗位等待施工方前来办理相关手续。如确实无法及时办理,则应收集相关例会纪要、影像资料、部分人员签认单等材料,作为结算时可争取的依据,特别是涉及金额变动较大的项目、不符合合同调整条款的项目、业主要求增加的工作内容一定要慎重对待。遇到类似情况,首先应口头提出办理变更手续的要求,紧接着将变更申请单提交相关单位要求予以确认。如得不到确切的回复,应该在相关施工会议中提出疑问,或向上级部门反映,不可盲目开展施工,以免结算时由于缺乏相关证明资料而无法追回相应费用。

5. 竣工结算编制完成的检查

项目核算员在结算书编制完成后先自行检查,检查无误后,将结算书及相关资料提交结算审计部审核,审核无误后递交成本核算中心经理审核。

结算审计部审核结算资料,首先审核结算书相关资料是否齐全,缺少的资料一律等项目部补齐后再上报结算。检查结算书编制要从以下方面进行:

① 检查清单工程量和定额工程量是否匹配。

② 结算清单综合单价和投标综合单价是否一致。

③ 清单特征描述的主材规格型号是否与定额套用里的主材规格型号一致。

④ 各种取费是否与投标吻合,非投标项目是否与各省费用定额取费标准一致。

如仿古建筑及园林绿化工程管理费和利润取费标准表:

表 4-17　仿古建筑及园林绿化工程管理费和利润取费标准表

序号	项目名称	计算基础	企业管理费率(%)			利润率(%)
			一类工程	二类工程	三类工程	
一	仿古建筑工程	人工费+除税施工机具使用费	48	43	38	12
二	园林绿化工程	人工费	29	24	19	14
三	大型土石方工程	人工费+除税施工机具使用费		7		4

如仿古建筑及园林绿化工程类别划分：

表 4-18　仿古建筑及园林绿化工程类别划分表

序号	类别项目（单位）			一类	二类	三类
一	楼阁庙宇厅堂廊	单层	屋面形式	重檐或斗拱	—	—
			建筑面积（m²）	≥500	≥150	<150
		多层	屋面形式	重檐或斗拱	—	—
			建筑面积（m²）	≥800	≥300	<300
二	古塔（高度 m）			≥25	<25	
三	牌楼			有斗拱	—	无斗拱
四	城墙（高度 m）			≥10	≥8	<8
五	牌科墙门　砖细照墙			有斗拱		
六	亭			重檐亭	其他亭、水榭	—
				海棠亭		
七	古戏台			有斗拱	无斗拱	
八	船舫			船舫	—	—
九	桥			≥三孔拱桥	≥单孔拱桥	平桥
十	园林工程	公园广场	占地面积（m²）	≥20 000	≥10 000	<10 000
		庭院		≥2 000	≥1 000	<1 000
		屋顶		≥500	≥300	<300
		道路及其他		≥8 000	≥4 000	<4 000

总价措施项目中除了安全文明施工中的基本费、临时设施费为不可竞争费，可按照费用定额标准计取外，其他每一项的计取都需要双方签字盖章证明，这需要项目部在施工期间争取。

如安全文明施工措施费取费：

表 4-19　安全文明施工措施费取费标准表

序号	工程名称		计费基础	基本费率（%）	省级标化增加费（%）
一	建筑工程	建筑工程	分部分项工程费＋单价措施项目费－除税工程设备费	3.1	0.7
		单独构件吊装		1.6	—
		打预制桩/制作兼打桩		1.5/1.8	0.3/0.4
二	单独装饰工程			1.7	0.4
三	安装工程			1.5	0.3

续表 4-19

序号	工程名称		计费基础	基本费率（%）	省级标化增加费（%）
四	市政工程	通用项目、道路、排水工程	分部分项工程费＋单价措施项目费－除税工程设备费	1.5	0.4
		桥涵、隧道、水工构筑物		2.2	0.5
		给水、燃气与集中供热		1.2	0.3
		路灯及交通设施工程		1.2	0.3
五	仿古建筑工程			2.7	0.5
六	园林绿化工程			1.0	—
七	修缮工程			1.5	—
八	城市轨道交通工程	土建工程		1.9	0.4
		轨道工程		1.3	0.2
		安装工程		1.4	0.3
九	大型土石方工程			1.5	—

如措施项目费取费：

表 4-20　措施项目费取费标准表

项目	计算基础	各专业工程费率（%）					仿古（园林）	城市轨道交通	
		建筑工程	单独装饰	安装工程	市政工程	修缮土建（修缮安装）		土建轨道	安装
临时设施	分部分项工程费＋单价措施项目费－工程设备费	1~2.3	0.3~1.3	0.6~1.6	1.1~2.2	1.1~2.1（0.6~1.6）	1.6~2.7（0.3~0.8）	0.5~1.6	
赶工措施		0.5~2.1	0.5~2.2	0.5~2.1	0.5~2.2	0.5~2.1	0.5~2.1	0.4~1.3	
按质论价		1~3.1	1.1~3.2	1.1~3.2	0.9~2.7	1.1~2.1	1.1~2.7	0.5~1.3	

　　注：本表中除临时设施、赶工措施、按质论价费率有调整外，其他费率不变。

　　上述审核通过后，结算书返回项目部按照甲方要求的份数打印上报结算。

三、工程结算审计工作流程

（一）充分了解项目结算文件

　　"充分"为两层含义：一是项目结算资料齐全；二是对上报的所有资料要熟悉。

　　结算时所有用到的图纸、资料、计算底稿等都要备齐，忌讳对账时丢三落四，耽误时间且容易使审计人员反感。对准备好的资料要了如指掌，通常一人经手编制的结算在短时间内不会太生疏，但多人合作编制的结算由其中一个人出面对接或经手人上报后很长时间后才核对，就要花大量时间熟悉以往资料，不应仓促进行审计核对，应先熟悉结算资料，理清思路后，才能向审计人员清晰流畅地表达自己的编制思路，很容易引导审计人员跟着编制时的思路走，掌握审计工作的主动权。

对结算审计新手来说更为重要的是,可以增强工作自信心,缓解紧张情绪。

事前要掌握结算中的薄弱点。所谓薄弱点是指那些容易产生争议并且对自己不利的问题,要着重注意。针对薄弱点做好相应的"补强"措施。还要有一定的预判,针对可能出现的最有利和最不利的结果制定相应的结算审计策略。与审计人员接触时,要注意守时、着装、谈吐等基本礼仪,给审计人员一个好印象,这样容易开展工作。在审计过程中遇到需拍板决定的重大问题不应轻易表态,尽量留有回旋余地,不经过仔细思考,仓促间做出的决定很容易发生错误。

(二)审计核对

正式进入审计阶段后需要施工单位结算人员派专人对接审计。审计内容包括合同工程量核对、变更工程量核对、套价核对、单价调整情况核对、措施费核对以及规费、税金核对等。

1. 合同工程量核对

审计人员按有关设计文件、图纸、竣工资料计算合同工程量。工程量清单计价方式基本上均按照图纸标注的尺寸计算工程实体工程量(即净用量),不考虑合理的施工损耗。审计人员对工程量的计算进行审查,重点关注是否存在工程量与工程实际不符、重复计算工程量、工程量计算错误、错项和漏项等问题。

由于一个工程项目的分部分项工程数量众多,审计人员在审计中可以采用对比分析法、抽查法、利用经验数据判断等多种方法。用得比较多的是抽查法,如绿化模纹面积抽查,审计人员会抽查一部分工程量与上报量对比,然后整体的工程量按照抽查的百分比下浮。

图 4-1 是某工程竣工图,1、2、3、4、5 地块模纹是现场审计抽查的部位,这几处位于工程北岸,也是紧挨着主道的位置,审计抽查时审计人员从北岸模纹地块开始,用 GPS 工具定点抽查了这几块部位的面积,几乎都与竣工图相符,最终整体模纹面积没有扣减。

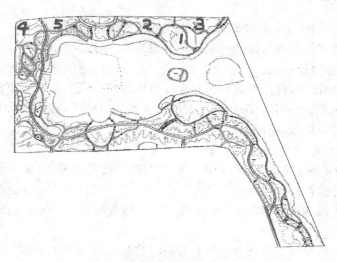

图 4-1　工程竣工图

土建铺装基层部分,审计人员一般情况下会用钻芯取样来核实现场基层是否按照图纸施工,如果未达到标准厚度,结算中按取芯厚度扣除基层厚度。这种方式需要施工单位结算人员在前期施工过程中考虑到,在施工过程中预备几处样板区按照图纸施工,以备审计中引导审计人员在此部分区域进行抽样。

图4-2　园路基层钻芯取样

2. 变更工程量核对

审计人员以施工合同为基础,审查因设计变更增减的工程量。其中材料价差以设备、材料核价单为准,对工程(设计变更)联系单及工程签证单,按合同约定条款进行审核、认定,对于不符合合同条款约定及不符合现场签证制度规定,或签字手续不全的签证单,审计过程中不予计算。

对于变更的工程量,要有充分的证据证明变更工程量的合理性,这需要项目部在施工过程中注重变更资料的收集,如现场签证、设计变更文件。如果文字部分不足以说明现场情况,需要现场照片进一步佐证,这需要项目部施工人员在施工过程中及时保留现场施工照片直至工程审计结束。

3. 套价核对

对于合同内相通的清单报价部分,审计人员按投标报价清单来套价,施工单位结算人员要逐个核对清单单价是否与报价一致。对于报价不一致的清单,要随时记录下来通知对方更改,保证与投标报价一致。对于变更工程量报价部分,逐项比对清单,对于报价不同的地方,分析清单定额部分,利用专业知识和现场照片等相关资料来说服审计人员,一步一步地减少审计异议内容,直至异议降到审计人员可接受的范围。其他内容根据合同规定的有关结算条款和有关定额、取费标准商定结算。

4. 单价调整情况

(1) 材料差价的调整:建设工程费用中材料费所占比重最大,大多在50%以上,因此要重点检查结算文件的材料价格和施工过程中信息价的价差。如施工过程中材料价格大幅上涨且合同约定可以调价,应按相关文件对材料价格进行调整。同时,还应注意检查材料消耗量是否正确。

要检查上报结算材料价格调差范围和调差方法是否与有关主管部门下发的调差文件、招标文件及合同相符。如根据合同约定,地材按施工期的市场信息价进行调差,但是在实际施工过程中,因为业主要赶工期,而当地的材料供应不足,故部分片石需从外地购买,经火车运至现场,增加了高额运费;又如由于黄沙价格需采用当地指导价,大大高于市场信息价。结算初期,审计人员针对此类项目一律不予认可,但有充分证据,如业主及各方盖章签字的会议纪要、政策调整文件等,审计过程中部分可获取审计人员认可。

(2)部分工程施工工期较长,横跨人工工日价格调整的多个阶段,这就需要在施工期间做好各人工费调整价格区域内工程量的计量资料,找业主、监理确认后才可在结算文件中调整计算人工费,作为最终结算审计的依据。

江苏省定额人工费用调整文件汇总见表4-21。

表 4-21　江苏省定额人工费用调整文件汇总

单位:元/工日

工种	调整文号	苏建价〔2010〕494号	苏建价〔2011〕812号	苏建函价〔2013〕111号	苏建函价〔2013〕549号	苏建函价〔2014〕102号
	调整时间	2010年11月1日	2012年2月1日	2013年3月1日	2013年9月1日	2014年3月1日
建筑工程一类工		56	70	79	82	85
建筑工程二类工		53	67	76	79	82
建筑工程三类工		50	63	71	74	77
安装、市政工程一类工		56	63	71	74	77
安装、市政工程二类工		53	60	68	71	74
安装、市政工程三类工		50	56	63	66	69
单独装饰工程		61~78	70~90	79~102	82~106	85~110
修缮工程		53	63	71	74	77
包工不包料工程		70	88	99	103	107
包工不包料单独装饰工程		78~96	90~110	102~124	106~129	110~134
包工不包料安装市政工程		70	79	89	93	97
包工不包料修缮加固工程		70	83	94	98	102
点工		58	73	82	85	88
点工装饰工程		67	77	87	90	94
机械台班中工日单价		53	67	76	79	82

如飞龙湖项目施工工程横跨2013年3月至2014年3月,在此期间正好2013年9月1日依据江苏省人工费调价文件进行人工费调整,那么结算人员应及时找甲方和监理确认这两段时期的工程量,以此作为调价依据。工程计量报审表见表4-22。

表 4-22　工程计量报审表

工程名称：_____　　　　　　　　　　编号：B2.0

致：_____（业主单位）
　　_____（监理单位）

兹申报____2013___年__3__月__1__日至____2013___年__9__月__1__日完成的合格工程量,请予核查。
　　类别：
　　1. 合同内工程量
　　2. 变更工程量
　　3. 实际完成金额_____
　　附件：
　　1. 计算书和说明共_____页
　　2. 变更通知单

承包单位项目经理部（章）：_____

项目经理：_____　日期：_____

项目监理机构签收人 姓名及时间		承包单位签收人 姓名及时间	

专业监理工程师审查意见：
专业监理工程师：_____　日期：_____

业主工程师审核意见：
业主单位（章）：_____
业主工程师：_____　日期：_____

注：此表仅作为承包单位内部财务核算资料,不作为工程结算的依据,不具有任何与工程结算相关的法
　　律效力。

江苏省建设厅监制

5. 措施费核对

审计人员要核实措施费等的计算基础、适用范围。措施项目是相对工程实体的分部分项工程项目而言,是对实际施工中必须发生的施工准备和施工过程。

除了安全文明施工费中基本费等是不可竞争费用,按照国家定额规定计取外,其他各项总价措施费用的计取都是需要相关资料证明的,审计过程中取得此部分费用,需要在施工中注重收集相关资料,有了业主和监理的签字盖章后才有可能在结算审计中取得相应费用。

比如考评费的计取,一般在单项工程及建筑工程主体封顶或完成建安工程量约70%时,安全监督站完成日常考评工作,施工单位提出现场考评申请（表 4-23）,送交考评小组,由考评小组组织人员进行集中考评。考评结果（表 4-24）由参加考评人员签字后交施工单位。未经考评的工程项目不计取现场考评费。盖章齐全的表 4-24 即作为最终结算依据。

表 4-23 现场安全文明施工措施费申请表

编号：＿＿＿＿＿＿＿＿

工程名称	
工程地点	

工程类别（请在相应类别前的□内打"√"）

□建筑工程（土建工程）	□构件吊装	□桩基工程
□机械施工大型土石方工程	□单独装饰工程	□安装工程
□古建工程	□园林绿化工程	□市政工程

工程合同价（万元）		建筑面积（m²）	
开工日期		计划竣工日期	
建设单位		项目负责人及联系电话	
监理单位		项目总监及联系电话	
施工单位		项目经理及联系电话	

申　　　请

根据《江苏省建设工程现场安全文明施工措施费计价管理办法》规定，现申请对现场进行考评。

施工单位（盖章）
年　　月　　日

监理单位意见		盖章 年　　月　　日
建设单位意见		盖章 年　　月　　日

表 4-24 现场安全文明施工措施费测定表

建设单位			工程项目名称	
施工单位（盖章）		项目负责人	电　话	
工程内容		建筑面积（m²）	工程类别	
工程合同价		工程地点		
开工日期		计划竣工日期		
现场安全文明施工措施费费率				
工程基本费率（%）				

续表 4-24

现场考评情况及考评费率(%)	考评时间		重新考评时间	
	考评单位	考评得分		重新考评得分
	平均得分			
	考评前后安监部门对安全文明管理评价			
	现场考评费率(%)			
奖励费(%)				
总费率(%)				
工程造价管理部门测定意见			(盖章) 年　月　日	

6. 规费、税金核对

规费为社保费、住房公积金等不可竞争费,各个省份及区域取费有差别,部分地级市还需要遵照地方规定,需要地方审计局或造价咨询机构了解相应的取费计算规则,按照地方规定提前做好相关准备,为后期结算审计的顺利进行打好基础。

如徐州市造价规范文件规定:在 2018 年 1 月 1 日前开工的工程,在徐州市建设工程要想在结算中取得社会保障费,必须提前在当地建设局缴纳一笔费用,最终按照建设局的要求在结算中计取,计取金额及方式以当地建设局和审计局的意见为准。而自从 2018 年 1 月 1 日之后,这项规定废除了,下面是这项规定废除的通知。

关于停止征收社会保障费的公告

为了贯彻落实上级有关文件精神,报经市政府批准,从 2018 年 1 月 1 日起《徐州市建筑业社会保障费管理暂行办法》废止,停止征收《徐州市建筑业社会保障费管理暂行办法》中规定的社会保障费。以后建设项目中涉及建设单位按规定应缴纳的工伤保险费,由市人保局按相关法律法规负责征收(市人保局指定的征收点缴纳)。建设项目的工伤认定、鉴定和工伤保险待遇的支付仍按徐人社发〔2015〕142 号文件执行。

特此公告。

徐州市城乡建设局

2017 年 12 月 29 日

项目税金计取：2016年5月1日国家出台了营改增的计税方法，凡是2016年5月1日之前开工的工程，采用营业税计税，在此之后开工的工程采用增值税。而有的工程施工横跨2016年5月1日前后阶段的，这种工程如果有进度款，在2016年5月1日之前开票的按照营业税计取，需统计在此之前的所有开票金额，用审计总金额扣减此项金额所得结果作为增加税点金额的计取依据。

（三）协调配合工作

施工单位在结算资料送审后，不仅要与审计部门做好配合工作，还要掌握一定的沟通技巧。

（1）正确认识和处理与审计方的矛盾关系

审计方受业主委托，工作职责是要尽可能地维护业主利益，核减施工过程中发生的违背合同条款、违反政策文件的项目，减少业主支出。因此，施工方的结算人员要正确理解审计部门的工作职责，把握好与审计部门交流心态，做到相互理解和相互信任，正确处理矛盾关系。

（2）主动积极联系

施工单位应积极地多联系、多询问审计的进展情况，对于审计人员提出的每项质疑，应派出熟悉该工程项目施工流程及方案且对项目来龙去脉了然于心的负责人亲自前去说明情况。保持与审计人员多交流，用真诚来打动审计人员，以此加快审计结算工作进度，早日实现工程款资金回笼。

（3）正确处理争议问题

遇到有争议问题时，施工方首先一定要保持冷静，克制情绪，不能发生正面冲突。因此建议一般结算工作时，施工方安排两人参加，如一人情绪较激动，另一人可从中调解，转移话题，或转移争论的焦点问题。如遇难以达成一致意见的情况，可以请求审计人员提交审计部门主管领导讨论，或寻求另外的解决途径，避免与审计人员直接冲突。

第三节　养护管理

一、养护团队组建

所谓团队，是指由管理和员工层组成的一个共同体，合理利用每一个成员的知识和技能，协同工作，解决问题，达到共同目标。目前养护工作已不再停留在修修补补阶段，而是全面推进预防性养护，养管工作做到全面、主动、及时、重点。

（一）优秀的养护团队必备特征

（1）团队具有清晰明了的共同工作目标。

所谓"人无远虑，必有近忧"，任何团队，清晰、明了的共同工作目标是所有工作实施的指导方向。作为养护团队，应在"预防为主，防治结合"的方针指导下，根据现实工作情况及工作需要制定年度目标，并分解月度目标，进而实施。

（2）团队负责人具有较好的领导艺术，出色的掌控力。

养护团队作为一个机构或公司组成部分之一，负责人在其中起到承上启下的作用。所谓承上,就是能完整、准确地领会上级工作目标、工作意图,并及时、准确地将上级工作目标、工作意图传达到团队成员,同时根据工作的具体内容、团队成员的分工及成员个人情况将工作合理地分配到每个成员;所谓启下,就是能将团队的工作情况、工作执行过程中遇到的困难、工作的具体执行情况等如实反映到上级部门,为上级部门制定工作计划和决策提供素材。

而掌控力也是团队负责人不可缺少的能力之一,做到了解本团队成员的工作内容,掌握其工作动态,在宏观上对团队的工作方向进行调控,必要时进行微调。

(3)团队内部分工清晰、合理,责任体系明确。

清晰、合理的分工,明确的责任体系,是一个团队工作开展的基础,是团队内部团结的保障。分工清晰是为了在工作中不互相推诿,致使工作效率低下;分工合理是为了使每个人的工作量尽可能适中,并尽可能结合个人特点让其完成特定的工作;责任体系明确是为了加强团队成员的责任心,尽量降低犯错的可能性。

(4)团队成员具有较强的专业技术水平,良好的沟通能力和协作精神,一定的管理水平。

养护是一项专业性很强的工作,而且在实施过程中牵涉面较广,涉及设计、现场实施等各个方面,还需要对各种养护专业性队伍进行管理。所以,作为养护团队的一员,较强的专业技术水平、良好的沟通和协作精神,以及一定的管理水平,都是做好养护工作必不可缺的一部分。

(5)团队成员具有较强的责任心,执行力强。

作为一线的养护工作团队,是一项工作的具体执行者,所以较强的执行力是这个优秀团队不可或缺的一部分。根据养护作业的具体情况,考虑事情需面面俱到,方能落实到位,所以这个时候的执行力往往就体现在责任心上,有了这份心,才会不遗余力地将事情做细。

(二)如何打造优秀的养护团队

(1)选择合适的团队组成人员,并有计划、有目标地对团队成员制定培训计划。

团队成员是支撑团队组成的最基本单元,其合适与否直接决定了团队的战斗力及向心力。作为养护团队,其成员组成必须具有工程类的专业背景,综合素质较强。同时,一个个很强的个体未必能形成优秀的团队,所以,在选择成员时要综合考虑性格的互补和专业方面的倾向性。

在成员确定之后,根据个体的特点及工作需要进行合理分工。再按照分工不同,有针对性地制定合理的培训计划,加强继续教育,使其在自己掌控的方向上持续提高。

(2)必要的技术支持及高效的协作单位。

养护是一门专业性很强的行业,而目前的养护模式决定了每个养护团队都不能配齐各方面的顶尖专业人才,所以,与公司各部门的技术资源如设计院、研究院等部门的沟通配合是做好养护工作的必要保障。

随着社会分工的日渐细化,各类专业作业队伍层出不穷,养护作业时间的不确定性及不连贯性,决定了不可能由自己的团队组织起各类作业队伍,所以合理利用社会资源,与各类专业作业队伍建立良好的合作机制,可以增强养护作业的时效性和专业性。

（3）翔实、切合实际的各类规章制度,合理有效的奖惩机制。

在管理过程中,"人治"的成效与治理者的能力、手段密切相关,所以作为一个优秀的养护团队,为保证其长期性及延续性,建立、健全各项规章制度,形成"法制"的局面,是非常必要的,使其充分发挥集体管理的优越性,避免因个人原因而造成不必要的损失。

合理的奖惩是一个团队活力的源动力所在。自工程取得竣工验收证明,工程正式进入养护期,项目经理将工程基本情况上报给工程管理中心进行登记,登记后项目经理应及时确定项目养护负责人,签订《工程养护目标责任书》(详见附录10),建立养护台账,由养护负责人负责养护工程的具体工作事宜,并上报工程管理中心。

二、养护班组的选择

在养护阶段,选择养护班组是项目养护管理的重要措施。工程养护过程中,对养护班组进行有效管理,可以最大限度地发挥养护班组的主观能动性,充分发掘养护班组的施工潜能,对实现项目管理目标起到积极作用。但养护班组的施工能力最根本的还是来源于班组本身。

养护班组是项目养护的具体执行者,养护班组的技术好坏直接关系到工程养护的质量效果。选择优秀合格的养护班组,并定期进行养护管理方面的培训,才能发挥最佳效果,提高苗木成活率,达到按期移交的目的。

养护班组的选择:

（1）养护班组组建历史

拟选择的养护班组应有较长时间从事该专业施工的经历。养护班组经过长期的养护活动,在养护实践中总结经验和教训,完善队伍自身内部技术筛选积累,优选留用经过实践检验技术能力较强的技术人员,更具有施工技术实力优势。

（2）养护班组承包与本项目类似工程的养护情况

拟选择的养护班组应有较好完成与本项目类似工程的养护经历。类比的工程应该是与本项目有类似工程规模、工程技术难度及组织难度等的已完工工程。养护班组完成与本项目类似工程养护任务的经历,可以充分说明该养护班组具有一定的完成本项目工程养护任务的能力。

（3）施工班组施工机具设施保有情况

由于施工一线操作人员流动性很大,大部分施工人员是养护班组在承接施工任务后再行组织的,因此养护人员的实际操作能力很难确认。养护班组自有满足本工程施工要求的专业养护设备机具,是养护班组能力最直观体现,可以作为重要考量指标。

（4）养护班组负责人的领导能力

养护班组作为一个集体,具有主观能动性。只有在强有力的组织和领导下,才能发挥其最大潜能。作为养护班组的负责人,应该是有很强的组织和领导能力,有决心、守信用的人,只有在这样的人领导下的施工班组,才能更好地承担起本工程的养护任务。

三、养护方案的编制与审批

养护方案是公司了解工程养护情况及养护人员实施养护的重要依据。由项目经理对工程的养护、移交进行有效管理和控制。工程进入养护期后,项目养护负责人应认真填写工程项目养护方案（表4-25），做好养护重点、难点分析，技术和组织措施，以及各项经费预算，由项目经理签字后上报给工程管理中心、成本核算中心备案。养护方案包含以下内容：

（1）工程基本情况。包括项目名称、项目负责人、养护负责人、养护起始日、养护截止日等工程养护基本情况。

（2）养护基本内容。包括绿化总面积、乔灌木数量等绿化概况及园路、广场等构筑物概况。

（3）养护重点、难点部位分析。项目养护负责人应根据养护工程的实际情况填写该工程养护中可能会遇到的各类重点、难点，并提出相应的解决办法。

（4）技术及组织措施。项目负责人应填写该养护工程的人员配备及采取的主要技术措施。

（5）经费预算。项目负责人应填写该工程养护预计发生的各项费用，包括养护人工费、机械费、农药费用等其他费用。

表 4-25　工程项目养护方案

项目名称		项目负责人		所属项目管理公司			
		养护负责人					
项目地点		养护施工单位		施工负责人			
工程合同价		合同规定养护年限		养护起始日	年	月	日
工程预审价				养护截止日	年	月	日
绿化部分概况	乔木	株		构筑物部分概况	楼梯		
	花灌木及球类	株			铺装及压顶		
	小苗面积	m²			水池		
	草地面积	m²			玻璃钢坐凳		
					路牙		
养护重点、难点部位分析							
技术及组织措施							
经费预算（2018年9月）	人工费用		肥料费用		农药费用		
	机械费用		材料费用		其他费用		
	水车费						
	合计						

方案编制人：　　　　　　　项目部审核意见：　　　　　　　工程管理中心意见：

四、养护过程的督促检查

项目进入养护期后，项目公司要及时与养护班组签订养护目标责任书（详见附录10），根据养护方案内容进行养护,每天做好养护台账的登记。工程管理中心将进行定期检查、不定期抽查,发现问题将对相关责任人进行处罚。依据《绿化养护季度绩效考核管理办法》(详见附录 12)和《金埔园林养护标准等级》(详见附录 13),每季度进行一次评分排名,对评分优秀的养护相关人员给予绩效加分奖励,对于评分不合格的养护项目将对相关人员予以绩效扣分处罚。同时,在年底的优质工程评选项目内增加一项优秀养护项目的评选(以季度评比结果为基础),进行表彰奖励。

(1) 在施工过程中,项目管理公司从源头控制苗木采购质量,安排专业人员会同甲方、监理方对现场苗木质量进行验收,合格后才能进行种植。种植后为保证成活率,项目管理公司必须按照苗木种植技术规范及流程控制苗木成活率,工程管理中心将对各项目苗木种植质量按时进行检查。

(2) 工程进入养护期,工程管理中心根据《园林工程养护管理标准及实操要点》(详见附录 11)检查养护人员、养护设备、苗木修剪、病虫害防治、苗木景观效果、苗木成活情况、场地清洁、草坪处理等情况,并进行打分,针对存在养护问题的项目向养护负责人发送整改通知单,并要求限期整改。

(3) 工程管理中心与研究院以《金埔植保》的方式整理关于工程养护、防虫、治虫及施肥等方面内容,定期发给各项目管理公司参考学习。

(4) 绿化养护工程巡检周期:工程管理中心养护管理人员对南京市内及周边地区的工程每月进行一次巡检,对于偏远工程每 2 个月检查 1 次。

第四节　项目移交

一、内部移交验收

(一) 移交前的文档准备

文档资料准备应包括以下五部分资料:

(1) 工程过程的指导性文件,如技术交底、招投标文档、设计图纸、施工组织设计、项目实际进度执行情况、系统日常操作与维护手册等。

(2) 施工过程的记录性文件,如各种验收记录、测量记录、施工日记等。

(3) 施工过程的质量保证性文件(若有),如各种材料的合格证、复试报告等。

(4) 对产品的评定结论性文件(若有),如分项、分部质量评定。

(5) 与用户、监理、供应商沟通、协调的全部记录,特别是当前重点工作内容、遗留问题记录等。

(二) 移交内容

(1) 工程项目实物及以上所要求的全部内容(若有)。

(2) 与工程项目实物配套的相关附件、备用件及资料。

(3) 经过上级领导审批的《工程移交清单》内容。

(4) 竣工工程项目的原始技术资料。

（三）移交程序

项目公司应在养护期满 1 个月前做好养护移交的各项准备工作,并向工程管理中心发起项目预移交申请,工程管理中心牵头组织成本核算中心、采购中心按养护标准组织内部移交预验收,发现问题立即限期整改。项目公司如确有无法解决的问题,应及时向工程管理中心书面反映。工程管理中心也将组织各相关职能部门协助项目进行预移交,确保按期移交。

二、外部移交验收

工程养护期满通过内部移交以后,养护负责人应协同项目经理及时邀请养护接收单位参与工程移交,并督促接收单位提供工程移交单。如无工程移交单,以接收方出具移交证明或者相关证明为准。

（1）配合建设方、接收方对现场进行检查、清点。

（2）及时督促建设方、接收方完善移交手续,尽快取得工程移交单。

（3）对于逾期未能移交的工程,项目管理公司总经理应及时与建设方联系逾期养护费用。

（一）建设项目移交验收应具备的条件

（1）工程项目已竣工并经建设单位、监理、设计等有关部门验收合格。

（2）工程项目竣工资料齐全,包括竣工资料、竣工图。

（二）建设项目移交工作程序

（1）项目管理公司作为项目移交验收工作的牵头单位。

（2）项目管理公司根据项目建设进度要求,在工程项目养护期满后的 7 天内完成向业主的移交,项目管理公司应在拟定的移交日期前 7 天内以书面方式通知移交验收相关单位。

（3）移交验收应提交的资料

① 单项工程移交清单。

② 竣工验收报告及相关质量检查资料 1 套。

③ 竣工图纸 1 份。

（4）移交验收程序

① 甲方及工程接收单位根据工程移交清单逐项检查核对。

② 参加验收人员在工程移交清单上签字、盖章,移交工作完成。

三、取得移交报告

工程移交后 7 天内,项目管理公司负责将移交证明原件移交至工程管理中心存档。

第五节　客户回访

客户回访是公司对项目实施过程中或已竣工工程的信息反馈工作。实践证明,加强工程回访,不断总结经验教训,提高施工管理水平和工程质量,做好建后服务工作,才能赢得社会信誉,从而在建筑市场竞争机制不断增强的情况下不断自我完善、自我发展,以达到提高社会效益和企业经济效益的目的。

1. 回访目的

（1）通过客户回访能够准确掌握每一个客户的基本情况和动态。

（2）在对客户有翔实了解的基础上了解客户需求，便于为客户提供更多、更优质的增值服务。

（3）发现自身存在的不足，及时改进提高，提升服务能力。

（4）减少客户投诉，提升客户满意度，促进二次营销。

2. 回访时间

（1）有针对性地选择回访时间，不要在客户繁忙或者休息时间回访。

（2）建议回访时间为：上午 10:30 至 11:40，下午 15:00 至 18:00。

3. 回访工作流程

（1）收集整理回访资料。工程中标后收集客户（甲方、监理、设计）相关信息、现场负责人、联系方式等。

（2）实施电话或书面回访。由工程管理中心对在建项目实施过程中，每季度进行一次电话回访，项目竣工验收后，由市场中心进行完工项目的客户回访。

（3）记录反馈回访结果。在回访过程中，记录客户提及的问题和建议；接受客户提出的意见投诉、合理化建议，记录信息并及时向相关部门反馈、督促改进及处理，加强内部合作意识，加强对客户的重视程度。

4. 施工的回访话术

A：您好！很抱歉打扰您，我是金埔园林股份有限公司，请问是××先生/女士吗？

B：是的。

A：您好，贵单位的××项目由我公司负责施工，给您来电是想跟您做一个简单的施工过程回访，请问您现在方便接电话吗？

B：方便。

A：请问您对目前的施工进度、质量、安全文明、施工人员素质是否满意呢？

对于工程中出现的疑问或问题，是否得到项目管理公司的及时处理？

请问您对我们项目管理公司的整体评价如何，对后期的施工有一些怎样的期望，希望我们能改进的方面有哪些呢？

请对现阶段的服务打分，1～10 分，请问您的评分是多少？

如这期间您有任何问题，可以直接联系我们工程管理中心的电话。

A：结束语：感谢您能抽出宝贵的时间接受我们的回访，祝您生活愉快！谢谢，再见。

特殊情况：客户接听后表示在忙。

A：您好！很抱歉打扰您，我是金埔园林股份有限公司，请问是××先生/女士吗？

B：是的。

A：您好，贵单位的××项目由我公司负责施工，给您来电是想跟您做一个简单的施工过程回访，请问您现在方便接电话吗？

B：不方便。

A：很抱歉，那请问什么时候最适合打给您呢？（记录时间）不好意思打扰您，谢谢您，祝您生活愉快！

5.回访技巧

(1)拨打电话前调整好情绪,让声音听上去尽可能友好。

(2)向客户表明身份,直接说明事由、大致谈话时间,让客户清楚回访目的。

(3)注意语言简洁,不占用客户太多时间,以免适得其反。

(4)注意回访时间,应避免在节假日及休息时间回访客户。

(5)控制语速,说话不应太快,避免给客户留下不愉快的体验。

(6)注意倾听,多听少说,不能打断客户,有及时并热情的回应,让客户感受到我们是用心倾听。

(7)如客户抱怨,不要找借口,不要和客户争辩,客观记录客户的意见及建议,后续联系相关同事跟进。

(8)沟通中不要过于机械化,不要一味顾着询问问题,要根据客户的反馈灵活应对。

表 4-26　顾客满意度调查表

NO.

顾客名称			工程名称			
调查方式	电话调查	被调查人		调查人		
序号	调查内容	评价分值				备　注
		很满意 (10分)	满意 (8分)	基本满意 (6分)	不满意 (4分)	很不满意 (2分)	
1	施工质量					
2	施工进度					
3	安全施工措施					
4	文明施工措施					
5	人员素质					
实得分			分			

其他意见:

调查时间:

附录 1　工程项目目标管理责任书

工程项目目标管理责任书

委托方：＿＿＿＿＿＿＿＿＿＿＿＿＿＿

受托方：＿＿＿＿＿＿＿＿＿＿＿＿＿＿

为全面履行＿＿＿＿＿＿＿＿＿＿＿＿＿施工合同，提高公司施工项目管理效益，调动项目管理公司人员的积极性，确保所承接项目能实现成本、质量、进度和安全等管理控制目标，现经过公司内部研究，将＿＿＿＿＿项目施工任务委托给＿＿＿＿＿，并由＿＿＿＿＿担任项目负责人，来组建＿＿＿＿＿项目部负责实施，为明确双方职责，现签订以下项目目标管理责任书。

一、工程项目概况

该工程施工地点位于＿＿＿＿＿＿＿＿＿。

工程合同价（暂定价）人民币＿＿＿＿＿＿＿＿＿。

二、管理目标

1. 质量管理目标：争取一次验收合格，争创＿＿＿＿＿＿工程。
2. 工期管理目标：参见工程合同条款。
3. 工程移交目标：参见工程合同条款。
4. 利润控制目标：项目实现工程净利润率不低于＿＿＿＿＿％。
5. 产值系数：＿＿＿＿＿。
6. 工程回款目标：参见工程合同条款。
7. 安全文明施工目标：安全文明标化工地。
8. 成本付现控制目标：实现项目成本付现率不高于＿＿＿＿＿％（是指工程开工至取得竣工验收报告之日期间的付现比例）。
9. 结算审计期限目标：参见工程合同条款。

三、目标管理依据

1. 公司相关管理程序文件。
2. 项目目标绩效考核办法。

四、施工成本控制及施工费用拨付

1. 项目成本指施工中以及养护期直至工程交付期间所发生的费用,详见应计算成本支出表。

应计算成本支出表

1	工程施工直至交付期间的人、材、机支出费用(含专业分包支出费用)
2	项目管理费用: (1) 管理人员薪酬(含绩效工资、加班工资、奖金等,以人力资源部薪酬构成为准); (2) 管理人员福利(通信补贴、交通补贴、伙食补贴、工地补贴费、节日费等); (3) 项目部人员应交各项社保费用、住房公积金; (4) 项目部用车所发生的一切车辆费用(包括但不限于保险、年检、维修、燃油、折旧费用); (5) 必要的招待费用; (6) 施工设计一体化项目的设计费;(另行计算)工程中介业务费; (7) 项目部办公费用和使用固定资产的折旧费用; (8) 为组织和管理工程施工所发生的其他直接和间接费用
3	违法、违规所受到的行政处罚费用或因其他原因造成的费用
4	税金(增值税(工程项目进项税金抵扣后的应缴纳增值税)、城建税及教育费附加、地方基金、合同印花税)

2. 根据该工程项目情况,双方商定项目部按不高于总造价(竣工决算审计总价)的____%(含各项税费),控制项目成本费用。

3. 受托方每月 25 日前应根据委托方工程要求上报上月完成的产值(形象进度)、对应成本资料、次月资金支付资料和次月材料进场计划。

4. 在受托方能如期完成有关工程款项回笼的前提下,委托方在收到受托方上述报表一周内由成本核算部完成审核并安排次月进度款总额,再依据财务要求及时支付。

5. 受托方承包范围以内的工程专业分包和劳务分包队伍选择,由项目管理公司推荐,价格由成本核算中心、资源采购中心联合会审确定,并通过招标审查合格后签订相关分包合同。

6. 主要建筑材料、苗木供应实行公司资源采购中心集中统一采购管理,此统购材料在询价后须报项目管理公司对接核定,如果项目管理公司对统购材料价格有异议,双方可重新商议核定价格或重新选定供应商;而对于地材、零材,以及经资源采购中心许可的区域性较强的材料,则以项目管理公司为采购主体,所涉材料由受托方主导询价但价格须报资源采购中心审核通过。采购合同及采购单价明确后,由受托方负责联系材料配送到施工现场。关于项目管理公司与资源采购中心对工程材料的采购事宜详见资源采购中心编制的《工作界面划分》。

五、委托方的责任、权利和义务

1. 委托方督促指导受托方全面履行工程承包合同。

2. 负责协助解决施工中的技术难题,为受托方做好服务工作,使之全面实施工程合同中对建设单位的各项承诺,确保工程顺利进行。

3. 努力帮助受托方创造良好的外部施工环境,积极协调好与外部的各种关系,为项目正常施工提供保障。

4. 有权对工程项目实行监督、检查和考核,对项目施工中的成本支出、安全文明生产、工程质量、施工进度、材料消耗、合同履约等进行定期或不定期的督促检查和考核评定。

5. 负责对项目资金实行统一管理,合理调配,并负责督促项目部及时催收工程款,在项目管理公司如期回款的前提下(特殊项目除外),委托方有义务按约定办理项目部的有关资金支付。

六、受托方的责任、权利和义务

1. 负责委托方与业主方签订的合同约定范围内的施工、质量、工程进度、安全生产、文明施工、履约和回访保修等所有由委托方负责实施的条款。

2. 建立和把控项目实施全过程的成本控制体系和措施,保障工程目标净利润的实现。

3. 负责建立和健全项目部的全面质量管理和安全保障体系,做到管理体系完整,制度标准健全,质量、安全管理措施落实。在施工过程中出现的质量和安全事故,均自行承担全部责任和费用。

4. 负责工程报监和文明工地报审,工程完工后协助申请优质工程等各种奖项。

5. 受托方向委托方按公司工程资料管理制度送交整套工程档案资料和竣工图纸。

6. 负责整个项目的工程进度款和结算款的及时回收,凡有拖欠的工程款,必须由受托方负责清收完毕。

7. 必须认真接受委托方的各项考核、检查和管理,积极实行对项目有关人员的考核评定,按规定正常开展施工生产、安全文明施工、成本和定额核算等各项工作,确保合同条款的正常履行。

七、奖励与惩罚

1. 工程获得金陵杯、茉莉花杯、文明工地等市、省优质工程,公司则分别给予 1 万~3 万元奖金(如受到其他特别优秀的奖项,可提高奖金额度)。

2. 关于工程净利润的奖罚办法:

(1) 超额完成净利润目标的工程施工项目,公司给予超额完成部分的 40% 作为奖励。其中项目部分派奖金总额的 60%(项目经理 30%,项目部其余人员 30%。项目经理先行支付 30% 中的 50%,尾款回笼后支付剩余 50%),项目管理公司 40%(项目管理公司总经理 15%,其他人员 20%,留提 5% 作为项目管理公司文化建设基金),奖金分配方案须报工程管理中心审批通过。

(2) 没有完成净利润目标的工程施工项目无项目奖。

(3) 如果净利润未能达到目标利润 90% 以上(含亏损项目)的工程施工项目,公司将组织相关部门及项目管理公司相关人员听证会,找出问题原因和责任人并追究其经济责任。

3. 关于工期管理的奖罚办法:如按合同约定的时间能够提前通过竣工验收,公司给予项目经理及项目管理公司 10 000~100 000 元作为奖励;如能按照合同约定的日期完成竣工验收则不奖不罚;如未能按照合同约定的有关日期完成竣工验收工作,公司给予项目经理及项目管理公司负责人 10 000～50 000 元处罚(因建设单位、监理单位、设计变更等原因引起的工期延误则以取得建设单位认可的延长时长为准)。

4. 关于结算审计的奖罚办法:如能按公司内控制度规定的时间将工程的结算审计报告报送至公司成本核算中心,按属正常考核不奖不罚。如能提前报送,则公司给予项目经理及项目管理公司 10 000～20 000 元作为奖励;如未能按公司内控制度规定的时间将工程的结算审计报告报送至公司成本核算中心,则公司给予项目经理及项目管理公司负责人 10 000～20 000 元处罚。

5. 关于工程移交的奖罚办法:在质保期到期时,如能够按合同约定的时间完成工程移交,则不奖不罚;如未能按照合同约定的有关日期完成工程移交工作,公司给予项目经理及项目管理公司负责人 20 000～50 000 元处罚。

6. 如果项目管理公司未能及时按照合同约定的有关条款回笼的工程项目,公司将组织项目管理公司相关人员听证会,找出问题原因。

7. 因质量、进度、安全生产事故等受到相关通报、处罚或受媒体曝光而损害公司信誉的,受托方须及时整改并承担所造成的一切经济损失同时记入项目成本,且公司视具体情况再对项目经理和项目管理公司负责人进行 10 000～100 000 元的处罚,必要时进行调岗和降薪降职处理。

8. 项目部在工程综合竣工验收后应向公司工程管理中心提交一套装订完整、合格的竣工技术资料和竣工图存档。凡未按规定及时提交的扣除项目经理及项目管理公司负责人 15％的年终绩效工资。

9. 确保苗木损耗率控制在苗木采购总费用的 5％以内,若达不到此目标,按工程管理中心有关制度进行处罚。

10. 年度辞、离职人员不再享受项目目标绩效考核结果。

11. 年度绩效、奖金按公历日历时间计算。

八、其他

1. 本责任书一式三份,委托方两份,受托方一份。

2. 本责任书自签字之日起生效,至完成工程移交并工程尾款办结为止。

3. 项目部人员组成附件一,公司将按人员名单进行各项考核。

委托方:金埔园林股份有限公司   受托方:_____

签　字:_____   签　字:_____

日　期:_____年____月____日

附录2　印章移交承诺书

印章移交承诺书

　　因_____,本人_____不再担任_____工程项目的负责人,现向工程管理中心移交本项目的印章__两__枚。本人承诺:在　　年　　月　　日至　　年　　月　　日期间,本人严格按　　年　　月　　日签订的《印章使用管理承诺书》所承诺事项,规范保管与使用本枚印章。若在上述期间,因本人有超范围使用本枚印章,给公司造成信誉或经济损失的,本人愿承担全部的经济赔偿和法律责任!

　　特此承诺!

章印留样:

项目部用章　　　　　　　　　　　　　　　　资料专用章

印章使用承诺人(签字、手印):

　　　　年　　月　　日

印章接收人(签字):

　　　　年　　月　　日

附录 3 项目预算 B1 表审核分析会议纪要

项目预算 B1 表审核分析会议纪要

项目名称：_____

资源采购中心 意见：		
成本核算中心 意见：		
工程管理中心 意见：		
财务中心 意见：		
审计部 意见：		

B1 表意见	通过	
	不通过	
参与部门	资源采购中心（签字）	
	成本核算中心（签字）	
	工程管理中心（签字）	
	财务中心（签字）	
	审计部（签字）	

会议时间： 年 月 日

附录 4　合格供方管理业务流程

一、业务目标

1. 保证企业对供应商管理的方法和程序符合国家法律、法规及企业有关规定的要求。
2. 保证供应商的资料数据保存完整，记录真实、准确，易于管理，便于追踪。
3. 合理设置供应商审核程序与审核权限，提高企业的决策效益与效率。
4. 维护和发展良好的、长期并稳定的供应商合作关系，开发有潜质的供应商，促进企业的长远发展。

二、业务风险

1. 供应商的审核与管理违反了国家法律、法规及企业有关规定的要求，导致外部处罚、企业市场形象或声誉受损。
2. 供应商信息调查不清，供应商提供虚假资料或不真实的数据，影响产品质量追踪或信息管理的需要。
3. 供应商审核程序不当、权限设置不清或发生越权行为，可能导致企业的经济利益受到损失。
4. 供应商关系不稳定，提供产品或服务质量达不到要求，影响企业的长远发展。

三、业务流程

该流程主要描述了金埔园林股份有限公司（以下简称"金埔园林"）合格供方管理业务流程，主要包括新增供应商的审核、合格供应商评价、供应商档案管理等内容。在执行过程中应确保不相容职务职责相互分离。业务流程如下：

1. 新增供应商的审核

（1）对于新增的供应商，由资源采购中心采购主管收集供应商信息，包括公司资质、生产能力、质量保证、付款要求、售后服务、产品特点等，取得法人营业执照、税务登记证、资质证书、资信等级证明等资料，必要时可以组织有关人员对供应商的仓储、物流、生产能力、质量管理等方面进行实地考察。

（2）资源采购中心经理组织相关人员对新增供应商进行质量保证能力评价。

（3）资源采购中心采购内勤根据评审情况填写《供方质量保证能力评价与审批表》，经资源采购中心经理签字审批后，上报采购领导小组进行审批。

（4）上述审批通过后，资源采购中心采购内勤将新增审批通过的供应商纳入资源采购中心供应商信息库。

2. 合格供应商的评价

（1）每年年末，各项目管理公司填制《合格供方业绩登记与复评记录表》，项目管理公司总经理签字后报送资源采购中心。

（2）资源采购中心组织相关人员成立评价小组，资源采购中心经理任小组组长。

（3）评价小组根据项目部提供的供应商供货情况对公司本年度供应商信息库中的每一个供应商进行评价，并记录复评意见，评价人员签字确认。

（4）资源采购中心经理将评价结果上报主管领导审批。

（5）资源采购中心采购内勤根据审批后的评价结果对供应商信息库进行更新。

3. 供应商档案管理

公司资源采购中心保存供应商档案。供应商档案应包括供应商资质文件、供应商业绩、合格供应商档案、供应商联系方式、供应商评价资料及其他相关材料。

供方质量保证能力评价与审批表

NO.　　　　　　　　　　　　　　　　　　　　　　　　　　　　　　　　R/P09-1

企业概况	单位名称			单位地址		
	电　话		联系人		营业执照	
	经营范围					
	生产能力		职工总数			
质量管理						
技术水平						

业绩和信誉：

工作环境与设施：

调查人		日期	

综合评价：

评价人签名		日期	
审批意见		签名/日期	

附录5　材料采购注意要点

一、苗木采购注意要点

1. 采购前认真审阅设计图纸、清单,理解设计意图

(1) 通过清单与图纸对照,明确苗木使用位置、栽植形式。尤其对乔木要重点了解,分清行道树、树阵、自然栽植、孤赏等栽植方式。

(2) 依据苗木栽植位置的重要性,确定相应的采购苗木质量标准。

(3) 对于设计中出现的不适应项目所在地生长的苗木种类及时与设计单位、业主沟通,提出合理化建议。

2. 根据苗木清单,确定苗木采购货源地,对重点苗木进行考察

(1) 有明确主产区的苗木,如银杏、国槐、白蜡等,若苗木产区与项目施工地点距离较远,要根据项目所在地气候特点、栽植条件、施工时间来确定是否为货源地。如果需求数量较大或因成本限制、当地资源紧缺等原因确实需要从主产区供苗,可考虑在工地附近提前进货囤苗。

(2) 对苗木货源地的考察除了解苗木质量、价格外,还必须知道产地苗木株行距、土壤状况、装运条件、工人技术实力,以保障苗木土球满足质量要求。

(3) 孤赏树、超大规格苗木尽量选择在周边采购以保障成活率。

(4) 相同质量苗木选择运距短的货源地采购。

3. 对货源地的实地考察

(1) 重点苗木选择专业性强、有信誉度、长期合作的供应商供货,因为他们了解本公司的要求,能够相对保障供应苗木的质量、进度。

(2) 对于栽植面积较大、工期集中的苗木种类,如色块、地被、草坪等,考虑专业生产苗圃供苗。

4. 确定苗木质量标准,与供应商签订有详细苗木质量要求的苗木采购合同

(1) 目前,绿化苗木还属于非标产品,在与供应商签订合同前,一定要对苗木质量标准与要求进行严格确认,避免苗木进场后因品质差异造成合同纠纷。

(2) 乔木规格依据不同树种包括以下要求:胸径、地径、分支点高度、冠幅、高度、土球规格(土球直径×高度)等;质量要求包括冠型、分枝要求(主分枝)、病虫害等。灌木规格包括高度、分枝数、分枝地径、土球规格等。

(3) 利用发达的通信工具,要求供应商提供清晰的苗木图片作为参考。

(4) 提高自身业务水平,识别形态相近、同名异树、同树异名树种,识别不同花色、雌雄株等树种,避免采购失误。

（5）为提高苗木移栽成活率，大型落叶乔木胸径相同的，如没有特殊要求，选择总高度低的苗木。野生苗木采用人工林苗木，选择大株行距或林地边缘苗木。

二、石材采购注意要点

1. 依据招标文件、图纸、设计要求、设计师及甲方提供的材料样板、市场询价定位后选取新样板并（设计师及甲方）签字确认留样封存。

2. 询价时一定要将以下几项谈清楚：板材价格、磨边、掏孔、打磨、切口、倒角、异型加工、规格尺寸、颜色、厚度、表面处理以及运输费用。

3. 挑选石材时，除了看表面效果，如花纹是否美观、平整，有无色差、色线、沙孔、弥补的痕迹，并且还要看侧面纹路。

4. 石材一般放在外面，灰尘较大，不易看清楚，铺装前将水泼到石材上，以看清石材真实颜色，同时用手摸一下，感受是否光滑。

5. 涉及弧形加工的一定要附加工图纸，必要时要求供应商现场脱模以保证加工规格与现场无偏差。

6. 运输前，一定要强调，供应商要在石材四周做保护，例如用竹片包边、用薄膜覆盖等，以防止运输过程中碰撞而造成缺边、缺口。

三、灯具采购注意要点

1. 报价前，需提供样品至项目部封样。

2. 询价前，要熟悉灯具的材质、壁厚、光源品牌、芯片品牌等必要参数。

3. 本次投标报价包含本技术文件所要求的所有配件及附件，包括灯具、光源、电器、引出线、防盗框、防眩光格栅、防眩光遮罩、线性投光灯的桥架及支架、灯具安装支架、螺杆、螺栓等。

4. 外观质量：灯具表面应光滑，以防污物堆积和便于清洗；无损伤、变形、涂层剥落，玻璃罩应无气泡、明显划痕和裂纹等缺陷。

四、景石采购注意要点

1. 了解景石的用途及摆放位置来确定采购何种景石，如千层石、龟纹石、河滩石等。

2. 计量单位以吨位计算，还应含摆放的人工费、机械费。

3. 注明最终结算是以项目部现场每车的过磅单为结算依据，而不是以供货方的单据作为结算依据。

五、防腐木采购及安装注意要点

1. 防腐木品种、质量必须符合设计要求，如菠萝格、樟子松、柳桉木、山樟木等。

2. 不允许腐朽、死节、漏节、活节小于等于 15 mm。

3. 端头平整，四面着锯、刨光。

4. 不允许出现断裂。

5. 顺弯弯曲度不大于 1%，不允许横弯。

6. 公差：$-2\,mm <$ 宽度 $< +2mm$

−1 mm＜厚度＜＋1 mm

−5 mm＜长度＜＋5 mm

7. 木结构基层处理必须符合设计要求,应充分保持防腐木材与地面之间的空气流通,以有效延长木结构基层的寿命。

8. 在制作安装防腐木时,间距要符合设计要求,防腐木面层之间需按设计要求留缝,缝隙宽度应一致。

9. 防腐木之间连接安装时须预先钻孔,以避免防腐木开裂。安装时必须牢固,板材与木龙骨连接时需用钉子,所有连接件,应使用镀锌件或者不锈钢连接件,以抗腐朽,绝对不能使用不同的金属连接件,否则会很快生锈。

10. 防腐木安装完成后,为了保护板面清洁美观,宜用木油或清漆涂刷表面,使其可以达到防水、防虫、防起泡、防起皮和防紫外线的作用。

11. 在运输堆放、施工过程中,应注意避免扬尘与遗撒等现象出现。

12. 在施工现场,防腐木材应通风存放,尽可能避免太阳暴晒。

六、给排水管采购注意要点

1. 了解需采购的是给水管还是排水管、是冷水管还是热水管等要求。

2. 了解公称压力等级、环刚度等参数。

3. 必须有检测报告及合格证。

4. 必须包检测。

七、钢材采购注意要点

1. 钢材表面不得有裂纹、结疤和折叠。钢材表面允许有凸块,但不得超过横筋的高度,钢材表面其他缺陷的深度和高度不得大于所在部位尺寸的允许偏差。

2. 采购钢材需国标(注:比较大的钢厂,质量合格证、材质单等)。

3. 要尽可能到大型钢材公司的经销部或分公司,钢材是由出产公司直供,钢筋质量较有保证。

4. 要看钢筋外表质量和标记,钢筋应在其外表轧上商标标记、厂名(或商标)和直径。

5. 需说明是过磅计算重量还是按理论重量计算。

附录 6　劳务及专业分包商入库资审业务流程

1. 劳务及专业分包商入库的对象必须是具有法人资质的单位。

2. 入库的劳务班组及专业分包商必须有相关的工程专业施工经验和从事专业分包的经营许可,劳务及专业分包的负责人从事工程施工不得少于三年,且未发生过重大安全事故。特殊工种的施工人员须持证上岗。

3. 入库的专业分包商必须具备完整的组织架构、项目经理及其他相关管理人员。

4. 劳务及专业分包班组人员须遵纪守法,无酗酒、吸毒等不良嗜好,无恶意上访的劣迹及聚众闹事,不得使用违背"劳动法"规定的施工人员,不得收留违反社会治安及犯罪在逃人员。

5. 劳务班组须严格服从工程项目管理公司对进度、质量、安全施工等方面的管理要求,按时按质完成项目管理公司交代的任务。

6. 有意向入库的劳务分包商须提供以下资料并到公司资源采购中心进行约谈、考查,填写《劳务分包商约谈情况》:① 年检合格的营业执照;② 资质证书;③ 组织机构代码证;④ 税务登记证;⑤ 法人代表资格证明或授权委托书。

7. 资源采购中心根据约谈结果,确定能否入库。符合入库条件的填写《供应商基本信息表》。

8. 签订年度劳务、分包协议书和承诺书。

附录 7　安全文明生产标准化手册

编 制 说 明

为贯彻落实"安全第一,预防为主,综合治理"的方针,以及《中华人民共和国安全生产法》和《建设工程安全生产管理条例》等法律法规要求,公司工程管理中心在总结近几年安全生产标准化实践的基础上,编制了《安全文明生产标准化手册》,进一步规范工程项目安全生产和文明施工管理,提升金埔园林施工现场安全生产标准化管理水平。

一、使用说明

《安全文明生产标准化手册》(以下简称"手册")是企业标准,各项目公司承建的工程项目遵照执行,同时还应符合项目所在地的相关规定。

二、主要内容

《手册》共分三部分:办公区标准化;生活区标准化;生产区安全防护设施标准化。其中第三部分包括开放式施工场地、场内施工、主体施工阶段、智慧工地方面内容。

三、编制依据

《中华人民共和国安全生产法》(2014 年 12 月 1 日起施行)

《建设工程安全生产管理条例》(2004 年 2 月 1 日起施行)

《危险性较大的分部分项工程安全管理规定》(2018 年 6 月 1 日起施行)

《建筑起重机械安全监督管理规定》建设部 166 号令

《建筑施工特种作业人员管理规定》建质〔2008〕75 号

《建设工程项目管理规范》GB/T 50326

《建筑施工安全检查标准》JGJ 59

《建设工程施工现场环境与卫生标准》JGJ 146

《施工现场临时建筑物技术规程》JGJ/T 188

《建设工程施工现场消防安全技术规范》GB 50720

《建筑行业职业病危害预防控制规范》GBZ/T 211

《建筑施工作业劳动保护用品配备及使用标准》JGJ 184

《安全帽》GB 2811

《安全网》GB 5725

《安全带》GB 6095

《建筑施工土石方工程安全技术规范》JGJ 180

《建筑深基坑工程施工安全技术规范》JGJ 311

《施工现场临时用电安全技术规范》JGJ 46

《建筑施工高处作业安全技术规范》JGJ 80

《建筑施工脚手架安全技术统一标准》GB 51210

《建筑施工扣件式钢管脚手架安全技术规范》JGJ 130

《建筑施工碗扣式钢管脚手架安全技术规范》JGJ 166

《建筑施工模板安全技术规程》JGJ 162

《建筑施工工具式脚手架安全技术规范》JGJ 202

《建筑机械使用安全技术规程》JGJ 33

《施工现场机械设备检查技术规范》JGJ 160

《塔式起重机安全规程》GB 5144

《建筑施工升降机安装、使用、拆卸安全技术规程》JGJ 215

手册中不妥之处,欢迎各部门及项目管理公司在使用过程中提出宝贵意见,以持续完善。

2019 年 4 月

目　录

一、办公区标准化

1　大门

（1）大门 Logo 墙采用砖砌主体，尺寸不小于 4.0 m×1.5 m。

（2）门柱采用钢结构或砖砌主体，截面尺寸不小于 0.6 m×0.6 m，高度 2.2 m，上方可加灯箱。

（3）伸缩门尺寸根据现场实际情况调整。

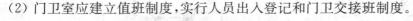

伸缩式电动门

2　门卫室

（1）办公区、生活区、生产区大门处应设置门卫室。

（2）门卫室应建立值班制度，实行人员出入登记和门卫交接班制度。

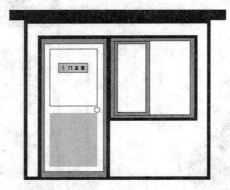

门卫室

（3）门卫室底色为白色，房檐边缘部分、门窗外围及房体边角均刷 5 cm 宽蓝色带。

（4）门上须粘贴门牌，室内设置岗位职责牌。

（5）门卫室可采用成品活动岗亭，面积不小于 4 m²。

（6）生产区门卫室应常备一定数量的安全帽。

3　围墙

（1）砖砌式围墙

① 砖砌式围墙厚度不小于 240 mm，砖柱加固间距不大于 5 m。

② 围墙高度不低于 2 m，须满足项目所在地要求。

砖砌式围墙

③ 围墙基础埋深根据实际情况设计，围墙顶部应设压顶，确保围墙安全可靠、牢固。

④ 大门两侧第一幅墙体图案设置为金埔园林品牌标识，其余图案根据各项目公司宣传需要设置，同时须满足项目所在地政府要求。

⑤ 生活区、生产区采用砖砌式围墙的，应符合以上要求。

（2）栅栏式围墙

① 墙柱粉刷白色或灰色，使用金埔园林简称竖式标识。

② 可采用不锈钢或浅色系栅栏。

4 旗台

（1）项目办公区大门入口处明显位置设立旗台，悬挂国旗、金埔园林企旗和安全旗。

栅栏式围墙

（2）旗台采用水泥砌筑，贴暗红色系石材，名称为公司标识加中文全称，鎏金或银灰字体。

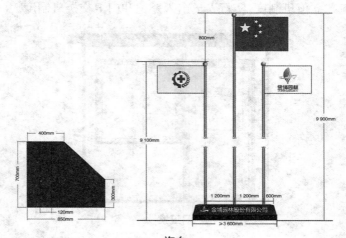

旗台

（3）旗台周围可做花坛或摆放花草。

（4）旗台建议尺寸≥3.6 m。

5 图牌设置

（1）项目部铭牌

① 平面板材采用不锈钢拉丝板，颜色为白色或金属色。上部为金埔园林全称，文字为黑色；工程项目部名称的文字为黑色。

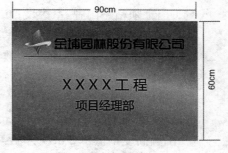

项目部铭牌

② 铭牌悬挂于现场办公室入口处显要位置墙面。

（2）导向牌

① 牌面尺寸为 55 cm×70 cm。

② 钢管为不锈钢本色，牌面为不锈钢本色或白色，金埔园林标识、绿色文字。

③ 导向牌内容文字为黑色，箭头为红色。

（3）办公室门牌

① 板材采用铝塑板,办公区门牌格式一致。

② 字体使用隶书,黑色字,金埔园林标识贴于门框上沿正中位置。

③ 甲方、监理、分包商门牌不得使用金埔标识。

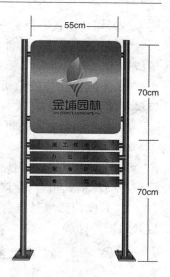

办公室门牌

导向牌

（4）室内图牌

① 采用 PVC 板写真,周边镶铝合金,或用其他高质感材料做边框。

室内图牌

② 图牌尺寸根据办公室面积大小确定,建议尺寸为 39 cm×55 cm,图牌挂设位置应统一高度。

6　办公房

（1）轻质活动板房

① 办公用房建筑构件和夹芯板的燃烧性能等级应为 A 级。

② 活动板房原则上不得超过 2 层,每层建筑面积大于 200 m² 时,应设置至少 2 部疏散楼梯,房间门至疏散楼梯的最大距离不应大于25 m。

③ 活动板房之间的防火间距不小于3.5 m。

活动板房

（2）集装箱式办公房

① 办公用房建筑构件和夹芯板的燃烧性能等级应为 A 级。

② 装配搭建应安全可靠，可采用集装箱＋玻璃幕墙组合设置。

③ 办公用房之间的防火间距不小于 3.5 m。

（3）会议室

① 会议室进门一侧设置背景墙，金埔园林标识与简称横式组合；会议室另一侧为白色墙面，作为投影墙。

② 其他两面墙悬挂金埔园林企业理念牌，悬挂项目安全管理体系、施工平面布置图、项目效果图等图牌。

集装箱式办公房

会议室

7 文体设施

（1）室内设施

① 可结合项目实际，在办公区、生活区配备阅览室、健身室、影音室等活动室。

② 活动室应具备良好的通风、照明条件，配备相应活动设施，张贴管理制度，专人管理。

室内设施

（2）室外设施

可在办公区、生活区室外设置篮球场、乒乓球台、羽毛球场等活动场所。

室外设施

8　宣传栏

（1）办公区、生活区、生产区应设置宣传栏。

（2）宣传栏采用不锈钢制作。

（3）及时宣传公示公司及上级安全生产工作要求、项目安全生产奖惩通报等内容。

9　卫生间

（1）卫生间通风设施良好，墙面、地面应耐冲洗，地面应做硬化及防滑处理，厕位之间独立设置。

（2）卫生间应为水冲式厕所，设置男、女门牌及导向牌，张贴节约用水提示，洗手池水龙头及冲便器采用节水型器具。

（3）卫生间应采取防蝇措施，设专人管理，及时清理并消毒，保持卫生。

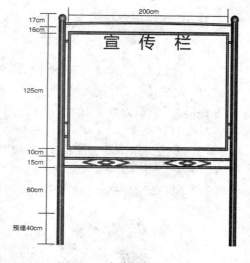

宣传栏

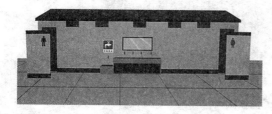

卫生间

10　停车场

（1）办公区、生活区停车场可采用混凝土硬化地面或植草砖铺设，停车场应用黄色油漆画出停车位。

（2）非机动车停车区宜设置顶棚及充电设施。

（3）停车场内按1‰放坡，有组织排水到排水沟内。

（4）停车场应设置灭火器等消防设施。

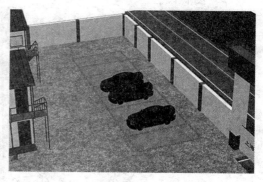

停车场

停车场

二、生活区标准化

1 大门

生活区域常采用无门楼式大门,该大门的建设一般符合以下标准:

(1)门柱为砖砌,截面尺寸为 $0.8\,m \times 0.8\,m$,高度为 $2.2\,m$,其中 $0.2\,m$ 为柱帽高度,柱帽为梯形,顶面积为 $0.6\,m \times 0.6\,m$。门柱通体为灰色。两柱帽上方可加灯箱,各项目公司根据需要自行决定。

(2)大门为角钢等金属框架,外层覆盖彩钢板或其他板材。

(3)大门对开设置,总宽度不小于 $6\,m$,高度 $2\,m$。

(4)门柱标语按金埔园林品牌识别手册规定选用。

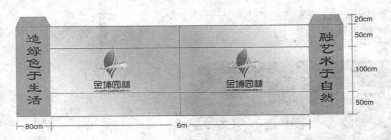

无门楼式大门

2 图牌设置

(1)分区牌

① 对宿舍区、民工夜校、活动中心、食堂、浴室、卫生间、洗漱区、晾衣区、停车区等生活功能分区,挂设分区牌。

② 分区牌明确区域管理责任人及联系方式。

③ 采用 PVC 板写真,建议尺寸 50 cm × 30 cm。

(2)宿舍管理牌

① 宿舍实行统一管理,宿舍外应公示宿舍管理制度,明确住宿人员及宿舍管理责

分区牌示意图

任人。

② 宿舍管理牌采用 PVC 板写真,建议尺寸 60 cm×45 cm。

3　宿舍

(1) 宿舍板房

① 宿舍选址应符合安全要求,应设置应急疏散通道、逃生指示标识和应急照明灯。

② 建筑构件的燃烧性能应为 A 级,采用金属夹芯板材时,其芯材的燃烧等级应为 A 级。

③ 每组宿舍用房的栋数不应超过 10 栋,组与组之间的防火间距不应小于 8 m;组内宿舍用房之间的防火间距不应小于 3.5 m。

④ 设置两层板房的,应在两端设置楼梯,中间设置红白警示标识的逃生杆,逃生杆底部设砂坑,逃生杆位置 1.5 m² 区域内禁止占用。

⑤ 二层板房无卫生间的,应设置接水盆与落水管。

⑥ 板房搭设需验收合格后方可使用。

宿舍管理牌

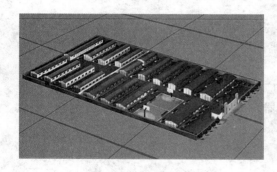

宿舍板房

宿舍逃生杆

(2) 房间设置

① 宿舍内人均住房面积不应小于 2.5 m²,高度不应低于 2.5 m,每间宿舍居住人员不得超过 12 人。

② 宿舍内应设置单人铺,层铺的搭设不得超过 2 层。

③ 宿舍内张贴应急逃生疏散示意图。

④ 每 100 m² 至少配备 2 个灭火级别不低于 3A 的灭火器。

4　食堂

(1) 建筑物构件的燃烧性能等级应为 A 级。

(2) 食堂应有卫生管理制度,按规定办理食品经营行政许可手续,从业人员应持有有效健康证明。

紧急逃生指示图

（3）食堂与厕所、垃圾站等污染源的距离不宜小于 30 m，且不得设在污染源的下风侧。

（4）食堂操作间、储藏间、燃气存放间应单独设置，并保持安全距离。

（5）食堂应建立食品留样制度，配备机械排风和消毒设施，采取灭蚊、蝇措施。

（6）操作间宜采用整体式灶台，应设置冲洗池、清洗池、消毒池、隔油池。门扇下方应设防鼠挡板，灶台及其周边应贴瓷砖，所贴瓷砖高度应不小于 1.5 m。

（7）食堂内每 75 m² 设置 1 个消防箱，间距不得大于 20 m，消防箱内装 2 个灭火器。

食堂操作间　　　　　　　　食堂消毒柜　　　　　　　　食堂

5　浴室

（1）应设置浴室，男女浴室分设。浴室室内高度不应低于 2.4 m。

（2）淋浴器与员工的比例宜为 1：20，淋浴器间距不宜小于 1 m，宜采用节水型阀门。

（3）浴室的地面应做硬化和防滑处理。

（4）热水管道和冷水管道应分开敷设，浴室应保证冷、热水供应，排水、通风良好。

（5）建议使用太阳能、空气能等节能型热水器。

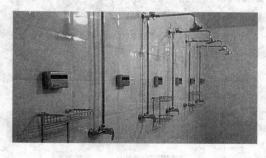 

浴室　　　　　　　　　　　　空气能热水器

6　卫生间

（1）厕所应为水冲式，男女分设，出口设明显标志，洗手池采用节水器具。

（2）厕位设置应满足男厕每 50 人、女厕每 25 人设 1 个蹲便器，男厕每 50 人设 1 个小便池或 1 m 长小便槽的要求，平面尺寸根据工程大小与现场情况确定。

（3）蹲便器间距不应小于 900 mm，蹲位之间宜设置隔板，隔板高度不宜低于 900 mm。

（4）卫生间采用水泥砂浆或防滑地砖地面，通风良好并配备照明设施，内墙采用大白浆罩面，内墙面 1.8 m 以下应贴瓷砖。

（5）设专人保洁清扫，卫生管理制度上墙。

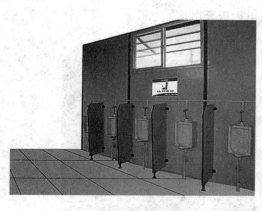
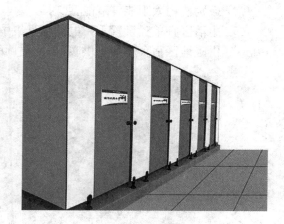

男厕小便池　　　　　　　　　　　　　蹲便式厕所

7　洗漱区

（1）在宿舍区、食堂旁等合理位置设置洗漱区，挂设分区牌，张贴节约用水等标语。

（2）应设置防雨棚，地面应做防滑处理，水槽贴瓷砖。

（3）水龙头排成一条直线，应采用节水型水龙头。

（4）定期对水龙头和排水口进行检查。

（5）污水排放畅通，保持水槽清洁。

洗漱区　　　　　　　　　　　　　　　　晾衣区

8　晾衣区

（1）生活区应在适当位置集中设置晾衣区，挂设分区牌。

（2）晾衣架高度不小于 2 m，宜设置透明防雨棚。

（3）晾衣区的大小可以根据项目现场人数确定。

（4）晾衣架应有足够的刚度和稳定性，应能承受衣物与一定的风荷载。

9　生活区用电

（1）生活区用电统一规划，每栋楼安装总开关箱，设专人管理。宿舍设置智能限电器。

（2）室内线路穿管，严禁违规用电。

（3）宿舍电源应采用安全电压，USB 充电插口设置应满足使用要求。

（4）鼓励使用太阳能等节能型灯具。

（5）生活区宜单独设置手持电动工具集中充电柜或充电房间。

（6）供暖地区宿舍应集中供暖,采用空调的应独立供电。

宿舍智能限电器

低压用电照明

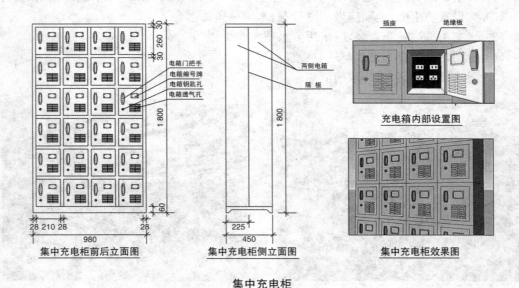

集中充电柜前后立面图　　　集中充电柜侧立面图　　　集中充电柜效果图

集中充电柜

10　消防设施

（1）每 100 m² 临时建筑应至少配备 2 个灭火级别不低于 3A 的灭火器。

（2）食堂等用火场所应适当增加灭火器的配置数量。

（3）生活区用房建筑面积之和大于 1 000 m² 时,应设置临时室外消防给水系统,消防栓最大保护半径不应大于 150 m。

（4）疏散通道应设置明显的疏散指示标识,疏散通道保持畅通。

（5）应设置消防沙池或消防水池,足额配置消防器材和救生设施,并按相应规范配置在规定的地点。

（6）临时消防车道宜为环形,确有困难时,应在消防车道尽端设置不小于 12 m×12 m 的回车场。

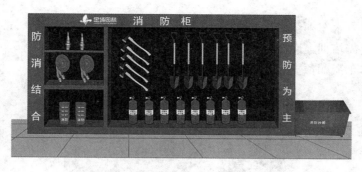

消防设施

三、生产区安全防护设施标准化

（一）道路等开放区域施工

1　人员着装

（1）胸卡

① 所有管理人员必须佩戴胸卡。

② 胸卡应贴有人员照片，并明确姓名、职务等信息。

③ 胸卡由公司统一制作。

（2）反光背心

① 所有管理人员及工人都必须穿着反光背心。

② 反光背心为绿色，背部印有金埔园林标识。

③ 反光背心可由公司统一制作。

（3）安全帽

① 协助机械作业的人员，如吊车吊装作业、挖掘机吊运作业等辅助工人须佩戴安全帽。

② 安全帽颜色规定：管理人员为白色；安全员为红色；工人为黄色。

③ 安全帽须统一印制金埔标识。

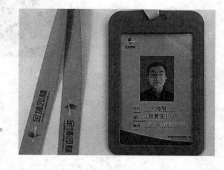

胸卡

反光背心

安全帽

2 水车

（1）公司自有水车须统一涂装。

（2）驾驶员需培训上岗。

（3）所有水车需配备一定数量符合规范的反光锥及三脚架。

水车

3 材料堆放

（1）植物材料堆放

① 苗木堆放应整齐有序，按品种分开堆放。

② 在已完成的道路等面层上堆放，应铺设彩条布防止污染。

③ 在道路等开放区域堆放过夜的应设置明显的安全警示标识。

小苗堆放

（2）石材等材料堆放

① 石材等材料应按品种、规格分类摆放整齐。

② 材料托盘应保证完整、结实，使用时应逐件拿取，暂未使用的应保证捆扎牢固。

③ 不得摆放于影响交通的地方，如有特殊情况需做好安全警示标识。

石材堆放

4　标识、标牌

（1）彩旗

①　有重要活动或上级领导莅临项目检查、参观时，应于工程主入口处及主要道路或工程重要节点部位插挂印有公司 LOGO 的彩旗。

②　彩旗尺寸为 150 cm×90 cm，颜色有红色、粉色、黄色、蓝色、绿色 5 种。

彩旗

（2）标识标牌

标识牌

① 在公共现场适时悬挂、张贴各类"安全警告、警示、指示"标识牌。

② 安全标志分未禁止标志、警告标志、指令标志和指示标志 4 种。

③ 边施工边通车路段的道路施工安全标志形式要符合国家标准《道路交通标志和标线》(GB 5768—2009)、《公路临时性交通标志技术》(JT/J 429—2000)中的要求。

④ 水车浇水、货车卸货等作业时应按规范要求放置锥形桶、路栏等设施。

交通标识、标牌

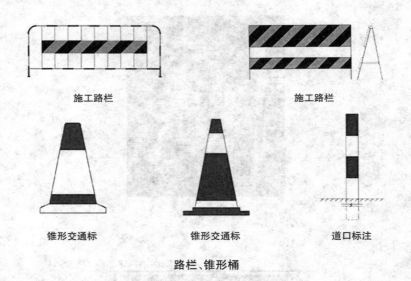

路栏、锥形桶

(二) 封闭施工场地标准化

1 大门

(1) 门楼式大门

① 工地主大门一般采用门楼式大门。

② 框架为角钢等金属框架,外层覆盖彩钢板或其他板材。

③ 门柱截面尺寸不小于 1 m×1 m,总高度最小为 7.5 m,其中门楣高度为 1.5 m,大门净高度至少 6 m。

④ 大门总宽度不小于 8 m,对开或四开门,高度 2 m。

⑤ 门柱标语按金埔园林品牌识别手册规定选用。

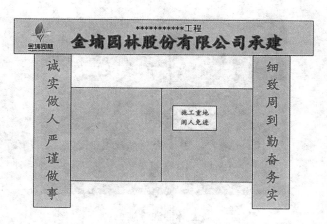

施工现场大门

（2）门禁

① 安装在大门左（右）侧，可与门卫室一并设置。

② 闸机数量根据实际需要设定，门禁系统通道宽不小于 1.5 m。

③ 门禁系统可与人脸识别系统配套使用。

④ 门禁上方显示屏显示进入现场作业人员工种及数量等信息。

现场门禁

（3）出入口冲洗设施

① 现场大门内侧应设高压立体自动冲洗设施，设置排水设施和三级沉淀池，洗车水源宜循环使用。

② 土方、总平施工阶段，高压冲洗设施到大门口之间应增加人工冲洗区，确保车辆不带泥出场。

立体冲洗设施

（4）安全警示镜

① 安全警示镜应设置在施工现场入口处，施工人员对镜整理防护用品穿戴情况。

② 建议宽×高为 1 200 mm×2 200 mm，或等比缩放。

③ 宜采用不锈钢钢管支架。

安全警示镜

（5）出入口总平面图

出入口总平面图

2　围墙围挡

封闭施工区域常采用装配式围挡,该围挡设置应符合以下要求:

(1)装配式围挡的高度一般路段不低于 1.8 m,市区主要路段不低于 2.5 m,并满足项目所在地要求。

(2)围挡结构应符合计算要求,确保结构稳固牢靠。

(3)采用金属式围挡的,分为白色板、蓝色板、蓝色板与白色板组合三种形式。

① 金属板色彩常用的有白色和蓝色,其 2 m 的高度及金埔标识的组合图形不变。

② 若彩板颜色为白色,下端 0.3 m 高为蓝色,自大门边第二块板起每隔 5～8 块板设 B 式组合尺寸在 0.8 m×0.16 m(宽×高)之间。

③ 若彩板颜色为蓝色,下端 0.3 m 高为白色,自大门边第二块板起每隔 5～8 块板设 B 式组合尺寸在 0.8 m×0.16 m(宽×高)之间。

装配式围挡

金属式围挡

3　图牌设置

(1)大门及围墙公示牌

① 施工区大门围墙处应设置公示图牌,至少包括工程概况牌、管理人员名单及监督电话牌、消防保卫牌、安全生产牌、文明施工牌、环境保护牌以及施工现场平面图和项目效果图。

② 图牌为长方形,可竖式也可横式,建议尺寸 1.5 m×1 m,用户外写真或喷绘置于铝合金边框中,可镶嵌于墙上或悬挂于玻璃橱窗内。

③ 当地另有要求的,应遵守当地图牌尺寸规格要求,标牌应规范、整齐、统一。

大门及围墙公示牌

（2）安全文化墙

① 项目施工现场道路两侧、通道两侧等区域，利用围墙、围挡、防护栏设置安全文化墙。

② 通过张贴安全生产挂图、标语、漫画、专栏等方式，宣传安全法律法规、安全操作规程、安全生产知识等内容。

安全文化墙

（3）安全警示标牌

① 施工道路两侧或施工作业部位合理位置，设置禁止、警告、指令、指示等安全警示标牌。

安全警示标牌

（4）危大工程公告牌

① 在施工现场显著位置设置危大工程公告牌，建议尺寸不小于 1.6 m×1 m，具体结合现场情况确定。

② 应公告危大工程名称、部位、施工时间、预防措施和具体责任人员，并在危险区域设置安全警示标志。

③ 按照规定需要验收的危大工程，验收合格后，应当在危大工程位置设置验收标识牌，公示验收时间及责任人员。

④ 公告牌可采用不锈钢支架，PVC 板或铝塑板做背板，户外写真做面层。

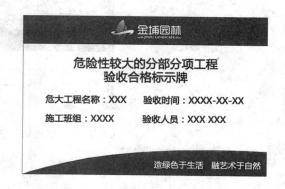

危大工程公告牌　　　　　　　　　　　　　　验收合格牌

（5）现场危险源公示牌

① 在施工现场进出口、通道旁设置重大危险源公示牌，建议尺寸不小于 1.6 m×1 m，具体结合现场情况确定。

② 重大危险源公示牌采用不锈钢支架，PVC 或铝塑板制作，户外写真做面层。

③ 涉及安全风险的施工作业部位旁张贴安全风险告知牌。

④ 安全风险告知牌采用 PVC 板或铝塑板制作，面层采用户外车贴，建议尺寸 1.2 m×0.8 m 或 0.6 m×0.4 m。

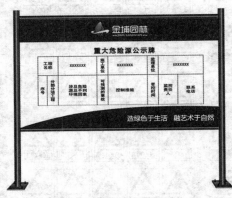

重大危险源公示牌

（6）职业病危害公告栏

① 在施工现场重大危险源公示牌旁设置职业病危害公告栏，建议尺寸不小于 1.6 m×1 m，具体结合现场情况确定。

② 职业病危害公告栏采用不锈钢支架，PVC 板或铝塑板做背板，户外写真做面层。

③ 在涉及职业病危害的作业部位设置职业病危害告知牌。

④ 职业病危害告知牌采用 PVC 板或铝塑板制作，面层采用户外车贴，建议尺寸 1.2 m×0.8 m 或 0.6 m×0.4 m。

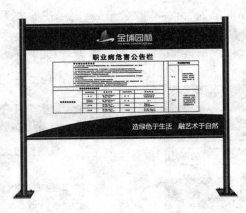

职业病危害公告栏

（7）风险告知牌

① 涉及安全生产、职业病危害风险的作业部位旁张贴风险告知牌。

② 风险告知牌采用 PVC 板或铝塑板制作,面层采用户外车贴,建议尺寸 1.2 m×0.8 m或 0.6 m×0.4 m。

安全风险告知牌

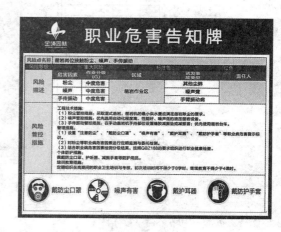

职业危害告知牌

(8) 责任公示牌

① 位置:施工现场危险性较大的设施、施工机具和各责任区域。

② 内容:责任人、职务、联系电话、职责范围。

③ 规格:建议尺寸 1.2 m×0.8 m 或 0.6 m×0.4 m。

④ 材质:采用 PVC 板或铝塑板制作,面层采用户外车贴。

责任公示牌

(9) 材料标识牌

① 材料标识牌用于标识材料堆场内各类材料。

② 标识牌采用镀锌板或铝塑板制作,边框为 20 mm,蓝边,白底,黑字。

③ 建议宽×高为 450 mm×300 mm。

④ 材料标识牌支架采用方管制作。

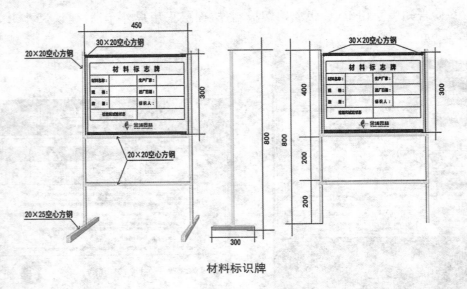

材料标识牌

（10）施工机械安全告示牌

① 在施工机械合理位置设置安全告示牌。

② 安全告示牌文字内容采用蓝底白字。

③ 可在告示牌上设置设备信息及维保记录的二维码，便于现场查询。

④ 采用 PVC 板或铝塑板制作，面层采用户外车贴。

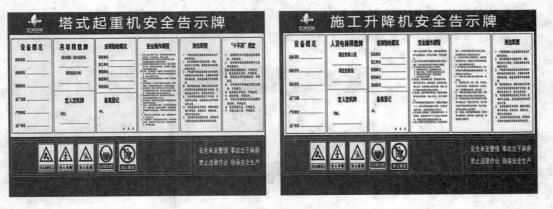

施工机械安全告示牌

4　安全体验区

（1）安全宣讲台

① 设置于空旷安全位置。

② 建议宽×高≥6 m×2.5 m，可根据项目场地情况等比例调整。

③ 中间内容为项目安全生产目标，其余内容自选。

安全宣讲台

（2）安全体验馆

① 有条件的项目在开工前根据项目规模、场地条件选择所需体验项目,将安全体验馆与总平面布置同步策划,安全体验馆与临建同时建设。

② 安全体验馆未使用时应关闭大门并上锁。

③ 应与安全体验馆供应商签订安全协议及产品质量保证书,确保安全体验馆使用过程中安全可靠。

④ 开始安全体验前应进行安全使用告知。

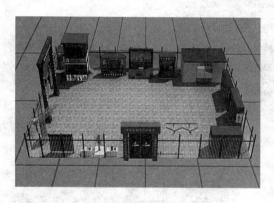

安全体验馆

安全帽撞击体验

（3）安全帽撞击体验

① 建议长×宽×高为 4 m×0.8 m×2.8 m。

② 站位数量根据场地情况设置,每个站位净高不低于 2 m,净宽 0.8 m。

③ 依据体验者身高调节小球高度,体验时小球应自由落下。

（4）安全带体验

① 建议宽×高为 5 m×4.5 m。

② 使用前必须检查安全带性能是否正常,体验前必须确认体验人员正确佩戴安全带,防止意外。

③ 定期更换安全带和安全绳。

安全带体验

（5）安全防护用品展示

① 安全防护用品展台，半玻璃展柜，建议长×宽×高为 1.5 m×0.6 m×1.2 m。

② 劳保用品穿戴展柜，全玻璃展柜，建议长×宽×高为 0.9 m×0.9 m×2 m。

③ 展示施工现场合格防护用品，安全带、安全帽的正确佩戴方法。

安全防护用品展示

（6）灭火器演示体验

① 建议长×宽×高为 3 m×1.5 m×2 m。

② 展台四周不得摆放易燃易爆物品。

③ 模拟火灾场景，使施工人员了解火灾情境以及灭火器材正确使用方法，提高火灾扑救应急能力。

④ 使用灭火器时，拔下保险销，握住皮管，压下手柄，对准火苗根部喷射。

灭火器演示体验

（7）临时用电展示

① 建议长×宽×高为 3.5 m×0.8 m×2.5 m。

② 现场常见临时用电展示：断路器、漏电保护器、三芯电线、五芯电缆、波纹管、电线管、接地插座、非接地插座、接地插头、非接地插头、接地棒、人体过电流体验。

③ 学习各开关、电缆线的规格和规范用电知识，增强触电应急救援能力。

④ 严禁人员私自体验,必须在专业技术人员指导下方可进行体验。

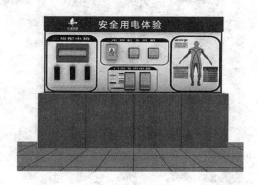

安全用电体验

(8) 重物搬运体验

① 重物用 5 mm 钢板焊接 0.3 m×0.3 m×0.3 m 箱体,双边提手。

② 内装混凝土块,体验重量分别为 10 kg、15 kg、20 kg。

③ 体验前应充分热身,减少瞬间扭伤拉伤,双手抓取。

重物搬运体验

(9) 防护栏杆推倒体验

① 建议长×高为 2 m×1.2 m。

② 体验前,检查设备各部件、螺丝紧固、连接部位状态,确认安全后方可体验。

③ 体验过程中,防护栏杆后面严禁站人。

(10) 急救演示体验

① 建议长×宽×高为 3.6 m×1.2 m×2.5 m。

② 模拟现场作业人员心脏骤停紧急处置时气道开放、胸外按压、人工呼吸等过程进行展示体验。

防护栏杆推倒体验

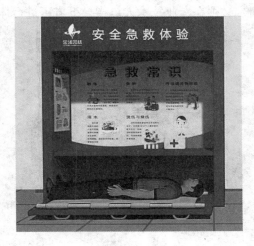

急救演示体验

（11）钢丝绳演示体验

① 建议长×高为 3.6 m×2.5 m。

② 使体验人员了解钢丝绳正确使用方法，了解钢丝绳不安全因素。

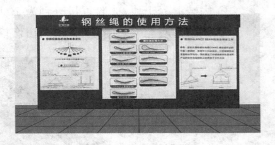

钢丝绳演示体验

5　现场道路

（1）施工现场主要道路应进行硬化处理，保持畅通。

（2）鼓励采用永临结合或预制装配式道路。

（3）现场条件许可的应设置人车分流。

（4）道路警示采用黄黑警示。

（5）工地电缆需穿越现场道路的，可设置预留管道，管道埋设深度不少于 0.7 m。

轻载混凝土装配式道路

重载混凝土装配式道路

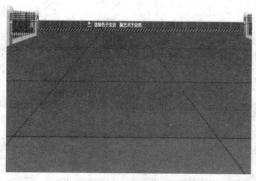

钢制装配式道路

现场硬化道路

6　现场排水

（1）现场规划有组织排水，现场设置三级沉淀池，与非传统水源收集利用系统配套使用。

（2）基坑底部设置临时明沟、集水坑，通过水泵将基坑内积水抽至坑外，基坑顶部设截水沟。深基坑排水按专项方案执行。

（3）现场道路两侧设排水沟，采用雨箅子盖板防护。排水沟穿越道路的，应在道路下预留排水管道，确保排水通畅。

雨箅子防护

排水沟

三级沉淀池

7 材料堆放区

（1）钢筋堆放区

① 钢筋按现场总平布置分区堆放，根据项目实际设置移动式、固定式或悬挂式材料标识牌。

② 钢筋采用型钢卡槽方式堆码整齐。

③ 直条钢筋堆放基础、立柱采用不小于 14♯型钢。

④ 圆盘钢筋支墩，采用不小于 16♯型钢。

⑤ 钢筋堆放底座及立柱应涂刷警示油漆。

钢筋堆放区　　　　　　　　　　圆盘钢筋支墩

（2）钢管堆放区

① 堆放架由高 1.2 m、宽 2.5 m 卡具组合而成。

② 采用 3 条 1.2 m 高钢管作为立柱，涂刷警示油漆。

③ 应用围挡与其他材料进行隔离，并悬挂材料标识牌。

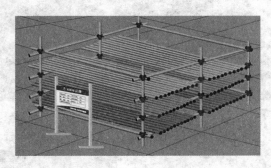

钢管堆放

（3）模板堆放区

① 模板堆放架采用型钢底座，建议长×宽为 2.4 m×1.2 m。

② 模板堆放区应用围挡与其他材料进行隔离，底座应涂刷警示油漆。

③ 堆放高度不超过 1.8 m，并设置相应的防火警示标识与灭火器材。

模板堆放

（4）砌块、石材堆放区

① 采用型钢底座，建议长×宽为 2.0 m×2.0 m。

② 砌块堆放区应用围挡与其他材料进行隔离，底座应涂刷警示油漆。

③ 砌块堆放高度不超过 1.8 m，并悬挂材料标识牌。

砌块堆放

（5）废料堆放区

① 废料堆放区采用实心砖砌筑厚度不小于 0.24 m、高度为 1.2 m 的围挡，长、宽尺寸根据现场情况确定。底座及栏板应设置警示标识。

② 推荐采用工具式废料池。

③ 建筑废料应集中堆放，配备符合要求的灭火器，悬挂废弃材料标识牌。

④ 废料堆放区采取除尘措施，确保排水通畅，满足环保要求。

废料分类堆放

工具式废料池

8　加工区及防护棚

（1）钢筋加工区及防护棚

① 钢筋加工棚搭设尺寸根据现场实际情况确定。

② 搭设在塔式起重机回转半径和建筑物周边的加工车间须按规范设置双层硬质防护，两层防护间距不应小于 700 mm。

③ 加工车间地面需硬化，宜选用混凝土地面。

④ 加工车间顶部应张挂安全警示标识和安全宣传用语的横幅。

⑤ 钢筋加工棚需在醒目处挂操作规程图牌。

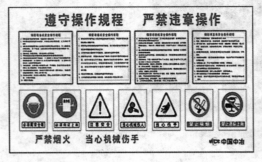

钢筋加工区操作规程

钢筋加工防护棚

◇ 钢筋加工防护棚（做法一）

① 柱间连接杆为 50 mm×150 mm 方管。

② 立柱为 150 mm×150 mm 方管。

③ 桁架主梁为 150 mm×150 mm 方管。

④ 桁架除主梁外均用 50 mm×150 mm 方管。

⑤ 立柱与桁架各焊接一片 250 mm×250 mm×10 mm 的钢板，以 M12 螺栓连接。

⑥ 柱间交叉支撑为 50 mm×150 mm 方管，采用 150 mm×250 mm×10 mm 耳板连接，M12 螺栓固定。

⑦ 各种型材及构配件规格为参考值，具体规格根据当地情况核算。

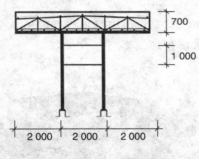

钢筋加工防护棚正面

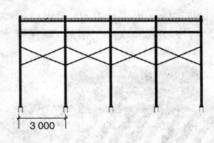

钢筋加工防护棚侧面

◇ 钢筋加工防护棚（做法二）

① 立柱采用 200 mm×200 mm 型钢，立柱上部焊接 500 mm×200 mm×10 mm 钢板，以 M12 螺栓连接桁架主梁，下部焊接 400 mm×400 mm×10 mm 钢板。

② 立柱基础尺寸为 1 000 mm×1 000 mm×700 mm，采用 C30 混凝土浇筑，预埋 400 mm×400 mm×12 mm 钢板，钢板下部焊接直径为 20 mm 的钢筋，并塞焊 8 个 M18 螺栓固定立柱。

③ 斜撑为 100 mm×50 mm 方管，斜撑两端焊接 150 mm×200 mm×10 mm 钢板，以 M12 螺栓连接桁架主梁和立柱。

④ 桁架主梁采用 18♯ 工字钢，上部焊接 6 个直径为 20 mm 的钢筋，用以固定龙骨。

⑤ 桁架主梁上部以钢管搭设龙骨,铺设双层硬防护,并张挂安全标语。

⑥ 各种型材及构配件规格为参考值,具体规格根据当地情况核算。

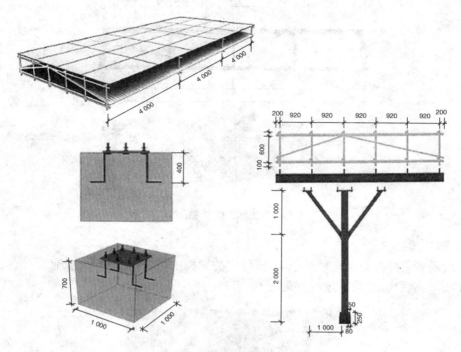

钢筋加工防护棚(做法二)

(2) 木工加工区及防护棚

① 工具式木工加工棚建议长×宽×高为 3 mm×4.5 mm×3 m,具体尺寸根据现场实际情况确定。

② 搭设在塔式起重机回转半径和建筑物周边的加工车间必须按规范设置双层硬质防护,两层防护间距不应小于 700 mm。

③ 加工车间地面需硬化,宜选用混凝土地面。

木工加工防护棚

④ 加工车间顶部应张挂安全警示标识和安全宣传用语的横幅。

⑤ 需在醒目处挂操作规程图牌。

⑥ 应配备不少于 2 个灭火级别不低于 3A 的灭火器。

◇ 木工加工区及防护棚做法

① 桁架除主梁,采用 50 mm×150 mm 方管。

② 桁架主梁,采用 150 mm×150 mm 方管。

③ 立柱为 150 mm×150 mm 方管。

④ 立柱与桁架各焊接 1 片 250 mm×250 mm×10 mm 耳板,以 m12 螺栓连接。

⑤ 按规范设置双层硬防护。

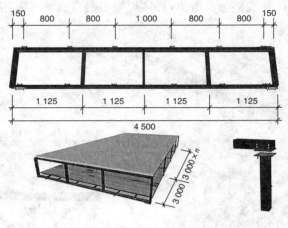

木工加工防护棚

（3）砂浆搅拌区

① 现场砂浆搅拌设备应放置于隔音、隔尘防护棚中，并有相应排水措施。

② 场地应硬化，并设置废料收集池。

预拌砂浆防护棚

（4）小型机械防护棚

① 塔式起重机作业半径内小型机械作业必须按规范设置双层硬防护。

② 防护棚构件可分段加工，用螺栓连接，以便安装及运输。

③ 立柱应设置混凝土基础，各构件应焊接牢固，确保稳定。

④ 具体规格根据当地风荷载、雪荷载进行核算。

9 安全通道

（1）基坑内应设置供施工人员上下的专用梯道，梯道宽度不应小于 1 m。

（2）梯道应设扶手栏杆，梯道防护栏杆应为 2 道横杆，上杆高度 1.2 m，下杆高度 0.6 m，挡脚板高度不小于 180 mm。

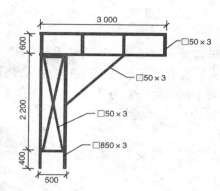

小型机械防护棚

（3）基坑安全通道防护栏杆应采取密目式安全网或其他材料封闭。

（4）采用斜道时，应加设间距不大于 400 mm 的防滑条等防滑措施。

（5）采用成品梯笼的，需专业厂家提供产品合格证并按产品说明书搭设。

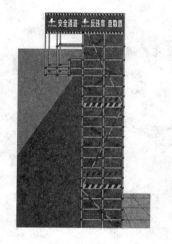

基坑安全通道

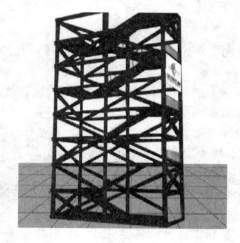

成品梯笼

基坑安全通道

10 安全职业健康防护

（1）安全帽

① 进入施工现场必须正确佩戴安全帽，安全帽的质量符合国家现行标准要求。

② 安全帽必须有产品生产许可证、合格证、制造厂名、生产日期及产品说明。

③ 安全帽颜色一般分为红、黄、蓝、白4种。红色为上级领导、外来检查人员和安全员使用，白色为项目管理人员和一般管理人员使用，黄色为工人使用，蓝色为特种作业操作人员使用。

④ 安全帽配件应齐全有效。

安全帽

（2）安全带

① 安全带必须符合《安全带》（GB 6095）的技术和检验要求，必须有生产许可证、产品合格证、检验证。

② 安全带上的各种部件不得任意拆除、接长使用。

③ 安全带应高挂低用。

④ 安全绳有效长度不应大于 2 m。有 2 根安全绳的安全带，其单根有效长度不应大于 1.2 m。

（3）职业健康防护

① 制定合理的作息管理制度，减少作业人员接触职业病危害时间。

② 为接触粉尘、噪声、高温、振动、有毒化学品、紫外线等职业病危害的作业人员按规范配备有效的个人防护用品。

正确佩戴安全带

防尘口罩

护耳器

耳塞

防振手套

防护工作服

电焊手套

电焊面罩

护目镜

反光衣

建筑行业劳动者职业病危害主要防护措施

序号	工	种	主要防护措施
1	土石方施工人员	挖掘机、推土机驾驶员	驾驶室密闭、设置空调、减震处理、护耳器、防尘口罩、热辐射防护罩
		打桩工	护耳器、防尘口罩、防护工作服
2	砌筑人员	砌筑工	防护工作服
3	混凝土配置及制品加工人员	混凝土工、混凝土搅拌机操作工	护耳器、防振手套、防护工作服
4	钢筋加工人员	钢筋工	护耳器、防护工作服、防尘防毒口罩
5	施工架子搭设人员	架子工	防护工作服
6	工程防水人员	防水工	防毒口罩、防护手套、防护工作服
		防渗墙工	护耳器、防护工作服、防振手套
7	装饰装修人员	抹灰工	防尘口罩、防护工作服
		金属门窗工	护耳器、防尘口罩、防护工作服
		油漆工	通风、防尘防毒口罩、防护手套、防护工作服
		室内成套设施装饰工	护耳器、防护工作服
8	中小型施工机械操作工	卷扬机操作工	护耳器、防护工作服
		平地机操作工	护耳器、防护工作服

续表

序号	工　　种		主要防护措施
9	其他工种	电焊工	防尘防毒口罩、护目镜、防护面罩、防护工作服
		起重机操作工	操作室密闭、设置空调、护耳器、防护工作服
		木工	护耳器、防护工作服、防尘防毒口罩
		探伤工	放射防护服
		防腐工	护耳器、防护工作服、通风、防毒口罩、防护手套、护目镜

（4）休息棚（亭）

① 施工现场应设置休息棚（亭），布置在现场适宜的区域，并明确专人管理。

② 休息棚（亭）应设置座椅和保温水桶，保温水桶应加盖加锁，休息棚（亭）内应保持清洁卫生。

③ 休息棚（亭）内可设置安全宣传展板。

11 洞口临边防护

（1）桩（井）口防护

① 桩（井）开挖超过 2 m，必须设置临边防护。

② 临边防护高 1.2 m，采用 3 道栏杆，第一道杆高 1 200 mm，第二道杆高 600 mm，第三道杆高 200 mm。

③ 开挖阶段，人工挖孔桩、长时间不浇筑的钻孔桩设置固定临边防护，桩（井）口设置盖板覆盖，并加以固定。

④ 及时浇筑的钻孔灌注桩可使用移动式临边防护。

⑤ 应设置安全警示标志、夜间警示灯和照明措施。

休息棚

开挖阶段

成孔后或混凝土浇筑后

（2）基坑临边防护

① 开挖深度超过 2 m 及以上的基坑周边必须安装防护栏杆，防护栏杆高度不应低于

1.2 m,设红白安全警示,防护栏杆外侧应悬挂警示标识。

② 防护栏杆横杆应设 2～3 道,下杆离地高度宜为 0.3～0.6 m,上杆离地高度宜为1.2～1.5 m,立杆间距不宜大于 2 m,立杆离坡边距离宜大于 0.5 m,挡脚板高度不应小于 180 mm,挡脚板下沿离地高度不应大于 10 mm。

③ 防护栏杆宜采用密目网封闭设置。

④ 可采用工具式临边防护栏,防护栏外侧应设置排水沟,采取有组织排水。

12 临时用电

(1)外电防护

① 在建工程(含脚手架)周边与外电架空线路边线的最小安全操作距离应符合下表:

基坑临边防护

外电线路电压(kV)	<1	1～10	35～110	220	330～500
最小安全操作距离(m)	4	6	8	10	15

注:上、下脚手架的斜道严禁搭设在有外电线路的一侧。

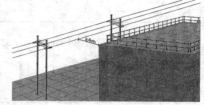

水平最小安全距离

② 施工现场的机动车道与外电架空线路交叉时,架空线路的最低点与路面的最小垂直距离应符合下表:

外电线路电压等级(kV)	<1	1～10	35
最小垂直距离(m)	6.0	7.0	7.0

垂直最小安全距离

③ 起重机严禁越过无防护设施的外电架空线路作业。在外电架空线路附近吊装时,起重机的任何部位或被吊物边缘在最大倾斜时与架空线路边线的最小安全距离应符合下表:

安全距离(m)	电压(kV)						
	<1	10	35	110	220	330	500
沿垂直方向	1.5	3.0	4.0	5.0	6.0	7.0	8.5
沿水平方向	1.5	2.0	3.5	4.0	5.0	7.0	8.5

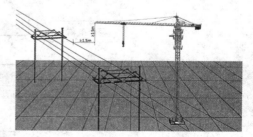

起重机械与架空线路最小安全距离

④ 施工现场开挖沟槽边缘与外电埋地电缆沟槽边缘之间的距离不得小于 0.5 m。

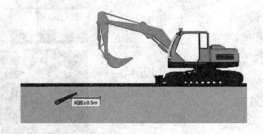

间距≥0.5m

沟槽与埋地电缆最小安全距离

⑤ 达不到上述规定时,必须采取绝缘隔离防护措施,并应悬挂醒目的警告标志。防护设施应坚固、稳定,且对外电线路的隔离防护应达到 IP30 级。防护设施与外电线路之间的安全距离不应小于下表规定:

外电线路电压等级(kV)	≤10	35	110	220	330	500
最小安全距离(m)	1.7	2.0	2.5	4.0	5.0	6.0

外电防护

（2）三级配电

① 施工现场临时用电按《施工现场临时用电安全技术规范》(JGJ46)编制用电组织设计,履行审核、批准程序。临时用电工程必须经编制、审核、批准部门和使用单位共同验收,合格后方可投入使用。

② 施工现场临时用电必须采用 TN-S 系统,符合"三级配电两级保护",达到"一机一闸一漏一箱"的要求。"三级配电"是指总配电箱、分配电箱、开关箱三级控制,实行分级配电;"两级保护"是指在总配电箱和开关箱中必须分别装设漏电保护器,实行至少两级保护。

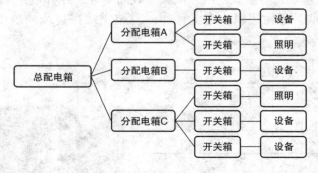

三级配电示意图

③ 电工必须持证上岗，安装、巡查、维修或拆除临时用电设备和线路必须由电工完成。

④ 施工现场临时用电必须建立安全技术档案，临时用电应定期检查，应履行复查验收手续。

（3）配电箱

① 配电箱应采用冷轧钢板式阻燃绝缘材料制作，配电箱箱体钢板厚度不得小于 1.5 mm，箱体表面应做防腐处理。

② 配电箱应注明编号、责任单位、责任人和联系电话，箱内张贴配电线路图、巡检记录。

③ 配电箱、开关箱门应配锁，由专人负责。

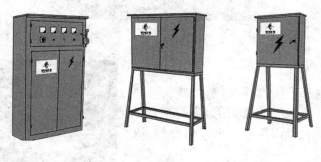

三级配电箱

◇ 总配电箱

① 总配电箱电器安装板必须分设 N 线端子板和 PE 线端子板。N 线端子板必须与金属电器安装板绝缘；PE 线端子板必须与金属电器安装板作电气连接。

② 总配电箱应设置总隔离开关以及分路隔离开关和分路漏电保护器。隔离开关应设置在电源进线端，应采用分断时具有可见分断点，并能同时断开电源所有极的隔离电器。如采用分断时具有可见分断点的断路器，可不另设隔离开关。

③ 总配电箱漏电保护器额定漏电动作电流大于 30 mA，额定漏电动作时间大于 0.1 s，但其两者乘积不应大于 30 mA·s。

◇ 分配电箱

① 分配电箱应设在用电设备或负荷相对集中的区域，分配电箱与开关箱的距离不得超过 30 m。

② 分配电箱应装设总隔离开关、分路隔离开关以及总断路器、分路断路器或总熔断器、分路熔断器。

③ 电源进线端严禁采用插头和插座做活动连接。

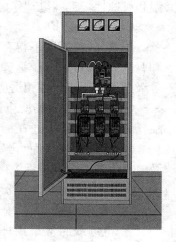

总配电箱

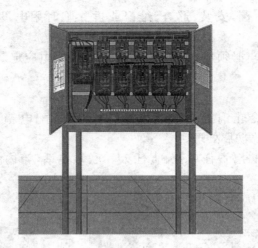

分配电箱

◇ 开关箱

① 开关箱必须装设隔离开关、断路器或熔断器以及漏电保护器，隔离开关应采用分断时具有可见分断点，能同时断开电源所有极的隔离电器，应设置于电源进线端。

② 开关箱漏电保护器额定漏电动作电流不应大于 30 mA，额定漏电动作时间不应大于 0.1 s，潮湿和腐蚀性场地漏电动作电流不应大于 15 mA。

◇ 配电箱防护

① 配电箱周围不得存放易燃易爆物、污染源和腐蚀介质，否则应予清除或做防护处置，其防护等级必须与环境条件相适应。

② 配电箱设置场所应能避免物体打击和机械损伤，否则应做防护处置。

③ 在防护棚正面可悬挂操作规程牌、警示牌及电工人员姓名和电话。

④ 防护棚外放置干粉灭火器。

开关箱

配电箱防护

(4) 配电线路

① 电缆线路应采用埋地或架空敷设，严禁沿地面明设。

② 电缆直接埋地敷设的深度不应小于 0.7 m，并应在电缆紧邻上下左右侧均匀敷设不小于 50 mm 厚的细沙，然后覆盖砖或混凝土板等硬质保护层。

③ 埋地电缆穿越建筑物、道路、易受到机械损伤以及引出地面从 2.0 m 高到地下 0.2 m 处，必须加设防护套管，防护套管内径不应小于电缆外径的 1.5 倍。

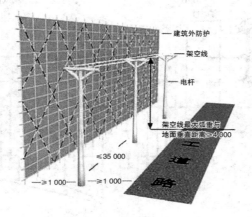

架空线路

④ 埋地电缆与其附近外电电缆和管沟的平行间距不得小于 2 m,交叉间距不得小于 1 m。

⑤ 架空线路的档距不得大于 35 m,架空线路的线距不得小于 0.3 m,靠近电杆两导线的间距不得小于 0.5 m,架空线最大弧垂与地面的最小垂直距离为 4 m。

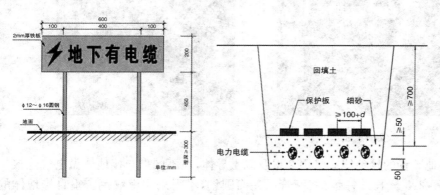

埋地线路

(5) 接地、接零与防雷

① 在施工现场专用变压器供电的 TN‐S 接零保护系统中,电器设备的金属外壳必须与保护零线连接。保护零线应由工作接地线、配电室(总配电箱)电源侧零线或总漏电保护器电源侧零线处引出。

② 施工现场与外电线路共用同一供电系统时,电气设备的接地、接零保护应与原系统保持一致,不得一部分设备做保护接零,另一部分设备做保护接地。

③ PE 线的重复接地不应少于 3 处,应分别设置于供配电系统的首端、中间、末端处。每处重复接地电阻值不得大于 10 Ω。

④ PE 线应采用绿/黄双色,PE 线所用材质与相线、工作零线(N 线)相同时,其最小截面应符合《施工现场临时用电安全技术规范》(JGJ 46)规定。

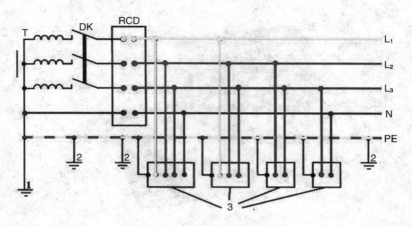

TN-S 接零保护系统

保护零线 工作零线

⑤ 每一接地装置的接地线应采用 2 根及以上导体,在不同点与接地体做电气连接。垂直接地体宜采用 2.5 m 长镀锌角钢、钢管或光面圆钢,不得采用螺纹钢。垂直接地体的间距一般不小于 5 m,接地体顶面埋深不应小于 0.6 m。

⑥ 接地体上的接线端子处宜采用螺栓焊接。接地体上的接地端子处宜采用铜鼻压接,不能直接缠绕。

⑦ 施工现场塔式起重机、物料提升机、施工升降机、脚手架应按规范要求采取防雷措施。防雷接地机械上的电气设备,保护零线必须同时作重复接地。

⑧ 施工现场内所有防雷装置的冲击接地电阻值不得大于 30 Ω。

PE 线截面与相线截面的关系

相线芯线截面 $S(\mathrm{mm}^2)$	PE 线最小截面(mm^2)
$S \leqslant 16$	S
$16 < S \leqslant 35$	16
$S > 35$	$S/2$

接配电箱PE端

500

地面

600

2 500

接地装置示意图

13　小型机械设备

（1）切割机械

① 安全防护和保险装置须齐全有效。

② 接零符合用电规定。

③ 漏电保护器参数应匹配,安装应正确,动作应灵敏可靠。

④ 电气保护（短路、过载、失压）应齐全有效。

⑤ 采用定型化切割机防护罩,涂黄色警示油漆。

切割机防护

（2）焊接机械

① 焊接机械应设有防雨、防潮、防晒、防砸措施,并设置消防器材。

② 安全防护装置应齐全有效,漏电保护器参数应匹配,安装应正确,动作应灵敏可靠,接零应良好。

③ 电焊机应有完整的防护外壳,一、二次接线柱处有保护罩,交流电焊机应配装防二次侧触电保护器。

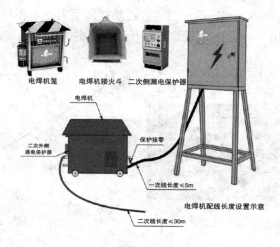

电焊机笼　　电焊机接火斗　　二次侧漏电保护器

电焊机

二次外侧漏电保护器

保护接零

一次线长度≤5m

电焊机配线长度设置示意

二次线长度≤30m

焊接机械

④ 电焊机变压器的一次侧电源线长度不应大于 5 m,其电源进线处必须设置防护罩。

⑤ 电焊机二次线应采用防水橡皮护套铜芯电缆,长度不应大于 30 m,二次线接头不得超过 3 个,二次线应双线到位,不得采用金属构件或结构钢筋代替二次线的地线。

（3）圆盘锯

① 木工圆盘锯机上的旋转锯片必须设置防护罩。

② 安装锯片时,锯片应与轴同心,夹持锯的法兰盘直径应为锯片直径的 1/4。

③ 锯片不得有裂纹,不得有连续 2 个及以上的缺齿。

圆盘锯

14 易燃易爆及危险化学品管理

（1）易燃易爆品、危化品库房

① 易燃易爆危险品库房应使用不燃材料搭建,面积不应超过 200 m²,库房内应通风良好。

易燃易爆品、危化品库房

② 库房应远离明火作业区、人员密集区和建筑物相对集中区,且不得布置在架空电力线下。

③ 与在建工程防火间距不得小于 15 m。

④ 根据危化品种类配备相应类型灭火器,至少配备 2 个灭火级别不低于 3A 或 89B 的灭火器。

⑤ 易燃易爆危险品库房内应使用防爆灯具。

⑥ 需张贴危化品管理制度。

⑦ 民爆用品存放应符合民爆用品有关规定。

（2）气瓶防护

① 氧气、乙炔瓶使用时须安装减压器,乙炔瓶应安装回火防止器。

② 氧气、乙炔瓶的压力表应保证正常使用。

③ 氧气、乙炔瓶间距不得小于 5 m,氧气、乙炔瓶距明火间距不得小于 10 m。

④ 气瓶存放及使用场所应至少配备 2 个灭火级别不低于 3 A 的灭火器。

气瓶压力表、乙炔防回火装置

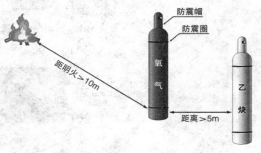

气瓶安全间距

⑤ 气瓶应保持直立状态,采取防倾倒措施,乙炔瓶严禁横躺卧放。

⑥ 气瓶应设置防振圈、防护帽,氧气、乙炔瓶应分别存放。

⑦ 空瓶和实瓶同库存放时应分开放置,空瓶和实瓶的间距不应小于 1.5 m。

⑧ 现场转运气瓶应使用专用移动装置,移动装置上配置灭火器。

气瓶存放

气瓶移动装置

(3) 职业健康防护措施

① 使用有毒物品的工作场所应设置黄色区域警示线、警示标识和中文警示说明。

② 使用有机溶剂、涂料或挥发性化学物质时,应设置全面通风或局部通风设施。

③ 分装和配制油漆及防腐、防水材料等挥发性有毒材料时,尽可能采用露天作业,并注意现场通风。

④ 使用过的有机溶剂和其他化学品应进行回收处理,防止乱丢乱弃。

职业危害告知

基坑边喷淋

15　喷淋系统

(1) 道路、基坑喷淋

① 喷淋降尘系统包括开关阀门、管道、喷雾头、加压水泵、定时器等。

② 现场主要道路两侧、基坑周边应设置雾状喷淋装置,喷头水平间隔不大于 5 m。

③ 土方开挖易产生扬尘时,喷淋系统需保持开启。

④ 重污染天气时,施工现场作业期间喷淋系统应全时段开启。

（2）移动式雾炮

① 对于固定喷淋装置无法覆盖的区域,应增设移动式雾炮。

② 雾炮机体上应张贴责任人员姓名及联系方式标识。

16　消防管理

（1）消防泵房

① 建筑高度大于 24 m 或单体体积超过 30 000 m³ 的在建工程应设置临时室内消防给水系统,鼓励采用永临结合消防给水系统。

② 消防泵房应采用专用消防配电线路。专用消防配电线路应自施工现场总配电箱的总断路器上端接入,且应保证不间断供电。

③ 消火栓泵不应少于 2 台,且应互为备用。消火栓泵宜设置自动启动装置,保证消防应急需求。

移动式雾炮

消防泵房

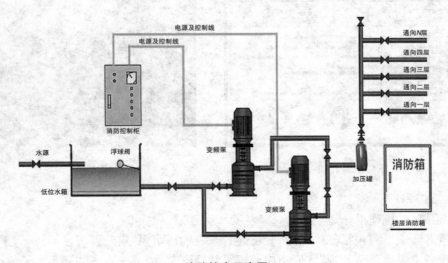

消防给水示意图

（2）临时消防给水系统

① 临时用房建筑面积之和大于 1 000 m² 或在建工程单体体积大于 10 000 m³ 时,应设临时室外消防给水系统。

② 高度超过 100 m 的在建工程,应在适当楼层增设临时中转水池及加压水泵。中转水池的有效容积不应小于 10 m³,上下两个中转水池的高差不宜超过 100 m。

③ 在建工程结构施工完毕的每层楼梯处应设置消防水枪、水带及软管,且每个设置点不应少于 2 套。

④ 临时消防给水系统的给水压力应满足消防水枪充实水柱长度不小于 10 m 的要求。

（3）临时消防管网

① 临时消防给水管网宜布置成环状。

② 临时室外消防给水干管的管径,应根据消防用水量和干管内水流计算速度计算确定,且不应小于 DN100。

③ 室外消火栓应沿在建工程、临时用房和可燃材料堆场及其加工场均匀布置,与在建工程、临时用房和可燃材料堆场及其加工场外边线的距离不应小于 5 m。

④ 消火栓的间距不应大于 120 m。

⑤ 消火栓的最大保护半径不应大于 150 m。

（4）消防器材

① 在现场大门入口内侧布置消防柜。

② 在易燃易爆危险品存放及使用,动火作业,可燃材料堆放、加工及使用,变配电房及其他具有火灾风险的场所,应足额配备灭火器。

③ 灭火器的类型应与配备场所可能发生火灾的类型相匹配。

现场室内消火栓

临时室外消火栓布置示意图

临时消防管网

消防器材

④ 外部消防水源不能满足施工现场临时消防用水量要求时,应在施工现场设置临时贮水池。临时贮水池宜设置在便于消防车取水部位。

(三) 主体施工安全

1 安全通道

(1) 建议长×宽×高为 6 m×4.5 m×4 m,具体尺寸根据现场实际情况确定。

(2) 搭设在塔式起重机回转半径和建筑物周边的工具式安全通道,必须设置双层硬质防护。

(3) 通道、防护棚地面需硬化,宜选用混凝土地面。

(4) 通道、防护棚顶部应张挂安全警示标识和安全宣传用语横幅。

(5) 工具式安全通道两侧需悬挂宣传横幅,图牌朝内。

(6) 各种型材及构配件规格为参考值,具体规格应根据当地风荷载、雪荷载等进行验算。

2 洞口临边防护

(1) 竖向洞口防护

① 竖向洞口短边边长小于 500 mm 时应采取封堵措施。

安全通道

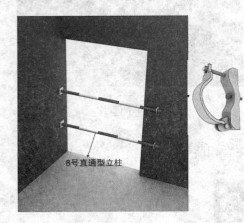

8号直通型立柱

② 垂直洞口短边边长大于或等于 500 mm 时,应在临空一侧设置高度不小于 1.2 m 的防护栏杆,并应采用密目式安全立网或工具式栏板封闭,设置挡脚板。

(2) 水平洞口防护

① 水平洞口短边边长为 25～500 mm 时,应采用承载力满足使用要求的盖板覆盖,盖板四周搁置应均衡,且应防止盖板移位。

② 防护刷红白警示色。

③ 水平洞口短边边长为 500～1 500 mm 时,应采用盖板覆盖或防护栏杆等措施,并牢固固定。

竖向洞口防护(短边尺寸≥500 mm)

洞口防护(25 mm≤短边尺寸≤500 mm)

洞口防护(500 mm≤短边尺寸≤1 500 mm)

④ 防护刷红白警示色,悬挂警示标识。

⑤ 水平洞口短边边长大于或等于 1 500 mm 时,应在洞口作业侧设置高度不小于1.2 m 的防护栏杆,洞口应采用安全平网封闭。

⑥ 防护刷红白警示色,悬挂警示标识。

洞口防护(短边尺寸≥1 500 mm)

(3) 后浇带防护

① 后浇带上用硬质板封闭防护。

② 两侧设挡水坎,挡水坎粉刷平直。

③ 刷红白警示色。

(4) 结构临边防护

① 楼层、楼梯及休息平台临边处采用防护栏杆或工具式防护栏。

后浇带防护

② 防护采用 2 道栏杆,中道栏杆离地面 600 mm,上道栏杆离地面 1 200 mm,立杆间距不大于 2 000 mm,挡脚板高 180 mm。

楼层临边防护

(5) 工具化钢管防护栏

① 楼层临边、楼梯临边防护栏杆可采用工具化钢管防护栏。

② 直角弯头、三通、四通等连接件均为等边尺寸,钢管规格为 φ57×3.5 mm。

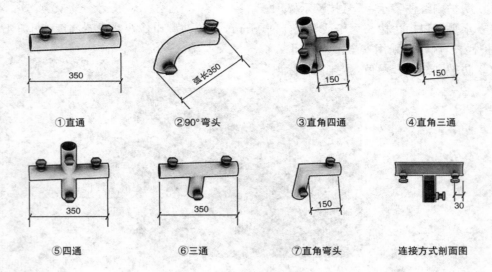

①直通　②90°弯头　③直角四通　④直角三通

⑤四通　⑥三通　⑦直角弯头　连接方式剖面图

工具化钢管防护栏连接件

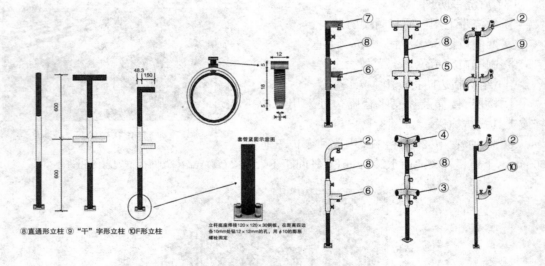

⑧直通形立柱　⑨"干"字形立柱　⑩F形立柱

立秆底座焊接120×120×30钢板，在距离四边各10mm处钻12×12mm的孔，用ф10的膨胀螺栓固定

工具化钢管防护栏立柱及拼装

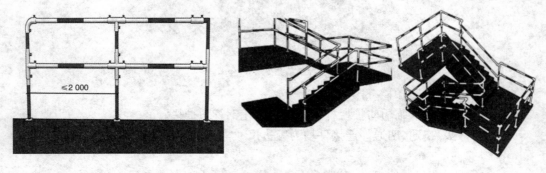

≤2 000

工具化钢管防护栏效果图

（6）工具式防护栏

①　塔吊基础处围护、材料堆场分隔、地面施工区域分隔、基坑周边防护、楼层临边防护等处可采用工具式防护栏。

②　立柱和挡脚板表面设红白警示，钢网刷红色或白色油漆。

③　立柱间距 1.5～1.6 m，高度 1.2 m 或 1.8 m。

④　立柱底部采用 120 mm×120 mm×10 mm 钢板底座，并用 4 个 M10 膨胀螺栓与地面固定。

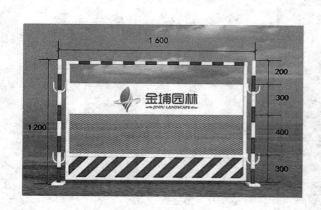 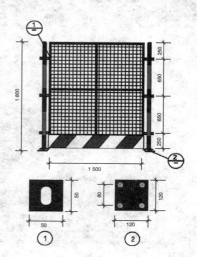

工具式防护栏

3　脚手架

（1）落地式脚手架

①　地基应坚实、平整，场地应有排水措施，不得有积水。

②　土层地基上的立杆底部应设置底座和厚度不小于 150 mm、不低于 C15 的混凝土垫层。采用垫板代替混凝土垫层时，可选用厚度不小于 50 mm 的木垫板或垫板厚度不小于 6 mm 的可调底座。

③　在立杆下部不大于 200 mm 处设置纵横向扫地杆，纵向扫地杆在上，横向扫地杆在下，均与立杆相连。

④　脚手架立杆基础不在同一高度时，必须将高处的纵向扫地杆向低处延长两跨与立杆固定，高低差不大于 1 m，靠边坡上方的立杆轴线到边坡的距离不应小于 500 mm。

⑤　扣件式、碗扣式、承插式等脚手架均要满足相关规范要求。

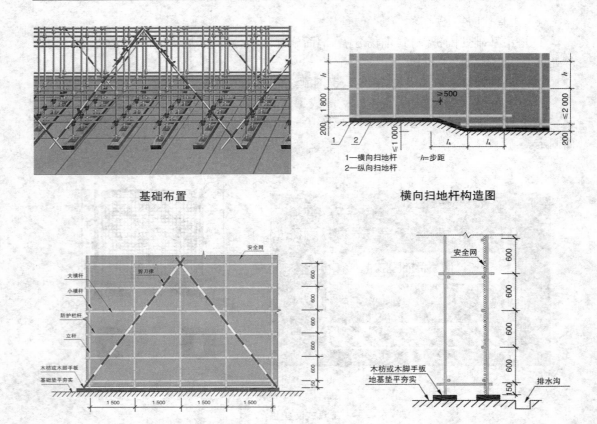

基础布置

横向扫地杆构造图

1—横向扫地杆 h=步距
2—纵向扫地杆

落地式脚手架立面图

落地式脚手架剖面图

◇ 落地式脚手架——立面防护

① 脚手架的钢管应横平竖直,转角位置的大横杆不能超过转角 200 mm,小横杆外露部分应长短均匀。

② 脚手架立杆应分布均匀,一般为 1 500 mm。大横杆应保持水平,间距一般为 1 800 mm。每步脚手架应设置拦腰杆,间距一般为 600 mm。

③ 脚手架外侧应采用密目式安全网或其他措施全封闭防护。

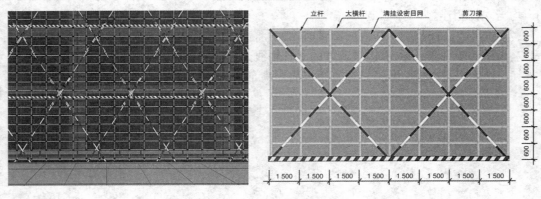

立面防护

④ 作业层以及每隔1组剪刀撑设置1道高度不低于180 mm的挡脚板,固定在立杆外侧,挡脚板刷红白警示色油漆。

⑤ 主节点处必须设置1道横向水平杆,用直角扣件扣接且严禁拆除。

◇ 落地式脚手架——剪刀撑及横向斜撑设置

① 每道剪刀撑应跨越5～7根立杆,宽度不小于6 m且不大于9 m,与地面夹角为45°～60°,杆件接长采用搭接,剪刀撑的2根斜杆均与立杆或相近的小横杆相连。

② 24 m以下的外架,在架体外侧两端、转角及中间间隔不超过15 m的立面上设置剪刀撑。24 m以上的外架,在架体外侧搭设连续剪刀撑。

③ 开口型双排架两端均必须设置横向斜撑,24 m以上封闭型脚手架在拐角处及中间每隔6跨设置1道横向斜撑。

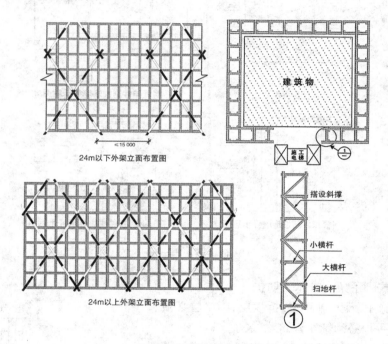

剪刀撑及横向斜撑设置

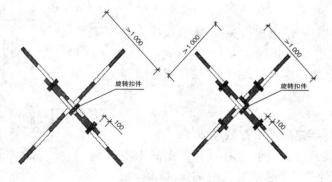

剪刀撑搭接示意图

④ 横向斜撑应在同一节间,由底到顶呈"之"字形布置,斜撑交叉和内外大横杆相连到顶。

⑤ 剪刀撑采用搭接时,搭接长度不应小于 1 m,应用不少于 2 个旋转扣件固定。

◇ 落地式脚手架——连墙件

① 连墙件应从第一步纵向水平杆处开始设置,开口型脚手架两端必须设置连墙件,连墙件的垂直间距不应大于建筑物的层高,并且不应大于 4 m。

② 连墙件应靠近主节点设置,偏离主节点距离不应大于 300 mm。

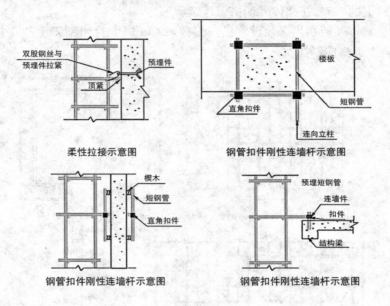

柔性拉接示意图   钢管扣件刚性连墙杆示意图

钢管扣件刚性连墙杆示意图   钢管扣件刚性连墙杆示意图

连墙件设置示意图

◇ 落地式脚手架——水平防护

① 主体施工阶段,施工层、拆模层、第二层必须满铺脚手板,脚手板必须铺至建筑物结构。

② 从第二层起,应每隔 12 m 设置一道硬质隔断防护或钢筋网片防护,并在其中间部位张挂水平安全网。

③ 脚手板铺设时严禁出现探头板,脚手板端头应用镀锌铁丝固定在小横杆上。

④ 安装和装饰装修施工阶段,作业层每层满铺脚手板。

(2) 悬挑式脚手架

① 一次悬挑脚手架高度不宜超过 20 m。

② 悬挑脚手架的悬挑梁须选用 16♯ 以上的工字钢,悬挑梁的锚固端应大于悬挑端长度的 1.25 倍,悬挑长度按设计确定;连墙件按照落地脚手架规定

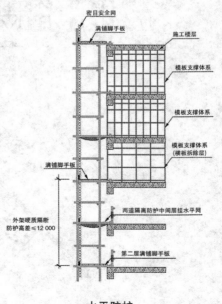

水平防护

设置。

③ 楼层预埋 φ20 U 形螺杆，每道钢梁设置不小于 φ16 钢丝绳作为保险绳。

④ 工字钢、锚固螺杆、斜拉钢丝绳具体规格、型号依据方案计算书确定。

⑤ 挑梁底部用脚手板铺设严密，底部应采用硬质材料进行全封闭。架体连墙件从第一步开始设置，剪刀撑自下而上连续设置。

⑥ 悬挑型外架的警示带设于悬挑型钢顶部，每悬挑一次设置一道。悬挑型钢整体涂刷黄色油漆。

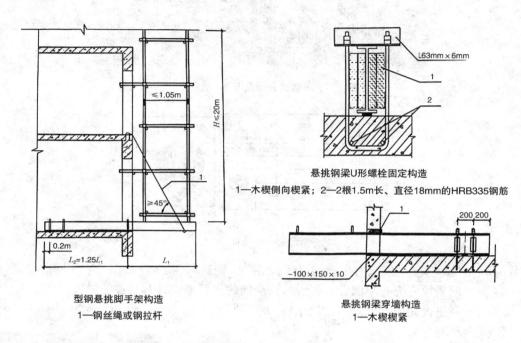

悬挑钢梁U形螺栓固定构造
1—木楔侧向楔紧；2—2根1.5m长、直径18mm的HRB335钢筋

型钢悬挑脚手架构造
1—钢丝绳或钢拉杆

悬挑钢梁穿墙构造
1—木楔楔紧

悬挑式脚手架构造示意图

（3）附着式升降脚手架

① 架体高度不应大于 5 倍楼层高，宽度不应大于 1.2 m。

② 直线布置的架体支承跨度不得大于 7 m，折线或曲线布置的架体，相邻两主框架支撑点处的架体外侧距离不得大于 5.4 m。

③ 架体的水平悬挑长度不应大于 2 m，且不得大于跨度的 1/2，架体全高与支承跨度的乘积不得大于 110 m^2。

④ 附着式升降脚手架必须具有防倾覆、防坠落和同步升降控制的安全装置。

⑤ 每个升降点不得少于一个防坠落装置，防坠落装置的制动距离不得大于 80 mm。

⑥ 在升降和使用工况下，竖向主框架位置的最上和最下两个导向件之间的最小间距不得小于 2.8 m 或 1/4 架体高度。

⑦ 当附着式升降脚手架停用超过 3 个月时应提前采取加固措施，停用超过 1 个月或遇 6 级及 6 级以上大风后复工时应进行检查，确认合格后方可使用。

（4）安全网

① 安全网材质、规格、物理性能、耐火性、阻燃性应满足现行国家标准《安全网》

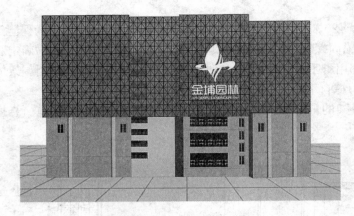

附着式升降脚手架

安全网合格证

(GB 5725)的规定,安全网应有生产许可证、合格证、制造厂名、生产日期及安全网监检证。

② 安全网搭设应绑扎牢固、网间严密,安全网的支撑架应具有足够的强度和稳定性。

③ 安全网搭设完毕,经检查验收合格后方可使用。

◇ 安全平网

① 平网的系绳与网体应牢固连接,各系绳沿网边均匀分布,相邻两系绳间距不应大于 75 cm,系绳长度不小于 80 cm。

② 采用平网防护时,严禁用密目式安全立网代替平网使用。

◇ 安全立网

① 在建工程脚手架外侧必须使用密目式安全网全封闭。密目式安全立网搭设时,每个开眼环扣应穿入系绳,系绳应绑扎在支撑架上,间距不得大于 450 mm。相邻密目网间应紧密结合或重叠。

② 密目式安全立网使用前应检查产品分类标记、产品合格证、网目数及网体重量,确认合格后方可使用。

③ 密目式安全立网的网目密度应为 10 cm×10 cm 面积上≥2 000 目。

安全平网

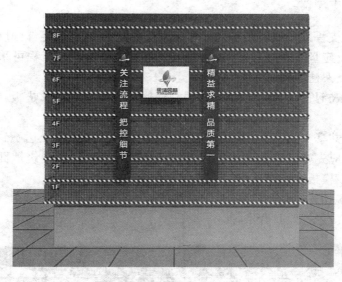

密目式安全立网

4　模板支撑

（1）满堂支撑架

① 支撑架构造

A. 立杆接长严禁搭接，必须采用对接扣件连接，相邻两立杆的对接接头不得在同步内，且对接接头沿竖向错开的距离不宜小于 500 mm，各接头中心距主节点不宜大于步距的 1/3。

B. 在立柱底距地面 200 mm 高处，沿纵横水平方向应按纵下横上设扫地杆。

C. 竖向剪刀撑斜杆与地面倾角应为 45°～60°，水平剪刀撑与支架纵（或横）向夹角应为 45°～60°。

D. 严禁将上段钢管立柱与下段钢管立柱错开固定在水平拉杆上。

E. 支撑架的可调托撑螺杆伸出长度不宜超过 200 mm，插入立杆内的长度不得小于 150 mm。

F. 支架应编制专项施工方案，结构设计应计算，并按规定审核、审批。

满堂支撑架

② 基础

A. 支架立柱支承部分安装在基土上时应加设垫板,垫板应有足够强度和支承面积,且应中心承载。基土应坚实,并应有排水措施。对特别重要的结构工程可采用浇筑混凝土、打桩等措施防止支架柱下沉。

B. 采用扣件式钢管作立柱支撑时,每根立柱底部应设置底座及垫板,垫板厚度不得小于 50 mm。

C. 当满堂或共享空间模板支架立柱高度超过 8 m 时,若地基土达不到承载要求,无法防止立柱下沉,则应先施工地面下的工程,再分层回填夯实基土,浇筑地面混凝土垫层,达到强度后方可搭设模板支撑架。

D. 扣件式、碗扣式、承插式等支架均要满足相关规范构造要求。

E. 模板支架应悬挂验收合格牌。

满堂支撑架——基础

③ 立杆

A. 不同支架立杆不得混用。

B. 多层支撑时,上下两层的支点应在同一垂直线上,并应设底座和垫板。

C. 扣件式立杆顶部应设可调支托,U 形支托与楞梁两侧间如有间隙,必须顶紧,其螺杆伸出钢管顶部不得大于 200 mm,螺杆外径与立柱钢管内径的间隙不得大于 3 mm,安装时应保证上下同心。

D. 扣件式立杆伸出顶层水平杆中心线至支撑点长度不应超过 500 mm。

E. 碗扣式立杆应根据所承受的荷载选择立杆的间距和步距,底层纵、横向横杆作为扫地杆距地面高度应小于等于 350 mm。严禁施工中拆除扫地杆,立柱应配置可调底座或固定支座。

F. 碗扣式立杆上端包括可调螺杆伸出顶层水平杆的长度不得大于 650 mm。

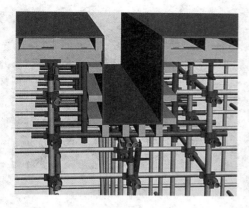

扣件式钢管脚手架支撑

碗扣式脚手架支撑

④ 扣件式剪刀撑

A. 满堂模板和共享空间模板支架立柱,在外侧周圈应设由下至上竖向的连续式剪刀撑,中间在纵横向每隔 10 m 左右设由下至上的竖向连续式剪刀撑,宽度宜为 4.5～6 m,并在剪刀撑顶部、扫地杆处设置水平剪刀撑。剪刀撑杆件的底端应与地面顶紧,夹角宜为 45°～60°。

B. 建筑层高在 8～20 m 时,还应在纵横向相邻的两竖向连续剪刀撑之间增加"之"字形斜撑,在有水平剪刀撑的部位,应在每个剪刀撑中间处增加一道水平剪刀撑。

C. 建筑层高超过 20 m 时,应将所有"之"字形斜撑全部改为连续式剪刀撑。

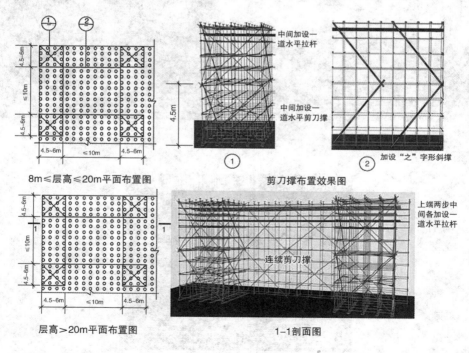

扣件式剪刀撑

⑤ 碗扣式剪刀撑

A. 应在支撑架外侧立面、内部纵向和横向每隔6～9 m由底至顶连续设置一道竖向剪刀撑,竖向剪刀撑斜杆间水平距离宜为6～9 m,剪刀撑的斜杆与水平面夹角应为45°～60°。

B. 在顶层和竖向间隔不大于8 m处各设置一道水平剪刀撑。水平剪刀撑应连续设置,剪刀撑宽度宜为6～9 m。

⑥ 周边拉结与临边防护

A. 当扣件式钢管支架立柱高度超过5 m时,应在立柱周圈外侧和中间有结构柱的部位,按水平间距6～9 m、竖向间距2～3 m与建筑结构设置一个固结点,以提高整体稳定性和抵抗侧向变形的能力。

B. 搭设高度2 m以上的支撑架体应设置作业人员登高措施。作业面须满铺脚手板,离墙面不得大于200 mm,不得有空隙和探头板。

C. 当搭设高度大于10 m时,每隔10 m加设一道安全平网。

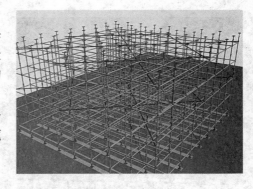

碗扣式剪刀撑

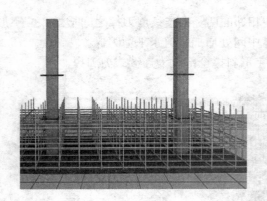

抱柱拉结

模板作业面安全防护

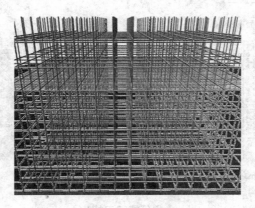

安全平网

（2）后浇带支撑

后浇带应设置独立的支撑体系并单独设计验算,不得与周边其他模板一起拆除,待后浇带的混凝土强度满足设计要求后方可拆除模板和支撑。

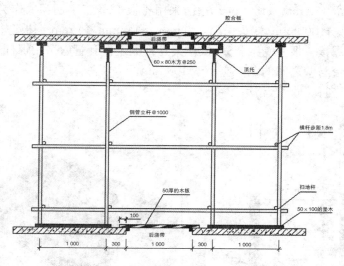

后浇带支撑架

5　电梯井

（1）电梯井防护

① 电梯井口门洞安装 1 500 mm 以上防护栏或工具式防护,防护门底部安装高度不小于 180 mm 的挡脚板,防护门外侧张挂安全警示标志牌,上部可设警示灯。

② 防护门必须固定。

③ 电梯井防护刷红白相间油漆警示。

④ 电梯井内应每隔 2 层且不大于 10 m 加设一道安全平网,电梯井内的施工层上部应设置隔离防护措施。

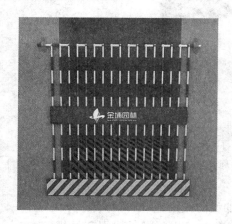

电梯井口门洞防护示意图

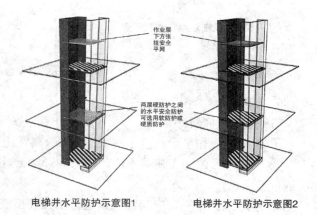

电梯井水平防护示意图1　　　电梯井水平防护示意图2

电梯井水平防护示意图

（2）电梯井操作架

① 电梯井钢平台大小依据电梯井尺寸而定，主梁采用 4 根 14♯槽钢分 2 组背靠背焊接，次梁采用 10♯槽钢，平台板采用 4 mm 厚花纹钢板进行焊接。

② 在墙体预留 150 mm×150 mm 方孔，采用 4 根 14♯工字钢穿墙作为架体支撑，工字钢伸出内井壁不小于 300 mm，端头采用 300 mm×300 mm×4 mm 钢板进行满焊。

③ 平台上部焊接 4 根 φ60 钢套管，操作架立杆固定在套管内采用螺杆进行连接。

④ 电梯井平台与壁之间的距离应小于 100 mm。

⑤ 提升完后进行验收，合格后方可使用。

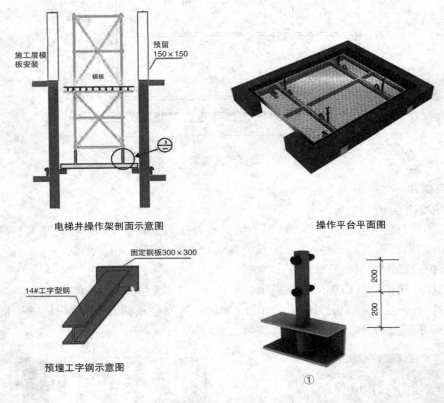

电梯井操作架剖面示意图　　　　　　　　操作平台平面图

预埋工字钢示意图

提升式钢平台

6　卸料平台

（1）落地式卸料平台

① 落地式操作平台高度不应大于 15 m，高宽比不应大于 3∶1。

② 施工平台的施工荷载不应超过 2.0 kN/m²，接料平台的施工荷载超过 2.0 kN/m² 时应进行专项设计。

③ 落地式操作平台应与建筑物进行刚性连接或加设防倾措施，不得与脚手架连接。

④ 用脚手架搭设落地式操作平台时，其结构构造应符合相关脚手架规范的规定，在立杆下部设置底座或垫板、纵向与横向扫地杆，在外立面设置剪刀撑或斜撑。

⑤ 落地式操作平台应从底层第一步水平杆起逐层设置连墙件且间隔不应大于 4 m，同

时应设置水平剪刀撑。连墙件应采用可承受拉力和压力的构件,并应与建筑结构可靠连接。

⑥ 落地式操作平台一次搭设高度不应超过相邻连墙件以上2步。

（2）悬挑卸料平台

① 悬挑卸料平台的搁置点、拉结点、支撑点应设置在稳定的主体结构上,且应可靠连接。

② 严禁将悬挑平台设置在临时设施上。

③ 悬挑平台的结构应稳定可靠,承载力应符合设计要求。

④ 悬挑平台的悬挑长度不宜大于5 m,均布荷载不应大于5.5 kN/m²,集中荷载不应大于15 kN,悬挑梁应锚固固定。

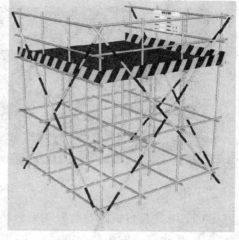

落地式卸料平台示意图

⑤ 悬挑平台外侧应略高于内侧,外侧应安装防护栏杆,操作平台及楼层临边应设置防护挡板全封闭。

⑥ 采用斜拉方式的悬挑平台,平台两侧应设置4个吊环并与前后2道斜拉钢丝绳连接。钢丝绳采用专用钢丝绳夹连接,钢丝绳夹数量应与钢丝绳直径相匹配,且不得少于4个。

⑦ 悬挑卸料平台经验收合格后方可使用,并挂设验收合格牌与限载标志牌。

悬挑卸料平台

7　塔式起重机

（1）塔式起重机基础防护

① 塔式起重机基础必须满足承载力要求,不得积水,要有可靠的排水措施,基础附近不得随意开挖。

② 塔式起重机安全告示牌挂在塔式起重机底部,图牌尺寸根据现场情况确定。

③ 塔式起重机基础四周设置2 m高工具式防护网。

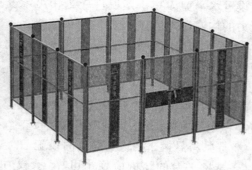

塔式起重机基础防护示意图

（2）塔式起重机附着装置和平台

① 禁止擅自使用非原制造厂生产的标准节和附着装置，严禁与脚手架、模板支架相连。

② 附着杆件与建筑物连接处必须满足强度要求，固定螺杆螺帽规格、材质应匹配并配双帽。

③ 可采用工具式或钢管搭设，搭设应依靠塔式起重机标准节固定，钢管长短统一，平台底满铺脚手板，设 1.2 m 高防护栏杆，设不小于 180 mm 高的挡脚板，挂设安全网。

④ 安拆塔式起重机附着时，严禁将构件放在附着平台上。

附着连接方式和平台样式

（3）塔式起重机安全保险装置

① 力矩限制器：塔式起重机应安装起重力矩限制器，如设有起重力矩显示装置，则其数值误差不应大于实际值的 ±5%。当起重量大于相应工况下的额定值并小于该额定值的 110% 时应切断上升和幅度增大方向的电源，但机构可做下降和减少幅度方向的运动。

② 起重量限制器：塔式起重机应安装起重量限制器，如设有起重量显示装置，则其数值误差不应大于实际值的 ±5%。当起重量大于相应挡位的额定值并小于该额定值的 110% 时应切断上升方向的电源，但机构可做下降方向的运动。

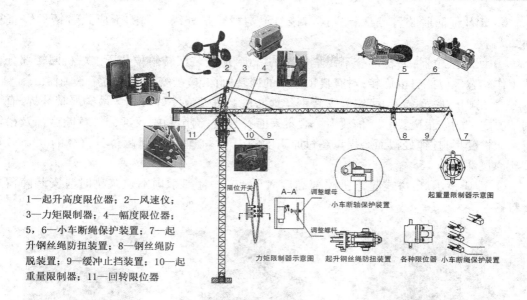

1—起升高度限位器；2—风速仪；
3—力矩限制器；4—幅度限位器；
5，6—小车断绳保护装置；7—起
升钢丝绳防扭装置；8—钢丝绳防
脱装置；9—缓冲止挡装置；10—起
重量限制器；11—回转限位器

塔式起重机

力矩限制器

起重量限制器

③ 起升高度限位器：对动臂变幅和小车变幅的塔式起重机，当吊钩装置顶部升至起重臂下端的最小距离为 800 mm 处时应能停止起升运动。

④ 小车变幅限位的塔式起重机应设置小车行程限位开关和终端缓冲装置，限位开关动作后应保证小车停车时其端部距缓冲装置最小距离为 200 mm。

起升高度限位器

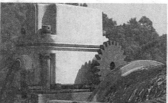

变幅限位器

防断绳保护装置

钢丝绳防脱装置

⑤ 小车断绳保护装置：双向均应设置。

⑥ 钢丝绳防脱装置：应完整可靠,该装置与滑轮最外缘的间隙不应超过钢丝绳直径的 20%。

⑦ 回转限位器：回转部分不设集电器的塔机,应安装回转限位装置。塔机回转部分在非工作状态下应能自由旋转;对有自锁作用的回转机构,应装安全极限力矩联轴器。

⑧ 吊钩防脱绳装置：吊钩应安装钢丝绳防脱装置并应完好可靠。吊钩严禁补焊,有下列情况之一的应报废：用 20 倍放大镜观察表面有裂纹;钩尾和螺纹部分等危险截面及吊筋有永久性变形;挂绳处截面磨损量超过原高度的 10%;心轴磨损量超过其直径的 5%;开口度比原尺寸增加 15%。

⑨ 障碍指示灯：塔式起重机顶部高度大于 30 m 且高于周围建筑物时应安装障碍指示灯。

回转限位器　　　　　　　吊钩防脱绳装置　　　　　　障碍指示灯

（4）塔式起重机防碰撞系统

① 同一作业场地安装 2 台及 2 台以上塔式起重机时应编制多塔作业方案,存在交叉作业时应安装塔式起重机防碰撞系统。

② 防碰撞系统的基本要求：实时显示塔式起重机当前工作参数和额定工作参数,使司机能直观了解塔式起重机的工作状态。精确实时采集小车幅度、回转角度,将当前数据与设定数据进行比较。超出范围时切断不安全方向动作,并声光报警。控制群塔的协调作业,相互间不发生碰撞事故。

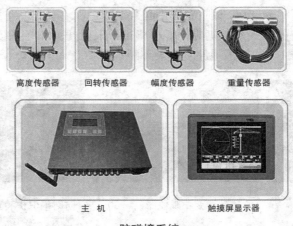

高度传感器　　回转传感器　　幅度传感器　　重量传感器

主　机　　　　　触摸屏显示器

防碰撞系统

8　施工升降机

（1）施工升降机停层防护

① 施工升降机各层层门采用工具式防护门，高度不低于 1.8 m，周边封闭严密，层门处于常闭状态，严禁从楼层内打开层门。

② 现场安装时，采用扣件将门柱与施工升降机楼层出入口操作架进行连接。

③ 停层平台设置防护栏杆、挡脚板，采用密目式安全立网或工具式栏板封闭。

（2）施工升降机防护棚

① 施工升降机防护棚具体尺寸根据现场实际情况确定。

② 防护棚须按规范设置双层硬防护，地面需硬化，宜选用混凝土地面。

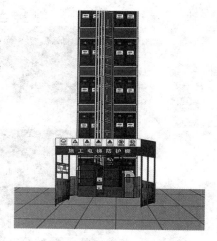

施工升降机平台防护正立面图

③ 防护棚顶部应张挂安全警示标识和安全宣传用语横幅。

④ 防护棚两侧需用悬挂 2 m 高的宣传横幅，施工升降机防护棚需在醒目处挂操作规程图牌。

⑤ 施工升降机额定载重量、额定乘员数标牌应置于吊笼醒目位置，严禁超载。

⑥ 乘坐施工升降机人员（含司机）不得超过 9 人。

（3）施工升降机安全保险装置

① 施工升降机防坠安全器是齿轮齿条施工升降机上极其重要的安全装置，主要由外壳、制动椎鼓、离心块、弹簧等组成。

② 防坠安全器的寿命为 5 年，只能在有效标定期内使用，有效标定期限不应超过 1 年，无论使用与否，在有效检验期满后都必须重新进行检验标定。

施工升降机防护棚

③ 吊笼门应装有机械锁止装置和电气安全开关，只有当门完全关闭后吊笼才能启动。

④ 应有防止吊笼驶出轨道的设施。该设施不仅在正常工作中起作用，而且在安装、拆卸、维修时也应起作用。

⑤ 各种安全装置应加强检查，确保灵敏可靠。

⑥ 施工升降机使用期间，每 3 个月应进行不少于 1 次的额定载重量的坠落试验。

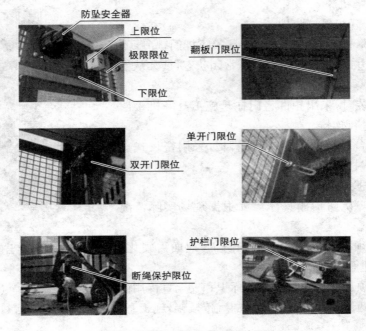

防坠安全器

上限位

极限限位

下限位

翻板门限位

双开门限位

单开门限位

断绳保护限位

护栏门限位

施工升降机各类安全保护装置

9 临时用电

（1）楼层配电

① 楼层分配电缆垂直敷设应利用工程中的竖井、垂直孔洞，宜靠近用电负荷中心。

② 垂直布置的电缆每层楼固定点不得少于 1 处。

③ 电缆固定宜采用角钢做支架、瓷瓶做绝缘子固定。

④ 每层分配电箱电源电缆应从下一层分配电箱中总隔离开关上端头引出。

⑤ 楼层电缆严禁穿越脚手架引入。

（2）楼层照明设施

① 一般场所宜选用额定电压为 220 V 的照明。

② 室内 220 V 灯具距离地面不得少于 2.5 m。

③ 照明灯具的金属外壳必须与 PE 线相连接，照明开关箱内必须设置隔离开关、短路与过载保护器和漏电保护器。

楼层配电箱、电缆位置示意图

④ 地下室照明电源电压应采用安全电压。

⑤ 楼梯通道内的照明用电可选用预埋 PVC 套管走线或直接利用水电安装正式管线接线。

⑥ 楼层照明可采用节能型 LED 灯带。

⑦ 禁止采用碘钨灯照明。

楼层照明设施

（3）开关箱与用电设备

① 用于单台固定设备的开关箱宜固定在设备附近，设备开关箱与其控制的固定用电设备的水平距离不宜超过 3 m。

② 移动式开关箱箱体中心距离地面垂直高度为 0.8～1.6 m。

③ 用电设备不得采用倒顺开关。

④ 手持电动工具的开关箱内，除应装设过载、短路、漏电保护器外，还应装设隔离开关或具有可见分断点的断路器。

⑤ 手持电动工具的负荷线应采用耐气候型的橡皮护套铜芯软电缆，不得有接头。

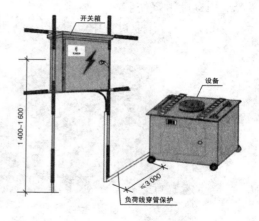

开关箱与用电设备

（4）接地与防雷

① 每一接地装置的接地线应采用 2 根及以上导体，在不同点与接地体作电气连接。垂直接地体宜采用 2.5 m 长角钢、钢管或光面圆钢，不得采用螺纹钢；垂直接地体的间距一般不小于 5 m，接地体顶面埋深不应小于 0.6 m。

② 接地体上的接线端子处宜采用螺栓焊接。

③ 接地线与接地端子的连接处宜采用铜鼻压接，不能直接缠绕。

④ 塔式起重机等大型设备的接地体引出扁钢应采用螺栓将其与标准节相连接，不得将引出扁钢焊接在标准节上破坏塔式起重机主体结构。

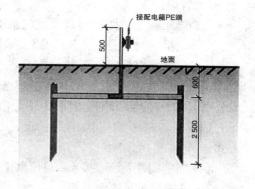

接地布置

10　喷淋系统

（1）楼层喷淋

① 房屋建筑工程进行主体、装饰施工时，应在楼层周边设置雾状喷淋装置。

② 高度 50 m 以下建筑物，应设置不少于 1 道雾状喷淋装置。

③ 高度 50 m 以上建筑物，应设置不少于 2 道雾状喷淋装置，喷头水平间隔不大于 5 m。

（2）塔式起重机喷淋

① 施工现场安装有塔式起重机的，可在塔臂上设置雾状喷淋装置，喷头水平间隔不大于 5 m。

② 系统的水泵一体主机、喷头、万向旋转接头、水管的规格型号必须严格按照塔吊高度和现场布置严格计算，必须精准选型匹配。

③ 安装前必须与施工方以及塔吊操作人员共同商量安装方案，确保现场安全。

④ 经过荷载安全计算后，必须在公司技术人员的指导下由具有专业技能的工人安装。

⑤ 已设置塔式起重机喷淋的，在施工前准备阶段、土石方开挖阶段、地基与基础施工阶段应启动喷淋系统。

⑥ 土石方作业过程中，应适当提高使用频次与使用时长，保证喷淋覆盖效果。

楼层喷淋

塔式起重机喷淋

（四）智慧工地

1　智能门禁

（1）施工现场主要进出口设置门禁考勤智能设备

（2）门禁考勤智能设备初始身份认证需通过员工身份证进行实名绑定。管理人员需录入所在单位名称、身份证、电话、职务等信息，劳务人员需录入劳务公司名称、身份证、工种、班组、电话等信息。

（3）实名制考勤应采用身份证、人脸识别等方式。

（4）智能门禁系统应接入项目信息化管控平台。

施工现场大门门禁设备

2　塔式起重机安全监控

（1）施工现场塔式起重机应安装采集载重、风速、高度、幅度、回转、倾角、力矩等信息的传感器，传感器将数据传输至操作室的设备主机，实时监控及分析塔式起重机运行状态。

（2）操作室应配置司机身份识别模块，防止无证上岗。

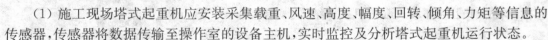

（3）塔式起重机宜安装吊钩视频，实时监测吊钩动态。

（4）施工现场多塔作业且距离较近时，宜配置塔机防碰撞功能。

（5）施工现场应建立塔机信息化档案管理系统并接入项目信息化管控平台。

（6）塔机安全监控系统应接入项目信息化管控平台。

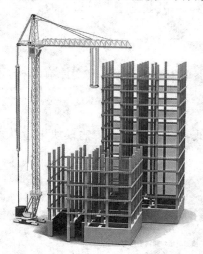

塔式起重机安全监控

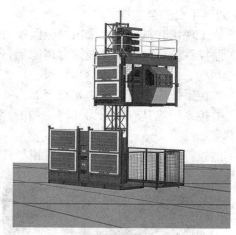

施工升降机安全监控

3　施工升降机安全监控

（1）施工现场施工升降机应配置重量、速度、高度等运行状态监测模块。

（2）操作室应配置司机身份模块，防止无证上岗。

（3）施工现场应建立施工升降机信息化维保档案管理系统并接入项目信息化管控平台。

（4）升降机安全监控系统应接入项目信息化管控平台。

4　竖向攀爬安全防护监控

（1）施工现场塔吊、深基坑等人员经常竖向攀爬的部位或设备应设置竖向攀爬安全防护设备（以下简称设备）。设备应采用机械制动和电磁制动等多种制动措施，确保人员上下攀爬全程提供防坠落安全防护功能。

竖向攀爬安全防护监控

（2）在人员向上攀爬过程中,设备应具有助力辅助功能,提升人员攀爬舒适性。在人员中途休息时,设备应具有自动暂停休息功能。

（3）设备应配置攀爬高度、攀爬提升力、使用状况、使用时间、电量监控、报警等运行状态监控模块,以便进行设备管理和维护。

（4）竖向攀爬安全监控设备应接入项目信息化管控平台。

5　卸料平台安全监控

（1）施工现场卸料平台应采用安全监控系统。

（2）监控系统应配置钢丝绳拉力传感器,传感器应安装方便,不改变原有结构,不增加新的安全风险。

（3）监控系统应配置超载声光报警器。

（4）监控系统应具有数据无线传输功能,功耗低,续航时间长,传输模块电量状态也能监控和报警。

（5）监控系统应接入项目信息化管控平台。

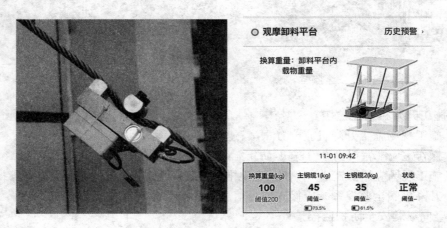

卸料平台监控

6　视频监控

（1）施工现场主要出入口、道路、办公区、生活区、材料加工区、重要材料堆放地等设置枪机或球机,部分塔式起重机上设置球机。

（2）视频监控应具备录像、调取、回放、截图等功能,存储时间应不少于 30 天。

（3）视频监控系统应接入项目信息化管控平台。

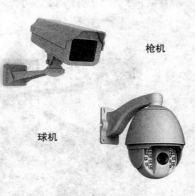

枪机

球机

高清摄像头

7　人员定位及区域管理系统

（1）施工现场危险区域、管制区域(地下室、隧道等)建议采用人员定位及区域管理系统。

（2）系统可利用智能安全帽自动实时记录施工人员区域分布和人员轨迹,可辅助人员考勤和行为分析管控。

（3）系统应实现人员定位和数据传输,功耗低,续航时间长,维护方便。

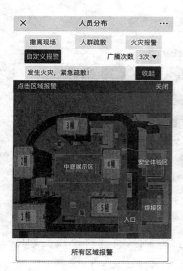

人员定位

（4）智能安全帽可添加配置广播功能，进入特定区域，系统可自动发送预警广播进行提醒。也可自定义广播内容，便于发布通知及指引逃生等。

（5）智能安全帽可添加配置异常佩戴功能，监控安全帽佩戴状态，未正常佩戴或出现异常，将进行预警并通知相关管理人员进行处理。

（6）人员定位及区域管理系统应接入项目信息化管控平台。

8　智能地磅

（1）施工现场地磅宜配置称重控制器、报警器、红绿信号灯、道闸、高清摄像机等，可实现材料自动称重，并保存图片等相关数据。

（2）智能地磅系统应接入项目信息化管控平台。

智能地磅

9　环境监测

（1）施工现场环境监测设备应配置风向、风速、气压、温度、湿度、PM2.5、PM10、噪音等传感器。通过系统平台给扬尘、风速、噪音等监测数据设置警戒值，当监测数据超过所设定的数值和设定的时间，系统自动将报警信息发给责任监管人员。

（2）环境监测设备宜联动视频监控功能，及时查看监测点现场状态。

（3）环境监测系统应接入项目信息化管控平台。

10　危险源监测系统

（1）管制区域报警

① 施工现场临边、预留洞口、电梯井口及非作业面等区域设置报警探测设备，当人员靠近管制区域一定范围内时，报警系统自动启动声光报警。

② 管制区域报警系统可联动视频监控，当系统监测到报警时主动录像、抓拍，并发送报警信息至相关人员。

③ 管制区域报警系统应接入项目信息化管控平台。

（2）高支模监测

① 施工现场高支模工程宜配置模板支架监测系统。

环境监测设备

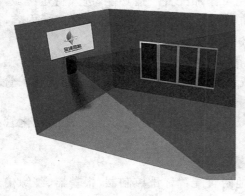

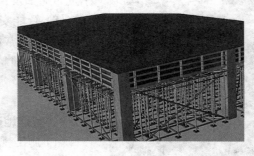

管制区域报警 高支模监测

② 通过安装监测轴压力、位移数据、倾角数据、模板沉降等传感器,实现对模板支架的实时监控及超限预警功能。

③ 模板支架监测系统应接入项目信息化管控平台。

(3)深基坑监测

① 施工现场深基坑工程宜配置深基坑监测系统。

② 通过安装监测基坑地表、地下水位沉降等相关传感器,对基坑支护和边坡支护进行实时监测,实现监测、预警等功能。

③ 深基坑监测系统应接入项目信息化管控平台。

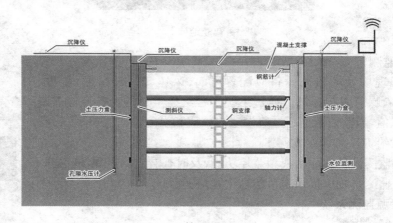

深基坑监测

图牌附件

1　办公室岗位职责牌

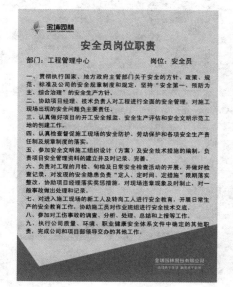

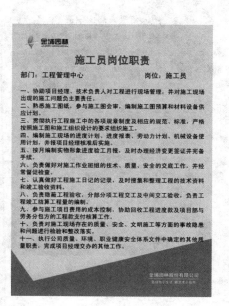

材料员岗位职责

部门：资源采购中心　　　　岗位：材料员

一、汇总编制本施工项目总物资计划、月度季度材料计划、要料计划和施工机械使用计划，并按计划组织实施。
二、负责本施工项目经济技术变更签证施工预算中材料及施工机械预算编制汇总。负责建设单位供应材料、设备、接收、保管及余料退回。
三、负责本施工项目物资和施工机械现场管理，组织物资盘点和施工机械盘点，按规定填制月度、季度、年物资耗用报表，动态分析报表及施工机械报表。
四、建立健全物资收、耗、存台账和限额领料帐，收集保管工程用材料、设备、质保书、合格证、保修单等。
五、参与本施工项目成本核算，成本控制。
六、负责库存物资、施工机械保管、维修、安排，负责施工中材料边角料、废旧料、包装物等回收分类、保管。
七、执行公司质量、环境、职业健康安全体系文件中确定的其他职责，完成项目经理交办的其他工作。

核算员岗位职责

部门：成本核算中心　　　　岗位：核算员

一、根据每月完成工程进度，负责向甲方和公司报送当月完成产值报量；
二、根据技术部提供的每月进度计划计算工作量计划，负责向公司和甲方报送工程量产值计划报表；
三、负责对本工程的人工费的工程量及定额工日进行测算、审核，建立人工费台账，在工程完工时对人工费进行汇总分析；
四、负责技术部门移交的经济签证（包括现场签证、技术方案签证）、设计变更等资料进行整理、分析，确认造价后移交存档；
五、负责项目部的合同管理，参与项目劳务合同、材料采购合同的制订；
六、全过程地对施工过程中各种施工方案、技术方案进行经济对比分析，为项目决策提供参考；
七、在成本会计员的协助下，动态地提供每个月的项目成本状况，组织每月及阶段性的成本分析会，并及时、准确地提供成本分析报告和改进、整改措施；
八、负责对甲方的单项、单位工程的预结算，对量工作，及时提交材料汇总表，分部分项材料汇总表，并进行经济技术分析。

技术负责人岗位职责

一、组织学习和贯彻执行相关的技术标准、规范及质量检验标准。
二、对施工生产中的安全、质量、进度等方面技术问题全面负责，并协助项目经理加强本工程的全面管理。
三、负责本工程的技术、质量、计量的标准化管理工作，组织项目部相关人员进行施工图会审及交底工作。
四、负责与业主、监理、设计单位洽谈施工项目的有关技术问题，确定技术方案和安全措施并负责办理技术资料的签证。
五、负责对分部、分项工程和关键工序进行技术交底，负责工程技术协调、技术难题攻关，技术问题的处理，并督促落实整改措施。
六、负责审核竣工验收资料和组织绘制竣工图。
七、参与调查、处理质量事故和安全事故。
八、组织推广应用新技术、新工艺、新材料，及时收集工法素材协助公司技术部门编写工法。
九、执行公司质量、环境、职业健康安全体系文件中确定的其他质量职责，完成公司领导交办的其他工作。

技术员岗位职责

部门：工程管理中心　　　　岗位：技术员

一、认真学习、钻研业务、不断提高技术水平。
二、熟悉图纸，了解工程概况，绘制现场平面布置图，搞好现场布局。
三、参与图纸会审和解决图纸中的疑难问题，碰到大的技术问题，负责与甲方和设计部门联系，妥善协调予以解决。
四、坚持按图施工，分项工程施工前，写出书面技术交流。
五、填写施工日记和隐蔽工程验收记录，配合质量员、资料员协助做好相关技术资料和月度生产计划。
六、工作认真负责，一丝不苟，实事求是，坚持以数据为依据，实行科学管理。
七、协助上级主管部门和公司的动态管理检查，完成项目经理及公司指定的其他技术任务。

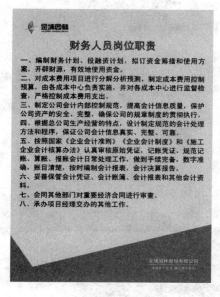

财务人员岗位职责

一、编制财务计划、投融资计划，拟订资金筹措和使用方案，开辟财源，有效地使用资金。

二、对成本费用项目进行分解分析预测，制定成本费用控制预算，由各成本中心负责实施，并对各成本中心进行监督检查，严格控制成本费用支出。

三、制定公司会计内部控制规范，提高会计信息质量，保护公司资产的安全、完整，确保公司的规章制度的贯彻执行。

四、根据总公司生产经营的特点，设计制定规范的会计处理方法和程序，保证公司会计信息真实、完整、可靠。

五、按照国家《企业会计准则》《企业会计制度》和《施工企业会计核算办法》认真审核原始凭证，记账凭证，规范记账、算账、报账会计日常处理工作，做到手续完备，数字准确，账目清楚，按时编制会计报表，会计决算报告。

六、妥善保管会计凭证、会计账簿、会计报表和其他会计资料。

七、会同其他部门对重要经济合同进行审查。

八、承办项目经理交办的其他工作。

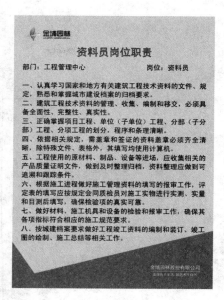

资料员岗位职责

部门：工程管理中心　　　　　　　岗位：资料员

一、认真学习国家和地方有关建筑工程技术资料的文件、规定，熟悉和掌握城市建设档案的归档要求。

二、建筑工程技术资料的管理、收集、编制和移交，必须具备全面性、完整性、真实性。

三、正确掌握项目工程、单位（子单位）工程、分部（子分部）工程、分项工程的划分，程序和条理清晰。

四、依据相关规定，需盖章和签证的资料盖章必须齐全清晰，除特殊文件、表格外，其填写均使用计算机。

五、工程使用的原材料、制品、设备等进场，应收集相关的产品质量证明文件，做到及时整理归档，资料整理应做到可追溯和跟踪条件。

六、根据施工进度做好施工管理资料的填写的报审工作，评定表的填写应按规定会同质检员对施工实物进行实测、实量和目测后填写，确保检验项的真实可靠。

七、做好材料、施工机具和设备的检验和报审工作，确保其各项指标符合相应的施工规范要求。

八、按城建档案要求做好工程竣工资料的编制和装订、竣工图的绘制、施工总结等相关工作。

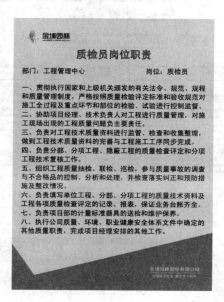

质检员岗位职责

部门：工程管理中心　　　　　　　岗位：质检员

一、贯彻执行国家和上级机关颁发的有关法令、规范、规程和质量管理制度，严格按照质量检验评定标准和验收规范对施工全过程及重点环节和部位的检验、试验进行控制监督。

二、协助项目经理、技术负责人对工程进行质量管理，对施工现场出现的工程质量问题负主要责任。

三、负责对工程技术质量资料进行监管、检查和收集整理，做到工程技术质量资料的完善与工程施工工序同步完成。

四、负责分部、分项工程、隐蔽工程的质量检查评定和分项工程技术复核工作。

五、组织工程质量抽检、联检、巡检，参与质量事故的调查与不合格品的控制、分析和处理，并检查落实纠正和预防措施及整改情况。

六、负责填写单位工程、分部、分项工程的质量技术资料及工程各项质量检查评定的记录、报表，保证业务台账齐全。

七、负责项目部的计量标准器具的送检和维护保养。

八、执行公司质量、环境、职业健康安全体系文件中确定的其他质量职责，完成项目经理安排的其他工作。

2 会议室图牌

会议室背景墙

3　九牌一图

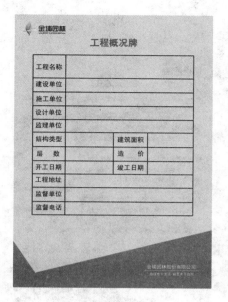

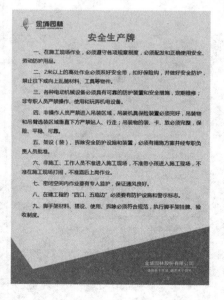

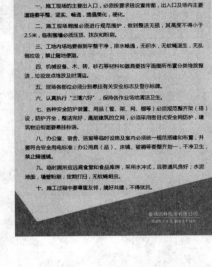

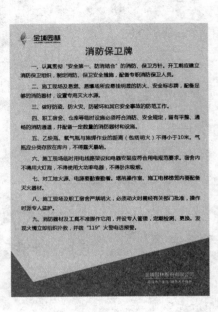

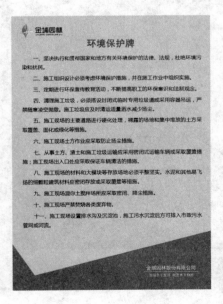

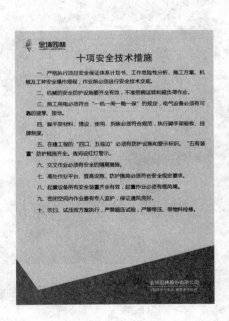

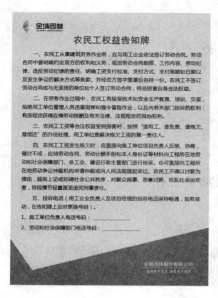

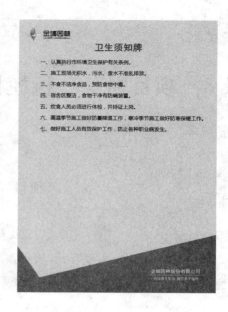

附录 8 项目财务分析模板

××项目×月财务分析

一、项目概况

××项目合同金额×××万元,项目预测总成本×××万元,预测项目实施利润水平××%,项目预测毛利水平××%。公司项目目标管理规定上缴利润水平×××。合同施工内容:_____。

合同工期×××天,于××月开工,计划××月完工,预计剩余工期××个月。

××项目合同付款条件:_____。

项目概况一览表如下:

项目概况一览表
单位:万元

项 目	金 额
合同收入	
合同成本	
预计项目实施利润	
预计毛利率	
预计工期	
养护期	
预计养护成本	
预计资金预算(养护期满)	
其中:人	
材	
机	
项目目标管理利润	

二、工程进度和现状

目前工程实际情况描述,现场人、材、机进场状况描述:_____。

截至本月末,上月经核算部审核确认完成产值×××万元,本月实际完成产值×××万元,其中合同外变更资料齐全的产值×××万元,变更签证资料不齐全的产值×××万元,实际完工进度××%。剩余产值××万元,计划未来××个月完成,计划进度及资金概算见项目资金预算计划表 Z1-1 表。

资金预算计划表 Z1-1 表 单位:万元

项　目	金　额
上月计划完成产值	
上月实际完成产值	
上月累计实际完成产值	
其中:合同外变更资料齐全产值	
合同外变更资料不全产值	
本月计划完成产值	

三、项目成本投入情况和项目现金流情况

项目已经完成结算的成本投入××万元,其中人工费××万元,材料费××万元,机械费用××万元,项目管理费用××万元,项目管理人员工资××万元。目前项目回款××万元,已经缴纳税金××万元。项目累计付款××万元。按照付款合同规定的付款条件,本月应支付的合同款××万元,本月上报支付计划××万元,其中项目部支付计划××万元,材料部支付计划××万元。

项目成本投入和项目现金流情况表 单位:万元

项　目	总预算金额	累计付现金额	本月计划付现金额
应回笼工程款			
实际已回笼工程款			
工程付现成本			
其中:人			
材			
机			
税金			
项目直接费用			
招待费			
差旅费			
汽车费用			
……			
管理人员工资			

四、预算成本和实际成本的对比情况

核算部预算成本××万元,财务账面已经结算成本××××万元,差异××××万元,产生差异的主要原因:＿＿＿＿＿＿＿＿＿＿＿＿＿＿＿＿＿＿＿＿＿＿＿＿。
[(如产生差异的主要原因为:材料节约＿＿＿万元,变更成本投入材料成本＿＿＿万元,由于变

更签证暂时未签证,核算部未确认成本。此外,由于现场材料管理和施工工艺落后,造成材料浪费＿＿万元(内容包括但不限于以上)〕,详情见下表。

预算成本和实际成本对比情况表　　　　　　　　　单位:万元

成本项目	核算部预算成本	财务部实际成本	差　异
人			
材			
机			
税金			
项目直接费用			
招待费			
差旅费			
汽车费用			
……			
管理人员工资			

1. 材料成本分析

月末现场材料盘点情况如材料收发存明细表所示。

本月材料进场××万元,实际材料用量××万元,材料进场和消耗核对情况如下:

材料收发存明细表

分项工程	实际现场收料 A	产值对应耗用料 B	期末盘存量 C	差异($A-B-C$)

产生材料差异的主要原因:＿＿＿＿＿＿＿＿＿＿＿＿＿＿＿＿＿＿＿。

2. 机械台班分析

机械台班按照产值对应的工作量应投入××台班,按照合同金额应结算××万元;实际现场台班小票本月发生台班数量是××台班,按照合同金额结算××万元。产生差异的原因是:＿＿＿＿＿＿＿＿＿＿＿＿＿＿＿＿＿＿＿。

机械台班实际工作量与产值对应情况表

分项工程	实际现场工作台班	产值对应工作量台班

3. 人工费分析

核算部核定定额工人工成本××万元,现场绿化点工××万元,点工按照公司规定产值 7%控制,节约(超支)××万元,主要原因为:＿＿＿＿＿＿＿＿＿＿＿＿＿＿＿＿＿。

4. 项目管理费用

本项目预算管理费用××万元,到本月末实际发生项目管理费用为××万元,占比××%。本月发生项目管理费用＿＿＿＿＿万元,其中＿＿＿＿＿＿＿＿＿＿＿＿＿＿。本项目部成员××人,月人力资源成本××万元(其中包括工资、社保、公积金、通信补贴、交通补贴、餐费补贴)。

5. 项目资金成本

本项目应回笼未回笼工程款××万元,按照公司资金管理办法,应计资金成本××万元;项目累计付现成本××万元,公司垫付工程成本××万元,应计资金成本××万元(月息 1%)。

五、存在问题及改进建议

六、需要公司协调和解决的事项

项目核算员签字:　　　　　　项目会计签字:　　　　　　项目经理签字:

附录 9　剩余物资管理办法

　　为了做好各项目管理公司工程结束后的剩余物资管理工作,使其合理利用与周转,提高剩余物资的利用率,有效降低项目成本,公司经过研究,决定制定此管理办法。

　　1. 在施工过程中需提前退场的材料、设备等剩余物资,项目管理公司需及时统计并通知资源采购中心。

　　2. 在项目收尾阶段,项目管理公司需及时清理、统计各种剩余材料、设备等剩余物资的品种、规格、数量等,并及时上报资源采购中心(见附件剩余物资统计表)。

　　3. 资源采购中心将对项目管理公司上报的剩余物资进行核实,并与项目管理公司完善相关手续,按公司相关规定统一调配处理。

　　4. 未经资源采购中心同意,项目管理公司任何人不得随意处理、挪用、变卖项目管理公司剩余物资。

　　5. 对随意变卖剩余物资的项目管理公司或个人,除按所变卖物资原价进行赔偿外,还将对其进行双倍处罚。

　　6. 资源采购中心、项目管理公司应相互配合、相互监督、相互支持,严格遵守本办法。本办法由公司办公室制定,其修改权、解释权归办公室所有。本办法自办公室审核批准日起生效。

附录 10　工程养护目标责任书

_____工程养护目标责任书

委托方：_____（以下简称甲方）

受托方：_____（以下简称乙方）

_____项目已竣工（竣工验收）进入养护期，甲方现将养护任务委托给乙方，为明确职责，现签订以下园林工程养护目标责任书。

一、养护工程概况及目标

1. 养护地点：该工程地点位于_____。
2. 养护面积为_____平方米。
3. 养护时限：共_____年（___年___月___日至___年___月___日）。
4. 总养护管理费用（按 B1 表约定的养护费用）：合计人民币_____元。
5. 养护等级：按____级养护标准，保证苗木损耗率（费用）不高于苗木采购费用的____%。

二、工作内容

1. 甲方职责如下：
（1）不定期检查养护工程的苗木生长状况、景观效果，发现问题及时通知整改。
（2）检查养护场地内仓库及办公场所等构筑物的完好及清洁卫生状况。
（3）抽查养护人员出勤、养护机械、设备设施的完好情况。
（4）按公司规定办理养护费用审核审批。
（5）对乙方养护管理工作进行考核。
2. 乙方职责如下：
（1）乙方应根据公司制定的有关养护管理和技术要求（见附件《园林工程养护管理标准及实操要点》）等，严格按照养护标准及管养措施落实养护管理工作。
（2）乙方应对每日工作进行记录。
（3）对项目区域内的景观构件、道路铺装等，乙方应进行日常维护，如有损坏及时维修。

（4）乙方应制定合理的养护资金使用计划，按计划使用养护资金。

（5）乙方需加强安全生产管理，杜绝安全事故的发生。

（6）如果养护期内出现死苗情况需要补苗，按公司规定流程上报并认真分析苗木死亡原因。若因养护不当造成的苗木死亡，由乙方承担应有责任。如苗木死亡情况特别严重，给公司造成巨大损失，将视具体情况对绿化养护总负责人及养护部负责人进行经济处罚。

（7）养护期满后，乙方应及时办理移交手续，逾期将按相应方法进行惩罚。

三、养护奖励与处罚

1. 养护经费包含养护人工、机械、肥料、农药等各类费用，乙方应在养护费用的额度内合理使用养护资金。具体奖罚办法如下：

（1）养护期满后养护经费有盈余的，剩余养护经费的50%作为养护奖金由项目管理公司总经理负责分配（分配方案报工程管理中心审批通过），50%作为公司利润上缴。

（2）养护期满后养护经费超支的，由养护部经理（负责人）、项目管理公司总经理共同分析超支原因并上报公司工程管理中心、成本核算中心、审计部审核。如因项目管理公司养护部自身原因造成的养护费用损失，损失金额从该项目利润中扣除，同时对相关责任人进行处罚，超出部分的50%由养护部经理（负责人）承担，超出部分的另外50%由项目管理公司总经理承担。

2. 养护期间死亡的苗木补植费用计入养护费用成本，如因项目管理公司养护部自身管理不当，造成苗木死亡率费用超过了养护目标责任书中约定值，甲方将组织追究乙方相关负责人责任，视具体情况予以乙方通报批评、扣除绩效、降薪降职等惩罚措施。

3. 如因乙方养护不到位造成业主投诉、发函至公司、曝光等业主不满意的情况，调查核实后将视情节严重程度予以乙方通报批评、扣除绩效、降薪降职等惩罚措施。

4. 关于养护到期移交处罚办法：

（1）在质保期到期时，如能够按合同约定的时间后两个月内完成工程移交的，不奖不罚。

（2）养护期满超过两个月，不满六个月未能移交的，项目管理公司总经理及项目养护部经理（负责人）应及时以书面形式向工程管理中心说明原因，同时每月绩效发放系数按乘以0.5计。

（3）养护期满超过六个月仍未能移交的，项目管理公司总经理及项目养护部经理（负责人）必须向建设方申报逾期养护费用，并报工程管理中心及公司领导协商解决移交事宜，同时公司将视具体情况对项目管理公司总经理及项目养护部经理（负责人）进行逾期养护费用20%处罚。

四、其他

1. 本责任书一式两份，委托方一份，受托方一份。
2. 本责任书自签字之日起生效，至工程养护期结束为止。

甲　方：＿＿＿＿＿＿＿＿＿＿＿　　　乙　方：＿＿＿＿＿＿＿＿＿＿＿

签　名：＿＿＿＿＿＿＿＿＿＿＿　　　签　名：＿＿＿＿＿＿＿＿＿＿＿

签约日期：＿＿＿年＿＿月＿＿日

附录11　园林工程养护管理标准及实操要点

为了提高公司的园林工程养护管理水平,降低养护管理费用,针对目前公司各项目管理公司在养护管理中出现的问题以及养护费用、苗木死亡率居高不下的现状,工程管理中心特制定以下绿化养护管理标准及实操要点,请各项目管理公司遵照执行。

一、各项目管理公司根据自身园林工程管养数量,成立专职养护部,确定组织架构,明确各责任人,项目管理公司总经理与养护部经理签订《养护目标责任书》,并由工程管理中心进行统一监督管理。

二、狠抓项目管理公司养护部的团队建设,不定期进行养护技能培训和考核工作,定岗到人,分工明确,并通过技能培训工作,提高养护部整体的操作技能、管理水平和执行力。

三、工程管理中心实行"养护部绩效考核"机制,定期对各项目管理公司的养护情况进行巡检考核,制定对项目管理公司总经理及养护部管理团队的绩效考核奖罚制度,根据养护管理的实际情况(苗木成活率、养护费用、观感效果及业主满意度等)在下个月份对上一月份的完成情况进行考核。

四、为了有效提高绿化养护的品质和苗木存活率,必须做好苗木种植过程中的监督和检查。各项目管理公司绿化养护专职负责人(绿化养护经理)除履行自身养护管理职责之外,还必须对本项目管理公司在建的绿化项目提前介入并不定期进行巡检,对不合理的种植方法进行监督检查,如苗木是否种植过深、苗木有没有进行必要的修剪、草坪铺植是否平整、苗木浇水是否浇透或根部是否有积水现象等,防止在日后管养中因前期苗木不规范种植导致苗木后期出现死亡,从而降低苗木死亡率。

五、严格执行以下养护管理要点(考评要点),切实履行各自的岗位职责:

(一)绿地日常管理

1. 浇水:根据季节和天气情况,合理安排浇水(水车及浇水设备),如阴雨天等天气要控制好水车和养护工的出勤,节约养护费用,确保绿地及苗木不缺水也不积水。为了提高苗木的存活,对于刚种植的苗木在保证不积水的情况下可以勤浇水,对于大规格且价值高的主景苗木,为了保证存活还可以加装喷雾设施。

2. 除草:地被、草坪以人工除草及化学除草相结合,确保绿地无杂草和寄生藤。

3. 施肥:对于刚完工的绿化项目,在存活期过后应立即进行施肥,提高苗木的存活率。对于绿化养护中、后期的施肥,要根据不同植物品种的特性合理控制肥量,节约养护成本。施肥最好在阴雨天进行,酷热天气禁止施肥。

4. 保洁:绿化区内石头、垃圾、杂物、枯枝及时清理,绿化垃圾当天清运至定点位置。

(二)修剪

1. 草坪修剪:根据草坪的品种和生长的快慢制定剪草频率,确保草坪修剪的高度保持在 4 cm 以内。修剪均匀、整齐,无漏剪、少剪现象,并对修剪后的草屑及时清理,保持草地干净整洁。

2. 地被修剪:地被边线修剪顺滑、弧形优美。规则类苗木修剪须讲究平整,品种之间的边界线修剪清晰,突出层次感。为了体现苗木修剪的景观效果,除道路绿化的地被边缘修剪成直角外,自然绿地中的苗木可修剪成龟背形;花卉类苗木修剪应保持其自然生长状态,避免其徒长、疯长。

3. 花灌木修剪:对于自然生长的非造型花灌木,修剪的要点是注重冠状优美并修剪多层枝、内堂枝、干枯枝等;而对于球形、塔形等造型灌木,必须经常注重修剪并维持造型优美,无徒长枝。

4. 乔木修剪:对于行道树乔木的修剪注重定干高度一致。对于群植乔木,注重修剪过密的内堂枝,以防止病虫的发生和树下苗木的正常生长。

(三)病虫害防治

为了防治苗木的病虫害,必须遵循"预防为主,治疗为辅"的原则,根据不同地区植物病虫害的发病时期以及不同苗木不同病虫害的习性分类进行防治,确实已经发生的病虫害,须采取有针对性的治理。

(四)苗木补缺

为了保证绿化的整体效果和完整性,对于在绿化养护期间死亡的苗木必须及时进行清理和补植,并将死苗清单、情况说明及补植计划及时上报工程管理中心,工程管理中心对苗木的死因进行核查后,批复补植申请后方可施工。对于补植的苗木须重点加强水肥管理以利于苗木的存活。

(五)园林水车管理

1. 车队管理规定:由专人负责车辆调度,根据项目实际情况的需要灵活调度车辆,确保绿化养护到位,提高苗木成活率。车辆应由专职驾驶员驾驶,需由他人驾驶时,应告知车辆性能、状况并到车队队长处备案,获得许可后方可驾驶。车辆到达目的地后,按项目现场负责人或施工员安排进行工作,服从指挥。如有特殊情况应及时与车队队长商量处理。

2. 驾驶员管理:驾驶员必须遵守《中华人民共和国道路交通安全法》及有关交通安全管理的规章制度,安全驾车,并遵守本公司其他相关规章制度。驾驶员应爱惜公司车辆,平时注意保养,经常检查车辆的主要机件,确保车辆正常行驶。驾驶员应定期擦洗自己所驾驶的车辆,以保持车辆清洁。出车前要例行检查车辆的水、电、油及其他性能是否正常,发现异常时要立即加补或调整。如发现车辆有故障要立即向车队队长汇报,听从车队队长安排立即检修,不会检修的,提出具体的维修意见(包括维修项目和大致需要的经费等)。未经批准,不许私自将车辆送厂维修。驾驶员对自己所开车辆的各种证件的有效性应经常检查,出车时一定要证照齐全。驾驶员对车队调度的工作安排应无条件服从,不准借故拖延或拒不出车。出车后以绿化养护为主,听从各项目部项目现场负责人和施工员的工作安排。驾驶员出车在外或出车归来停放车辆,一定要注意选取停放地点和位置,不能在禁止停车的路段或危险地段停车。驾驶员离开车辆时要锁好保险锁,防止车辆被盗。驾驶员应随身携带手机,并保持开机状态,对车队队长或各项目管理人员的传呼应尽快回复。进行洒水工作时,一定要打开工作闪灯,以确保安全。驾驶车辆时要精神集中,遵守交通法规规定的各项要求,严格规范自己的行为,不准酒后开车、带病出车、开故障车、开疲劳车、开斗气车、闯红灯、开车玩手机、穿拖鞋开车、强行超车等,否则责任自负。驾车行经人行横道、汽车站或车多、人多的繁华街道要减速或停车避让。

3. 违规与事故处理:在下列情形之一的情况下,违反交通规则或发生事故,由驾驶人负担,并予以记过或免职处分:无照驾驶、未经许可将车借予他人使用、饮酒后驾驶车辆。违反交通规则,其罚款由驾驶人负担。各种车辆如在途中发生交通事故,应先急救伤患人员,向附近公安机关报案,并立即通知车队队长。如属小事故,进行处理后向车队队长报告。意外事故造成车辆损坏,在扣除保险金额后再视实际情况由司机与项目公司共同负担。发生交通事故后,如需向受害当事人赔偿损失,经扣除保险金额后,其差额由司机与项目公司共同负担。

4. 绿化养护工作管理制度:对于新栽种的苗木,必须在当天及时浇透定根水。有特殊情况无法当天浇定根水的,必须经由车队队长和项目公司总经理批准。通过及时合理的浇水,使土壤处于湿润状态,避免出现干旱或者水涝情况。如出现过多的苗木因干旱而死亡,将追究相关责任。夏天除了对根部进行浇水外,还需向树冠和枝叶喷水保湿。夏天浇水应尽可能安排在清晨或傍晚进行。冬天浇水则尽可能在下午3点前浇水完毕,以防止晚上冰冻。应根据植物种类的不同采取不同的灌溉方法,耐旱的树种浇水数量应少些,而不耐旱的树种则应多些,浇水时做到浇透,切忌仅浇湿表层。

根据项目需要和天气情况可灵活安排工作和休息时间,但必须无条件服从车队队长的安排。不得无故迟到或早退,如因此而影响公司正常运营,则根据公司相关规章制度承担相应后果。在出车前未经批准,不准请假,更不准旷工,否则一律按旷工处理。水车车队所有员工,如因没有严格执行以上制度或者其他自身原因,直接导致苗木死亡,给公司造成重大损失的,应承担相应的责任,甚至予以辞退。

5. 水车租赁管理制度:公司租赁水车,一律签订《水车租赁合同》,按合同约定进行管理。

(六)园林机械管理

常用的园林机械包括草坪修剪机、割灌机、绿篱修剪机、油锯、水泵等。使用园林机械之前必须详细阅读说明书,以便了解机械的结构及工作原理,更好地使用与保养机械。

1. 四冲程割草机的使用与保养:使用90号以上无铅汽油,严禁使用有铅汽油、混合汽油、污染的汽油(注:加油应在室外,加油时绝对不准吸烟,发动机运转时绝对不准加油)。发动机机油应使用SC级汽油机油,禁止使用四冲程摩托车机油。新的割草机使用之前必须磨合2~3小时,每磨合45~60分钟需停机5~15分钟。磨合完后必须更换机油,重新加注新机油。加机油不要超过标尺标注的上限,但绝对不能低于下限。每次使用之前一定要检查机油高度。每30小时更换一次机油(最好在热机状态下更换)。每次使用完要检查滤芯,机器每工作30小时更换或清理纸滤芯、清洗海绵滤芯,严重污染时应提前清洗或更换。机器每工作45~60分钟,要停机5~15分钟。机器每次使用完毕要清理发动机及底盘。严禁在大于25°的斜坡使用,因倾斜角过大造成机油飞溅轮够不到机油,会出现拉缸(或抱死)。使用机器之前一定要清理草坪内杂物,如石头、瓦块、铁丝、木桩、喷头、钢管等。

保养三要点:一看机油,二清滤芯,三清底盘。

2. 两冲程绿篱机、割草割灌机与油锯的使用与保养:使用90号以上无铅汽油,机油使用摩托车用二冲程汽油机油,严禁使用纯汽油。本机器使用汽油与机油混合燃料,汽油与机油的容积混合比为 20～25∶1。新机器使用前必须磨合 1 小时,每磨合 20～30 分钟时,需停机 5～10 分钟。每使用 20 小时,必须给齿轮箱、变速箱、工作头等补充黄油。机器每使用 40 小时后,必须检查每一个螺丝是否松动,如松动,请务必拧紧。使用机器之前要清理工作现场,防止场内有石块、电线及其他杂物影响使用安全。

绿篱机刀片保养:定期(25 小时)检查上下刃的间隙,并及时调整(间隔为螺栓的半圈螺纹间隔),保持刃口锋利。每工作 1 小时给刀刃加注机油,修剪树枝直径小于 10 mm。

割灌机刀头保养:尼龙绳头应控制其长度小于 15 cm,用刀片时,应保证刀片的平衡,杆振动小时不可使用有振动的刀片。

保养三要点:一加混合油,二加黄油,三清滤芯及刀片。

3. 其他注意事项:所有机器工作状态必须加到大油门。机器出现异响、震动及故障时要及时通知经销商。保养、维修、搬动机器时应停止运转发动机,拆开火花塞接线。严禁未成年人使用。切勿将手脚靠近运转部分,特别是刀片,因此出问题的事例有很多。机器倾斜时应向消声器一侧倾斜,滤芯在上面。

三要点:人是第一位的,保养强于维修,做事必须认真。

4. 冬季保养(长期保养,储存期超过 30 天)注意事项:放掉油箱内汽油,然后发动汽油机直到汽油耗尽、停机。在刚停机的热机状态下,先放掉曲轴箱中的机油,立即加注新机油到合适刻度。取下火花塞,向缸体滴入 5～10 mL 机油,转动曲轴数圈,装上火花塞。清理刀盘、机体、缸体、缸头散热片、导风罩、网罩及消声器周围的灰尘及碎屑,然后保存。

(七) 安全文明施工

规范园林绿化工程安全生产和文明施工,落实"安全第一,预防为主,综合治理"的安全生产方针,建立安全管理体系及安全生产责任制,遵守机械安全操作规程,履行保证安全的一切工作。

(八) 员工管理

遵守地方法律法规、公司规章管理制度和员工行为规范,有效管理绿化工人。

(九) 工作记录

有详细、真实的出勤及养护工作记录。

附录 12　绿化养护季度绩效考核管理办法

为了充分落实园林工程养护目标责任书,加强养护人员养护责任心和执行力,调动养护人员积极性,现根据园林工程养护目标责任书和目前各项目管理公司在养护管理过程中存在的实际情况,特制定本绩效考核办法。

一、考核对象

养护绩效考核对象为各项目管理公司总经理、养护部经理以及各养护专业人员。

二、具体考核方法

养护绩效考核根据考核细则主要考核园林工程现场的养护观感效果、苗木死亡率、养护费用的控制情况以及业主满意度等方面。工程管理中心不定期对各项目管理公司的养护情况进行巡检,巡检后针对养护中存在的问题对项目管理公司出具整改通知并限期整改,届时工程管理中心将对现场进行复查,并将整改内容的完成情况纳入绩效考核内容,考核结果直接影响项目管理公司养护部管理团队的绩效工资。

附:《养护绩效考核评定表》

养护绩效考核评定表

序号	考核项目	得分标准	权重	养护部自评分	工管中心打分
1	苗木成活率	苗木死亡率即养护目标责任书中约定的养护标准对应的成活率,低于成活率得 0 分,高于成活率的按比例得分(完成值/目标值×权重)。	40 分		
2	养护经费使用情况	根据项目管理公司上报并经审核的月度养护资金计划,使用情况在计划金额内的得 20 分,超出资金计划 10%以内的得 10 分,超出资金计划 20%以上的得 0 分。	25 分		
3	观感效果	苗木长势健壮,修剪得当,无黄土裸露现象,现场整洁。 硬质景观完整无破损,设施功能完好,无返碱、锈蚀、变形等现象。	10 分		

续表

序号	考核项目	得分标准	权重	养护部自评分	工管中心打分
4	业主满意度	如出现一次业主投诉、市民不良反映等现象,核实后若存在责任,即扣5分。	5分		
5	整改落实情况	根据工程管理中心日常检查中下发的整改通知单逐条执行整改,按比例得分(已改条数/整改条数×权重)。	20分		
综合得分					

附录 13　金埔园林养护标准等级

一、一级养护质量标准

1. 绿化充分,植物配置合理,达到黄土不露天,苗木成活率 98% 以上。

2. 园林植物达到:

(1) 生长势好。生长超过该树种该规格的平均生长量(平均生长量待以后调查确定)。

(2) 叶子健壮。①叶色正常,叶大而肥厚,在正常条件下不黄叶、不焦叶、不卷叶、不落叶,叶上无虫尿、虫网、灰尘;②被啃咬的叶片最严重的每株在 3% 以下。

(3) 枝、干健壮。①无明显枯枝、死枝,枝条粗壮,过冬前新梢木质化;②无蛀干害虫的活卵活虫;③介壳虫最严重处主枝干上每 100 cm² 1 头活虫以下,较细的枝条每尺长的一段上在 3 头活虫以下,株数 2% 以下;④树冠完整,分支点合适,主侧枝分布匀称,数量适宜,内膛不乱,通风透光。

(4) 措施好。按一级技术措施要求认真进行养护。

(5) 草坪覆盖率应基本达到 100%;草坪内杂草控制在 3% 以内;生长茂盛,颜色正常,不枯黄;每年修剪,暖地型 6 次以上,冷地型 6 次以上;无病虫害。

3. 行道树和绿地内无死树,树木修剪合理,树形美观,能及时很好地解决树木与电线、建筑物、交通等之间的矛盾。

4. 绿化生产垃圾(如树枝、树叶等)重点地区路段能做到随产随清,其他地区和路段做到日产日清;绿地整洁,无砖石瓦块、筐和塑料袋等废弃物,并做到经常保洁。

5. 栏杆、园路、桌椅、井盖和牌饰等园林设施完整,做到及时维护和油饰。

6. 无明显的人为损坏,绿地、草坪内无堆物堆料、搭棚或侵占等;行道树树干上无钉栓刻划现象,树下距树干 2 m 范围内无堆物堆料、搭棚设摊、圈栏等影响树木养护管理和生长的现象。

二、二级养护质量标准

1. 绿化比较充分,植物配置基本合理,基本达到黄土不露天,苗木成活率 95% 以上。

2. 园林植物达到:工厂绿化。

(1) 生长势正常,生长达到该树种该规格的平均生长量。

(2) 叶子正常。①叶色、大小、薄厚正常;②较严重黄叶、焦叶、卷叶、带虫尿虫网灰尘的株数在 2% 以下;③被啃咬的叶片最严重的每株在 5% 以下。

(3) 枝、干正常。①无明显枯枝、死枝;②有蛀干害虫的株数在 2% 以下(包括 2%,以下同);③介壳虫最严重处主枝主干每 100 cm² 2 头活虫以下,较细枝条每尺长一段上在 5 头活虫以下,株数都在 4％以下;④树冠基本完整,主侧枝分布均称,树冠通风透光。

（4）措施:按二级技术措施要求认真进行养护。

（5）草坪覆盖率达 95％以上;草坪内杂草控制在 5％以内;生长和颜色正常,不枯黄;每年修剪,暖地型 5 次以上,冷地型 5 次以上;基本无病虫害。

3. 行道树和绿地内无死树,树木修剪基本合理,树形美观,能较好地解决树木与电线、建筑物、交通等之间的矛盾。

4. 绿化生产垃圾要做到日产日清,绿地内无明显的废弃物,能坚持在重大节日前进行突击清理。

5. 栏杆、园路、桌椅、井盖和牌饰等园林设施基本完整,基本做到及时维护和油饰。

6. 无较重的人为损坏。对轻微或偶尔发生难以控制的人为损坏,能及时发现和处理,绿地、草坪内无堆物堆料、搭棚或侵占等;行道树树干无明显的钉栓刻划现象,树下距树 2 m 以内无影响树木养护管理的堆物堆料、搭棚、圈栏等。

三、三级养护质量标准

1. 绿化基本充分,植物配置一般,裸露土地不明显,苗木成活率 95％以上。

2. 园林植物达到:绿化。

（1）生长势基本正常。

（2）叶子基本正常。①叶色基本正常;②严重黄叶、焦叶、卷叶、带虫尿虫网灰尘的株数在 5％以下;③被啃咬的叶片最严重的每株在 8％以下。

（3）枝、干基本正常。①无明显枯枝、死杈;②有蛀干害虫的株数在 5％以下;③介壳虫最严重处主枝主干上每 100 cm² 3 头活虫以下,较细的枝条每尺长一段上在 7 头活虫以下,株数都在 5％以下;④90％以上的树冠基本完整,有绿化效果。

（4）措施:按三级技术措施要求认真进行养护。

（5）草坪覆盖率达 90％以上;草坪内杂草控制在 8％以内;生长和颜色正常;每年修剪暖地型草 4 次以上,冷地型草 4 次以上。

3. 行道树和绿地内无明显死树,树木修剪基本合理,能较好地解决树木与电线、建筑物、交通等之间的矛盾。

4. 绿化生产垃圾主要地区和路段做到日产日清,其他地区能坚持在重大节日前突击清理绿地内的废弃物。

5. 栏杆、园路和井盖等园林设施比较完整,能进行维护和油饰。

6. 对人为破坏能及时进行处理。绿地内无堆物堆料、搭棚侵占等,行道树树干上钉栓刻画现象较少,树下无堆放石灰等对树木有烧伤、毒害的物质,无搭棚设摊、围墙圈占等。